南沙群岛海区生态过程研究

黄良民　谭烨辉　宋星宇　王汉奎　连喜平 等　著

科学出版社
北　京

内 容 简 介

本书较系统地阐述了南沙群岛海区的自然概况、理化环境、生源物质循环、基础生产、微型生物、浮游生物及其生态效率、生物光学特性等，重点对南沙群岛海区次表层高生产力的形成机制、海区生源物质循环、基础生产过程进行了较深入的分析和讨论，还综合探讨了珊瑚礁生态系统营养物质循环利用与环境调控机制，提出了珊瑚礁营养生态泵概念并做出了理论阐释。本书可为深入研究南沙群岛海区生态系统功能与生物资源可持续利用提供科学依据，对加强珊瑚礁生态系统保护和管理、推动我国热带海洋科学研究与发展具有重要参考意义。

本书可供科研工作者、海洋管理和海洋工程建设等有关人员阅读与参考。

图书在版编目（CIP）数据

南沙群岛海区生态过程研究/黄良民等著. —北京：科学出版社，2020.9

ISBN 978-7-03-065680-3

Ⅰ. ①南… Ⅱ. ①黄… Ⅲ. ①南沙群岛–海区–海洋–生态学 Ⅳ. ①P722.7

中国版本图书馆CIP数据核字（2020）第126334号

责任编辑：朱 瑾 习慧丽 / 责任校对：郑金红

责任印制：吴兆东 / 封面设计：无极书装

科学出版社 出版

北京东黄城根北街16号

邮政编码：100717

http://www.sciencep.com

北京九州迅驰传媒文化有限公司印刷

科学出版社发行 各地新华书店经销

*

2020年9月第 一 版 开本：720×1000 1/16

2025年1月第三次印刷 印张：13 3/4

字数：278 000

定价：218.00元

（如有印装质量问题，我社负责调换）

前言

生态过程（ecological process）是指不同环境条件下生态系统中维持生命的物质循环和能量转换过程。海洋生态过程主要研究不同环境条件驱动下海洋生态系统中各功能群生物的群落结构、生态演替及生产力变化，以及不同营养级生物之间的营养循环、能量传递及生态效率。热带海区生物多样性丰富、环境因素复杂，其生态过程研究更具挑战性。

南沙群岛及其邻近海区（简称南沙群岛海区或南沙海区）位于南海南部，地处典型赤道热带海域，面积约82.3万km^2，既有星罗棋布的珊瑚礁群，又有大陆架浅海区、大洋性深海区和海槽，海底地形起伏不平，自然环境多样化。按生态环境特征，可将南沙群岛海区分为珊瑚礁生态系统、大陆架生态系统、大洋性深海区生态系统等，其海洋生物资源丰富，种类繁多，且具有生长速度快、资源更新能力强等特点，在生物地理学上属于印度—西太平洋热带生物区系的起源和生物多样性分布中心（印尼—马来亚区）。特殊的地理位置和复杂的自然环境，使其成为热带海洋生态过程研究的独特海区，受到世界海洋科学家的广泛关注。

自1984年起，中国科学院南海海洋研究所等单位承担的国家科技专项——南沙群岛及其邻近海区综合科学考察（陈清潮研究员担任专项负责人），利用“实验3”和“实验2”等海洋科学考察船，对南沙群岛海区进行了一系列的调查研究，获得了大量数据、资料和样品，发表了许多论文、报告并出版了一批科学专著和图集。其中，专题研究成果《南沙群岛海区生态过程研究（一）》于1997年由科学出版社正式出版；在此基础上，“九五”期间及后来又持续开展了现场专题调查采样、观测和实验，获得了许多新的数据和资料，经过综合整理分析，撰写出本书。本书较系统地阐述了南沙群岛海区的自然概况、理化环境、生源物质循环、基础生产结构与浮游生物生态等特征，尤其对南沙群岛海区次表层高生产力的形成机制，海区生源物质循环、微型生物及微食物网、生产效率等进行了较深入的分析和讨论；还综合探讨了珊瑚礁生态系统营养物质循环利用与环境调控机制，提出了珊瑚礁营养生态泵概念并进行了理论阐释。可为进一步研究南沙群岛海区动力环境影响机制、生态系统功能与生物资源可持续利用提供科学依据，对维护南沙群岛海洋权益、加强珊瑚礁生态系统保护和生物资源开发与管理、推动我国热带海洋科学发展等具有重要意义。

全书共分9章，第1章概述南沙群岛海区自然概况；第2章简要介绍南沙群岛海区理化环境，包括海水温盐特点、水动力环境、海水光学特性、营养盐、珊瑚礁环境等；第3章分析南沙群岛海区生源物质循环，包括营养盐的化学形态和分布、碳循环、颗粒性有机物质、次表层叶绿素a（Chl a）与理化因子的关系；第4章阐述南沙群岛海区基础生产过程与生产力，包括Chl a的时空变化及影响因素、初级生产力、新生产力；第5章简述南沙群岛海区微型生物，包括微型生物组成对初级生产和碳输出的贡献，以及异养细菌的数量变化和环境影响；第6章阐述南沙群岛海区浮游生物及生产效率，包括浮游植物的种类组成与分布、浮游植物的粒级组成、浮游动物的组成与分布、初级与次级生产效率等；第7章概述南沙群岛海区生物光学特征，包括海水生物光学特性分布、海水层化的生物光学模型、基于主成分分析的反演算法；第8章概述南沙群岛海区珊瑚礁基础生产特征与营养物质循环利用，提出珊瑚礁营养生态泵（NEPC）概念并阐释其基本内涵、特征和意义；第9章为结语和展望。本书著者为黄良民、谭烨辉、宋星宇、王汉奎、连喜平等，由连喜平负责全书的统稿编辑。参加有关内容撰写或修改补充的有曹文熙、吴蔚、尹健强、周林滨、蔡创华、吴成业、邱章、李刚、李开枝、柯志新、沈萍萍、邱大俊、王军星、姜歆。陈清潮、钟其英、钱树本、黄企洲、张俊彬、林强、刘胜、张建林、陈锐球、陈楚群、黄晖、刘华雪、刘炜炜、李永振、张谷贤、陈东娇、苏强、李涛、周毅频、傅子琅、董俊德、简伟军、丁翔、陈志云、胡明辉、郭卫东、赵静静、雷新明等参加部分现场采样或提供相关数据资料。该项研究及专著出版得到国家自然科学基金重点项目（No. 41130855）、国家科技基础资源调查专项（2017FY201404）和国家重点科技攻关计划专题（97-926-02-01）的资助。

由于作者水平所限，书中若有不足之处敬请指正，谨此深表谢意。

2019年12月

目　　录

第1章　南沙群岛海区自然概况

南沙群岛海区位于南海11°55'N以南，由巽他陆架贯通爪哇海，经巴拉巴克海峡连接苏禄海，东邻菲律宾，西连泰国湾，通过马六甲海峡可与印度洋海水交换。该海区受不同流系的渗入影响，形成多处汇锋和各种涡旋交替出现的现象，使海域生态环境变得更加复杂、多样化。南沙群岛海区既有星罗棋布的珊瑚礁群，又有大陆架浅海区、大洋性深海区和海槽，海底地形起伏不平，为各类海洋生物繁衍提供了有利条件。该海区地处典型赤道热带海域，面积约82.3万km^2，其海洋生物资源丰富，种类繁多，且具有生长速度快、资源更新能力强等特点，是我国目前尚未全面开发利用的海域（中国科学院南沙综合科学考察队，1989a；赵焕庭，1996）。按生态环境特征，可将南沙群岛海区分为珊瑚礁生态系统、大陆架生态系统、大洋性深海区生态系统等，在生物地理学上其属于印度—西太平洋热带生物区系的起源和生物多样性分布中心（印尼—马来亚区），是世界三大海洋生物分布中心之一，深受世界海洋生物学家的广泛关注。随着我国岛礁建设的不断推进，对南沙群岛及其邻近海区的资源开发和管控将需要更多的科技支撑。因此，深入开展南沙群岛海区生物生产过程与环境调控机制等研究，具有十分重要的科学意义和应用前景。

南沙群岛海区终年炎热，月平均气温为26.6～28.5℃，年极端高温可达38℃，高气温出现于5～8月，低气温出现在12～翌年1月；总辐射小于西太平洋区，季节变化明显，春季日均总辐射量为1930J/cm，冬季日均总辐射量为1512J/cm。南沙群岛海区向大气的热量输送以潜热为主，夏季热交换能量大于冬季。研究资料表明，该海区8°N以南海区属赤道季风气候，8°N以北海区属热带季风气候（聂宝符等，1997）。这两个海区气候上的共同特点是高温多雨，干湿季分明，盛行季风，多强风天气，偶有热带气旋影响。8°N以北海区的气温和水温略低于南部，而受热带气旋影响的程度则大于南部。每年11月至次年4月，南沙群岛海区主要盛行东北季风，其次是偏东风。东北季风期间，平均风力维持在3～4级，受冷空气影响时，风力大于5级，最大阵风可达9级。6～9月为西南季风期，西南风出现频率达51.4%，月平均风速为2.4～4.5m/s，最大风速可达10.0m/s（5级以上）。强西南风往往来势迅猛，风力达6～7级。在这一海区，航行、渔业生产或其他开发活动，需要预防西南季风和台风的威胁。西南季风期间偶尔也会出现小范围的龙卷风，龙卷风到来之前雷电交加，继而便是大风大雨掠过海面，持续时间为半小时左右。4～5月和9～10月为季风转换期，东北风和西南风都不显著。西南季风潮天气的气流主要来自澳大利亚北部的东南气流，它在推进到赤道100°～115°E附近时转为西南气流进入南沙群岛海区，形成西南季风潮。东北季风的气流源主要是冬季的蒙古高压，其冷空气偏东南下，经台湾海峡和巴士海峡直达南沙群岛海区。南沙群岛海区最主要的降水天气系统是热带辐合带（intertropical convergence zone，ITCZ），降雨量大于蒸发量，雨季为每年10月至次年1月。年降雨量大多为1800～2800mm（1989～1993年），年降雨量的等值线接近东西走向，自北向南递增，其中古晋一带沿海达3000mm（聂宝符等，1997）。在厄尔尼诺年，该海区的年降雨量约减少15%。

南沙群岛海区主要有三种不同特性的水团：5°N以南为南海赤道陆架水，东西部是混合水，占据主要位置的是南沙中央水。南海赤道陆架水源于爪哇海一带，经马来半岛与加里曼丹岛之间的南通道进入南沙群岛海区的偏东南海域，并受到来自加里曼丹岛沿岸水团的影响，高温低盐为其主要特征。东西部的混合水由两部分水体组成，一部分为进入南海的苏禄海海水与该海区海水的混合体，自巴拉巴克海峡一带向西扩展；另一部分为来自中南半岛东南方（如湄公河等）的河流冲淡水与南沙外海水的混合体。南沙中央水处于南沙群岛海区中部，性质介于上述两个水团之间，面积广且温盐分布较均匀。南沙外海水实际上是变性了的西北太平洋水，可将其在垂直方向上划分为表层水、次表层水、中层水和深层水等4个水团。

南沙群岛岛礁都是以造礁珊瑚为主经过长期发育生长而形成的，栖息在这些岛礁环境中的生物资源甚为丰富，除珊瑚外，还有各类海洋生物，包括浮游生物、游泳生物、底栖生物等，例如各种石珊瑚、贝类、棘皮动物和鱼类。珊瑚礁区光照充足，营养丰富，快速的生源物质循环和高效利用，促使珊瑚礁区生产力增高，生物多样性丰富，因此其被称为开阔海域中的“绿洲”。在西南部巽他陆架区海洋生物资源也较丰富，是南沙群岛海区目前主要的渔场区。南沙群岛海区除珊瑚礁和西南部巽他陆架区外，其他大部分海区水深大于200m，在北部和西北部开阔海域、东南部南沙海槽及中部岛礁之间，大部分海域水深超过1000m。有来自南海、苏禄海、爪哇海、泰国湾及其周围沿岸、岛礁潟湖的海水交换，受海流、上升流及自身独特的地理环境和季风等自然条件的影响，整个南沙群岛海区形成复杂多样的生态环境和非均一性的生物生产力分布格局（黄良民，1991，1997）。

第2章　南沙群岛海区理化环境

2.1　温盐特点[①]

南沙群岛海区表层水温年平均为28～28.5℃，月平均最低为26℃（2月），最高为30℃（5～6月），年温差2～3℃。外海区表层海水月平均盐度为33～33.5，季节变化幅度小于1；南部近岸海水盐度为31～32，季节变化幅度大于1。[②]

2.1.1　水温分布特征

1. 水温水平分布

南沙群岛海区同一水层水温变化较小。春季，表层最大平面温差为1℃，在珊瑚礁群区中部和北部海域出现较高值；50m和100m水层平面温差约为3℃，其平面分布略有相似之处，呈现自东南向西北递减的分布趋势。夏季，垂向温差变化较明显，表层与100m水层相差10℃。此外，表层水温平面变化与春季基本相同，最大仅相差1℃，东南海域水温略高于西北海域；50m水层水温平面变化较大，最大相差3℃，西部海域和岛礁区水温较高，南部近岸海域水温较低；100m水层水温较低，平面温差与50m水层相同，平面分布与50m水层相似，东南近岸海域水温较低。秋季，表层平面温差为1℃，东部较高，西北部较低；50m水层水温平面变化较大，最大相差8℃，安渡滩东北部海域水温较高，整体分布趋势为自东南向西北方向递减；100m水层平面温差比50m水层小，最大相差4℃，但分布趋势基本与50m水层相同。

2. 温跃层现象

多年来的研究表明，南沙群岛海区地处典型赤道热带海域，常年处于高温状态，年均水温超过25℃，不同季节水温有一定变化，但与暖温带或亚热带相比，不同季节温差不太明显。从空间分布来看，夏季表层最高水温可超过30℃，南部海域水温比北部高。从垂向分布分析，水温分布明显存在两个特点：一方面水温随水深增大而降低，另一方面在深水区常年存在温跃层。上温跃层一般出现在25m（或

---

① 根据邱章提供的资料整理。

② 本书调查研究时间跨度较大及早期仪器精度所限，造成了一些数据误差。另外，书中数据计算有误差是因为进行过舍入修约。

30m）至125m（或150m），温跃层的核心部位大多位于50～90m。温跃层中水温平面变化很大，如夏季表层水温呈现西南高、东北低的分布趋势，而75m水层则呈现东北高、西南低的相反分布格局（黄企洲和邱章，1994）。上准均匀层的深度和温跃层强度明显随季节而变化，这与季风的影响有密切关系。

了解南沙群岛海区温跃层的基本特征对于研究该海区的理化环境因子在生态过程中的作用有重要意义，无论是对生态过程研究、生物资源利用，还是对岛礁建设、生态环境保护等都是迫切需要的。

1）温跃层深度

表2.1为1985～1999年不同季节南沙群岛海区温跃层深度特征值，可以看出，1985年春季该海区温跃层平均深度与1986年春季相当，变化幅度不大。1985年春季温跃层最大深度为24m，位于巴拉巴克海峡西侧；1986年春季温跃层最大深度为40m，位于7.5°N、115.5°E附近。该海区夏季温跃层平均深度普遍较大，1990年夏季温跃层深度约是春季的3倍，1988年夏季温跃层平均深度是春季的近4倍，这与该海区夏季比较稳定的西南季风的影响有关；同样夏季温跃层最大深度也比春季大，1988年夏季达68m，1990年夏季达62m，1990年夏季温跃层最大深度所处位置与春季相同，均出现在巴拉巴克海峡西侧。冬季，受较强的东北季风影响，该海区温跃层平均深度变小，1989年冬季降至38m，1993年冬季降至22m。可见，南沙群岛海区温跃层深度受冬季季风的影响比较明显。据邱章和蔡树群（2000）对南沙群岛海区温跃层特征的分析，南沙群岛海区温跃层深度的分布基本与相应期间的环流系统相联系，例如，1994年9月（秋季）航次，由于受该期间环流影响较显著，在南沙群岛海区以中部偏西为中心存在一主要环流系统，该环流系统中心周围温跃层深度最大，维持在70m左右。另外，在巴拉巴克海峡西侧的局部海域，温跃层深度亦较大。

表2.1　南沙群岛海区温跃层深度特征值　（单位：m）

调查季节	平均深度	最大深度	最大深度出现位置
1985年春季	12	24	巴拉巴克海峡西侧（7.9°N，115.8°E）
1986年春季	13	40	7.5°N、115.5°E附近
1987年春季	23	50	8.8°N、115.8°E附近
1988年夏季	44	68	南沙海槽
1989年冬季	38	60	巴拉巴克海峡西侧
1990年夏季	36	62	巴拉巴克海峡西侧
1993年冬季	22	50	5.0°N、112.0°E附近
1994年秋季	49	70	巴拉巴克海峡西侧
1997年秋季	32	50	巴拉巴克海峡西侧
1999年春季	17	35	6.6°N、115.0°E附近
1999年夏季	42	75	南沙群岛海区西北侧的11.5°N、110.4°E附近

1999年春季，南沙群岛海区温跃层平均深度为17m，较秋季小；其分布与秋季相似，略呈现偏东部大、偏西部小的分布态势（图2.1）；最大深度为35m，出现在6.6°N、115.0°E附近；最小深度为0m，出现在10.4°N、111.0°E附近。

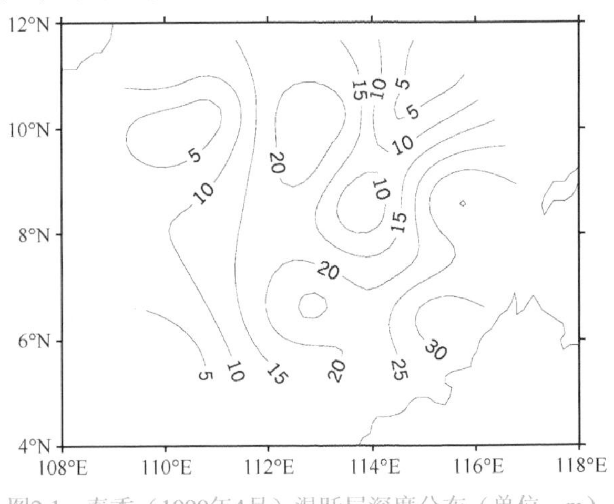

图2.1　春季（1999年4月）温跃层深度分布（单位：m）

1999年夏季，南沙群岛海区温跃层平均深度为42m，比春、秋季大；总的分布趋势是自偏西北部向东南部变小（图2.2）；最大深度为75m（表2.1），出现在西北侧的11.5°N、110.4°E附近；最小深度为0m，出现在巴拉巴克海峡以西海域的8.5°N、113.9°E附近。

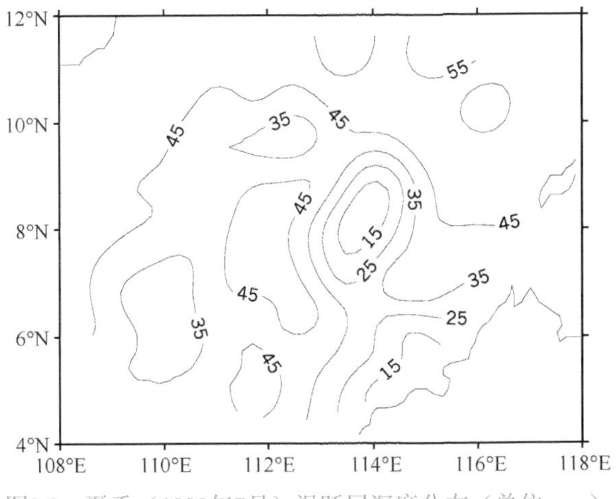

图2.2　夏季（1999年7月）温跃层深度分布（单位：m）

1997年秋季，南沙群岛海区温跃层深度变化不大，略呈现偏东南部较大、偏西北部较小的分布格局（图2.3）；温跃层平均深度为32m（表2.1）；温跃层最大深度为50m，出现在8.1°～9.1°N、115.1°～116.2°E及6.0°～6.8°N、113.5°～114.7°E海域，即巴拉巴克海峡西侧海域；温跃层最小深度为0m，分别出现在11.5°N、111°E与6.0°N、110°E附近，即南沙群岛海区的西北部与西南部。

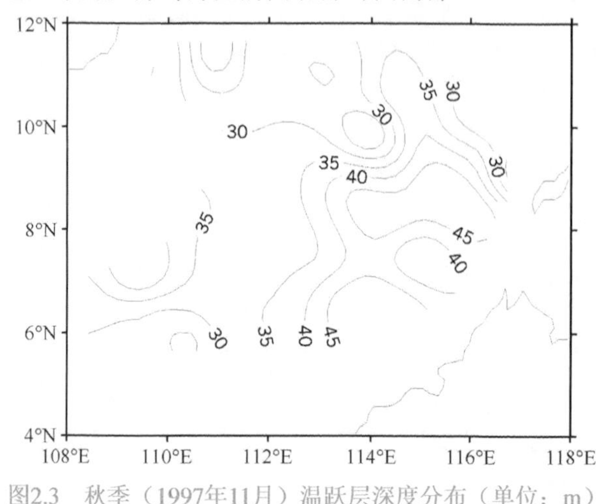

图2.3　秋季（1997年11月）温跃层深度分布（单位：m）

2）温跃层厚度

表2.2为1985～1999年不同季节南沙群岛海区温跃层厚度特征值，可以看出，1985～1987年每年春季，该海区温跃层平均厚度较小，分别为60m、52m和53m。夏季温跃层平均厚度明显增大，冬、秋季更大。由表2.2可知，1985～1994年各航次调查的结果（除1988年外）显示，温跃层厚度均很薄，在陆架浅水区为3～18m。但在深水区，温跃层厚度比浅水区要大得多，均在100m以上。由于南沙群岛海底起伏不平，环境变化较大，加上该海区受季风影响显著，流系复杂，温跃层深度和厚度均有较大差异，这是形成南沙群岛海区复杂多样的生态区和非均一性的生物生产力分布格局的一个重要原因。

表2.2　南沙群岛海区温跃层厚度特征值　（单位：m）

调查季节	平均厚度	最小厚度	最小厚度出现位置
1985年春季	60	6	曾母暗沙西北侧（5.4°N，110.6°E）
1986年春季	52	4	4.4°N、110.0°E附近
1987年春季	53	3	4.0°N、110.0°E附近
1988年夏季	91	35	南沙群岛海区西南陆架区
1989年冬季	75	4	南沙群岛海区偏南陆架区（5.0°N，112.0°E）
1990年夏季	91	8	巽他陆架区（6.4°N，106.0°E）
1993年冬季	118	—	南沙群岛海区北部

续表

调查季节	平均厚度	最小厚度	最小厚度出现位置
1994年秋季	105	18	8.0°N、108.5°E附近
1997年秋季	109	40	7.0°N、108.8°E附近
1999年春季	141	40	南沙群岛海区西侧的8.9°N、108.7°E附近
1999年夏季	129	24	4.8°N、112.0°E附近

注：—表示无数据

1999年春季，南沙群岛海区除偏西部与偏北部的温跃层厚度较小外，其余海区的温跃层厚度较大（图2.4），最大厚度为224m，出现在巴拉巴克海峡西侧；温跃层最小厚度为40m，出现在海区西侧的8.9°N、108.7°E附近；温跃层平均厚度为141m。

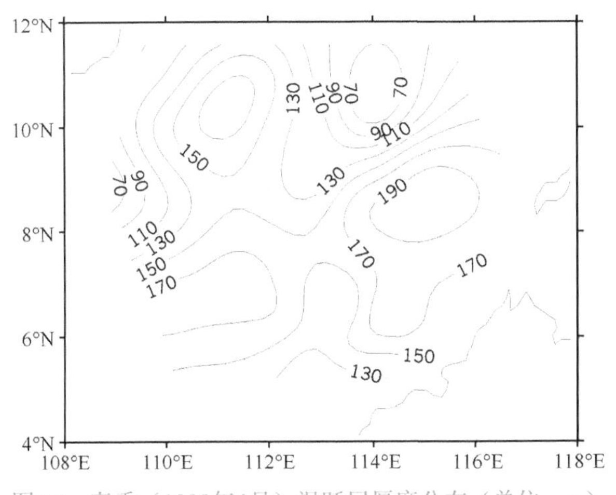

图2.4　春季（1999年4月）温跃层厚度分布（单位：m）

1999年夏季，南沙群岛海区的偏南部及偏西部温跃层厚度较小，最小厚度为24m，出现在4.8°N、112.0°E附近，即偏南部；中部广阔海域温跃层厚度较大（图2.5），最大厚度为248m，出现在8.5°N、113.9°E附近，与温跃层最小深度的出现位置一致；温跃层平均厚度为129m。

1997年秋季，南沙群岛海区中部偏西南海域温跃层厚度偏大，最大厚度出现在南沙西南区域；偏西北部海域温跃层厚度偏小，最小厚度为40m，出现在7.0°N、108.8°E附近（图2.6）；温跃层平均厚度为109m，比1999年春、夏季小。

3）温跃层强度

南沙群岛海区出现分层现象较为普遍，其中部分海域还存在多个温跃层，其水温的垂向分布曲线呈阶梯形。决定该海区分层的主要因素是水温，也与该海区存在不同水体有关，维持分层的必要条件是该海区有足够的水源和动力混合不能过强。

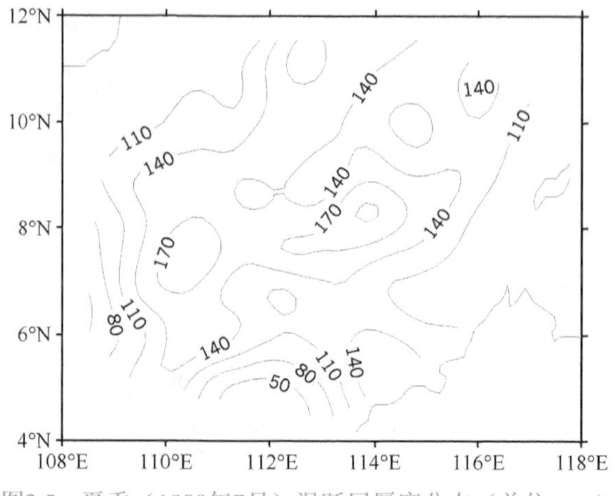

图2.5　夏季（1999年7月）温跃层厚度分布（单位：m）

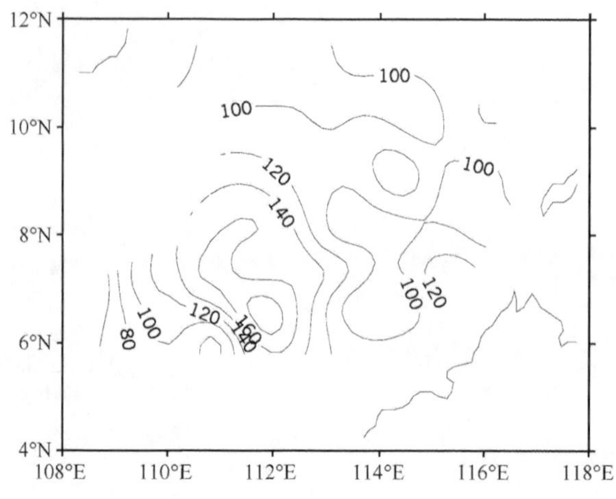

图2.6　秋季（1997年11月）温跃层厚度分布（单位：m）

温跃层强度的大小与该海区的水深和水动力因素有关，一般在南沙浅水陆架区，水深不大，上层海水受太阳辐射的影响，水温垂向梯度较大，因而浅水区温跃层强度较大，在深水区因形成了深厚的温跃层，水温垂向梯度明显减小，温跃层强度要比浅水区小得多。由表2.3可见，1985～1990年春、夏季温跃层平均强度较大，为0.12～0.18℃/m；春、夏季温跃层平均强度较大是因为当时海况较稳定，这是海水分层的必要条件。1993年冬季在风力等因素的作用下，海水交换过程加剧，海水分层现象减弱，其强度自然减小。

表2.3　南沙群岛海区温跃层强度特征值　　（单位：℃/m）

调查季节	平均强度	最大强度	最大强度出现位置
1985年春季	0.13	0.35	南沙群岛海区南部（5.4°N，110.5°E）
1987年春季	0.18	0.36	南沙海槽南端（4.4°N，113.3°E）
1988年夏季	0.13	0.38	南沙海槽南端（4.4°N，113.3°E）
1989年冬季	0.11	0.37	南沙群岛海区南部（5.1°N，112.3°E）
1990年夏季	0.12	0.29	南沙群岛海区西部（8.4°N，107.0°E）
1993年冬季	0.10	0.23	南沙群岛海区西南部
1994年秋季	0.12	0.20	南沙群岛海区西部
1997年秋季	0.13	0.23	7.0°N、108.8°E附近
1999年春季	0.09	0.14	8.9°N、108.7°E附近
1999年夏季	0.10	0.21	南沙群岛海区偏西部的6.7°N、108.3°E附近

1999年春季，南沙群岛海区温跃层强度大体上呈现偏西侧与偏北侧较大、其余海区较小的分布格局；温跃层最大强度为0.14℃/m，出现在8.9°N、108.7°E附近，与温跃层最小厚度的出现位置一致（图2.7）；温跃层最小强度为0.07℃/m，出现在10.2°N、114.2°E附近；温跃层平均强度为0.09℃/m（图2.7）。

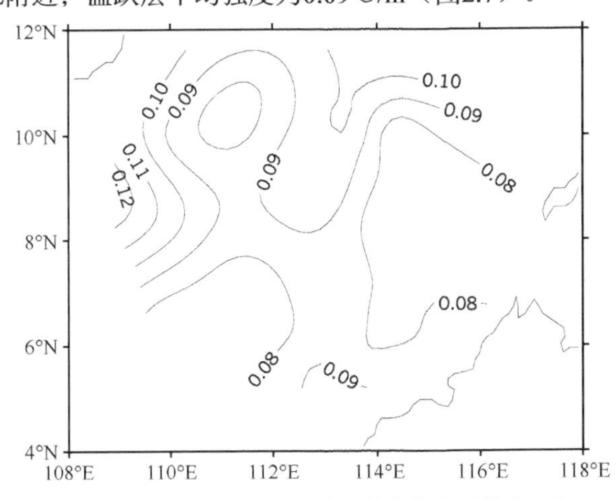

图2.7　春季（1999年4月）温跃层强度分布（单位：℃/m）

1999年夏季，南沙群岛海区温跃层强度大体上呈现西部与南部较大、北部较小的分布趋势；温跃层最大强度为0.21℃/m，出现在偏西部的6.7°N、108.3°E附近；温跃层最小强度为0.07℃/m，出现在8.5°N、113.9°E附近；温跃层平均强度为0.10℃/m（图2.8）。

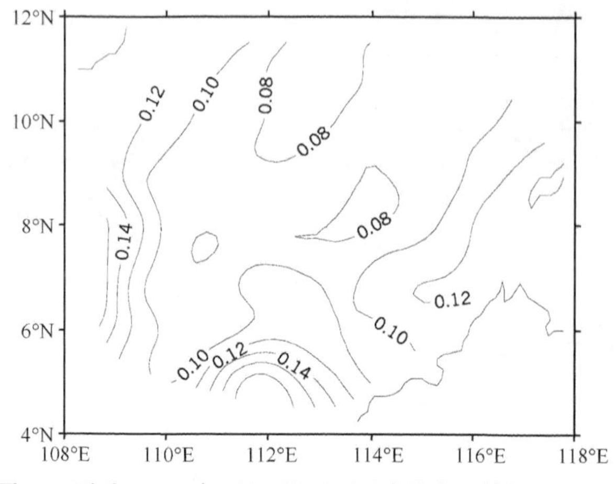

图2.8　夏季（1999年7月）温跃层强度分布（单位：℃/m）

1997年秋季，南沙群岛海区温跃层最大强度为0.23℃/m（表2.3），出现在7.0°N、108.8°E附近，与温跃层最小厚度的出现位置一致；温跃层最小强度为0.06℃/m，出现在7.6°N、111.5°E附近，对应于温跃层最大厚度的出现位置；温跃层平均强度为0.13℃/m，明显比1999年春、夏季大。温跃层强度在调查海区偏西部较大、中部偏西南海域较小，呈现温跃层强度大的海域温跃层厚度小、温跃层强度小的海域温跃层厚度大的分布特点（图2.9）。

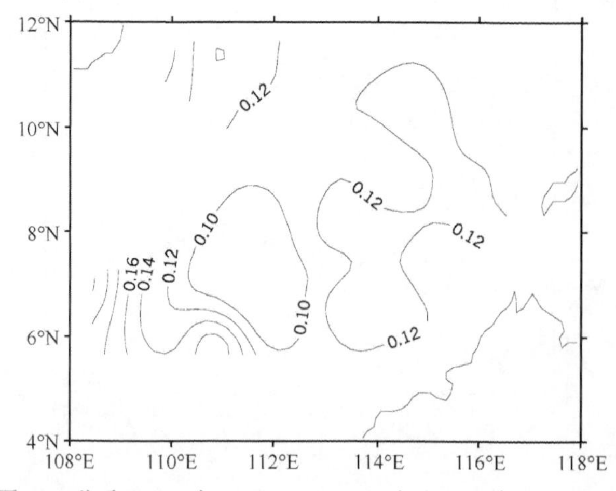

图2.9　秋季（1997年11月）温跃层强度分布（单位：℃/m）

3. 水温垂向最大梯度

1999年春季，南沙群岛海区水温垂向最大梯度所在深度的最大值为112m（表2.4），出现在6.6°N、115.0°E附近，即巴拉巴克海峡西南侧；最小值为7m，出现在6.6°N、109.6°E附近，即该海区西南侧；平均值为34m。水温垂向最大梯度所在深度在海区的部分南沙海槽区及海区中部偏大，偏西部偏小（图2.10）。水温垂向最大梯度的最大值为0.50℃/m，出现在6.6°N、109.6°E附近，与水温垂向最大梯度所在深度的最小值一致；最小值为0.12℃/m，出现在海区中部偏东海域；平均值为0.26℃/m。南沙群岛海区水温垂向最大梯度呈现西南部较大、东北部较小的分布态势（图2.11）。

表2.4　南沙群岛海区水温垂向梯度统计结果

调查季节	水温垂向最大梯度所在深度（m）			水温垂向最大梯度（℃/m）		
	最大	最小	平均	最大	最小	平均
1999年春季	112	7	34	0.50	0.12	0.26
1999年夏季	137	3	59	0.30	0.09	0.18
1997年秋季	87	32	50	0.44	0.13	0.25

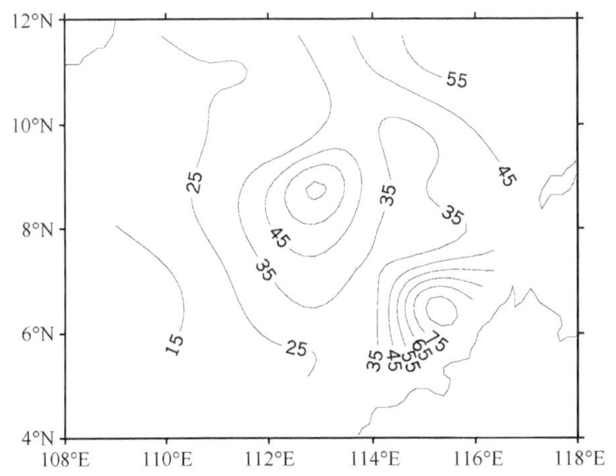

图2.10　春季（1999年4月）水温垂向最大梯度所在深度分布（单位：m）

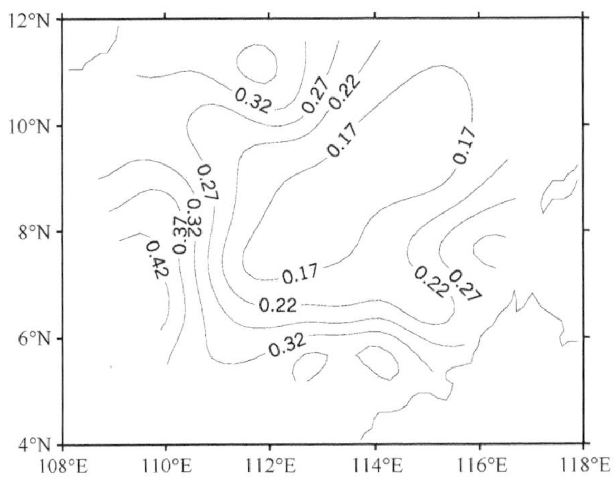

图2.11　春季（1999年4月）水温垂向最大梯度分布（单位：℃/m）

1999年夏季，南沙群岛海区水温垂向最大梯度所在深度呈现中央海盆区及偏北部较大的分布态势（图2.12），最大值为137m，出现在偏北部的9.7°N、112.8°E附近；偏东南部较小，最小值为3m，出现在南沙海槽区紧靠加里曼丹岛邻近海域的6.0°N、114.6°E一带；平均值为59m。水温垂向最大梯度呈现中部及偏北部较小、其余海域较大的分布态势（图2.13）；最大值为0.30℃/m，出现在海区的西南部附近；最小值为0.09℃/m，出现在10.5°N，113.0°E附近；平均值为0.18℃/m。

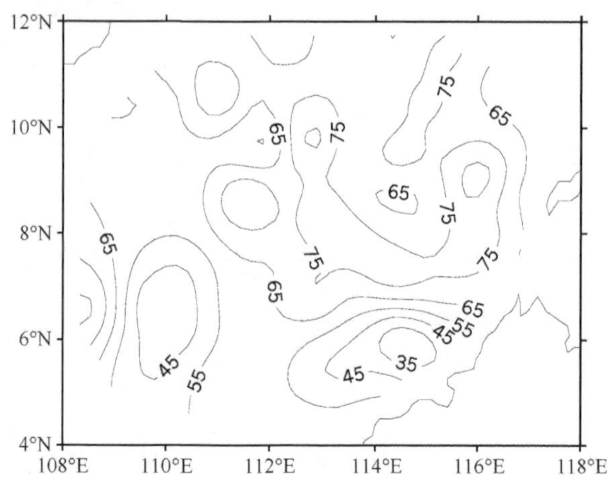

图2.12 夏季（1999年7月）水温垂向最大梯度所在深度分布（单位：m）

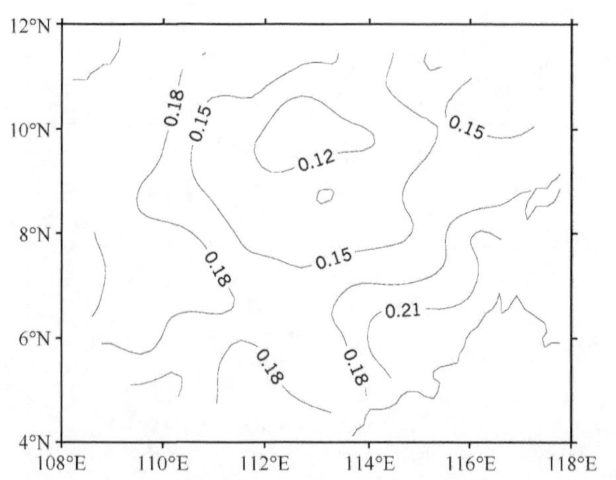

图2.13 夏季（1999年7月）水温垂向最大梯度分布（单位：℃/m）

1997年秋季，南沙群岛海区水温垂向最大梯度所在深度为32～87m，略呈现东部较大、西部较小的分布格局（图2.14）；最大值为87m，出现在10.1°N、114.8°E附近；最小值为32m，出现在南沙群岛海区西北区域；平均值为50m。水温垂向最大梯度大体上呈现西部较大、东部较小的分布格局（图2.15）；最大值为0.44℃/m，出现在西部海域；最小值为0.13℃/m，出现在7.4°N、115.0°E附近；平均值为0.25℃/m（表2.4）。

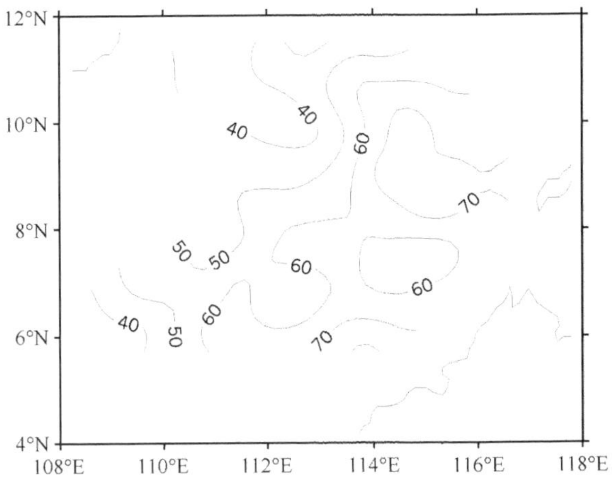

图2.14　秋季（1997年11月）水温垂向最大梯度所在深度分布（单位：m）

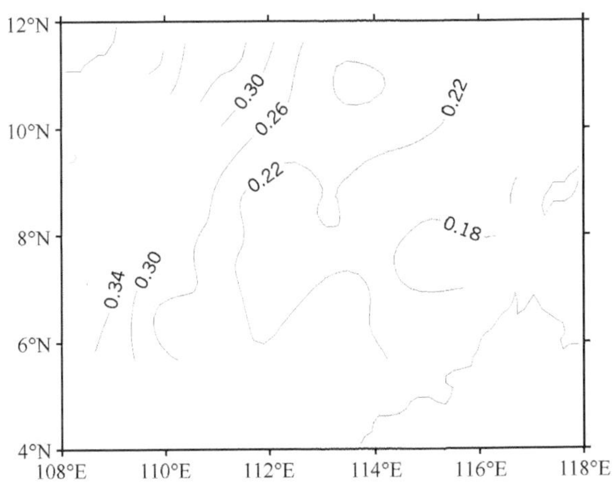

图2.15　秋季（1997年11月）水温垂向最大梯度分布（单位：℃/m）

由以上分析可见，南沙群岛海区温跃层深度分布春、秋季相似，略呈现东部较大、西部较小的分布格局；而夏季基本与春、秋季相反，呈现西北部偏大、东南部偏小的分布态势。温跃层平均深度春季最小，夏季最大。温跃层厚度的分布趋势是：春季，偏西部与偏北部较小，其余海区较大；夏季，偏南部及偏西部较小，中部广阔海域较大；秋季，中部偏西南海域偏大，偏西北部海域偏小。温跃层平均厚度春季最大，秋季最小。温跃层强度的分布趋势是：春季，大体上呈现偏西侧与偏北侧较大、其余海区较小的分布格局；夏季，大体上呈现西部与南部较大、北部较小的分布态势；秋季，偏西部较大，中部偏西南海域较小。温跃层平均强度春季最小，秋季最大。此外，一般温跃层强度大的海域温跃层厚度小，温跃层强度小的海域温跃层厚度大。

2.1.2 盐度分布特征

南沙群岛海区同一水层盐度变化较小，垂向盐度随水深增大而升高。春季，表层盐度平面变化很小，仅相差0.5左右，巴拉望岛西面礁区较高，其余大部分海域基本相同；50m和100m水层盐度平面变化很小，基本在同一水平。夏季，表层盐度变化在0.5左右，中部岛礁区略高；50m水层盐度平面变化与表层相似，东南海域略高于西北海域；100m水层盐度平面变化很小，仅相差0.4，东南海域略高，其他海域基本相同。秋季，表层盐度平面变化为1，自北部海域向南递减，西南海域最低；50m水层盐差与表层相同，但分布略有差别，西北海域较高，并向东南海域递减，分布态势比较明显；100m水层盐度高于表层和50m水层，但其平面盐差较小，只有0.4，分布趋势与表层相似。

1. 盐跃层现象

1）盐跃层深度

1999年春季，南沙群岛海区海水混合弱，盐跃层平均深度较夏、秋季小（表2.5），只有19m。盐跃层深度大体上呈现自西向东增大再减小的分布态势（图2.16）；盐跃层最大深度为35m，出现在9.3°N、112.6°E一带；最小深度为0m，出现在调查海区的偏西陆架区及南沙海槽区紧靠加里曼丹岛的局部近海区。

表2.5 盐跃层与盐度垂向梯度统计结果

调查季节	盐跃层深度（m）			盐跃层厚度（m）			盐跃层强度（m^{-1}）			盐度垂向最大梯度所在深度（m）			盐度垂向最大梯度（m^{-1}）		
	最大	最小	平均	最大	最小	平均	最大	最小	平均	最大	最小	平均	最大	最小	平均
1999年春季	35	0	19	104	10	56	0.06	0.01	0.02	87	3	33	0.15	0.02	0.05
1999年夏季	75	0	31	99	20	59	0.05	0.01	0.02	87	3	50	0.09	0.01	0.03
1997年秋季	50	0	26	99	15	57	0.06	0.02	0.03	62	3	47	0.11	0.03	0.05

1999年夏季，南沙群岛海区海水混合强烈，盐跃层平均深度较春、秋季大，为31m。0～75m盐跃层深度普遍较大（图2.17），最大深度出现在巴拉望岛西部附近海域；最小深度为0m，出现在该海区偏西南陆架区及南沙海槽区紧靠加里曼丹岛的局部海域。

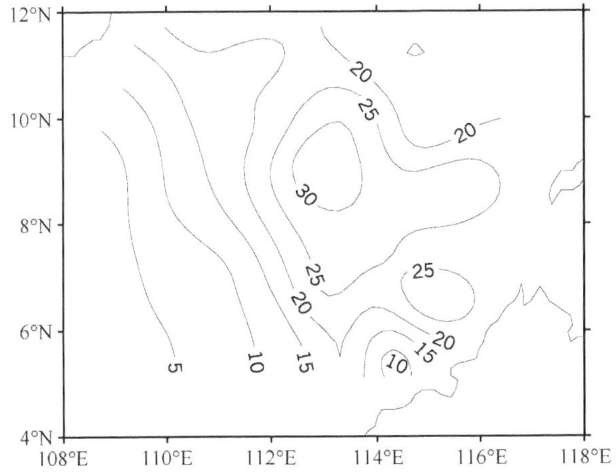

图2.16　春季（1999年4月）盐跃层深度分布（单位：m）

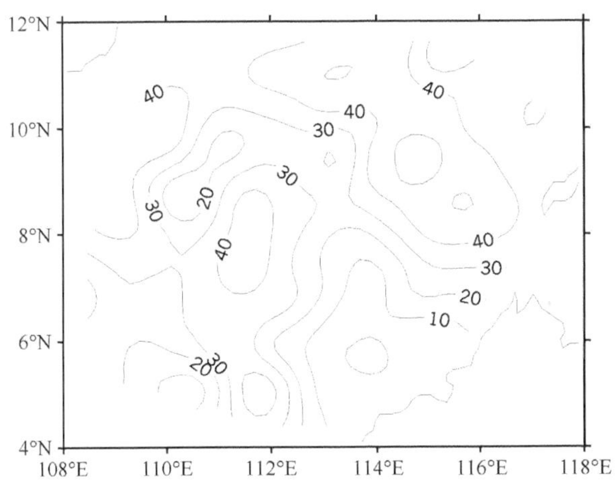

图2.17　夏季（1999年7月）盐跃层深度分布（单位：m）

1997年秋季，南沙群岛海区盐跃层深度为0～50m，西北部广阔海域及南沙海槽区紧靠加里曼丹岛的近海区盐跃层深度较小，这两个海域的局部海域盐跃层深度为0m，而夹在这两个区域间的海域盐跃层深度较大（图2.18），在9.2°N、115.1°E一带盐跃层深度出现最大值，即盐跃层最大深度出现在巴拉望岛西部海域；盐跃层平均深度为26m，较该期间温跃层平均深度小。

2）盐跃层厚度

就跃层平均厚度而言，盐跃层一般比温跃层小。1999年春季，南沙群岛海区盐跃层平均厚度为56m，与秋季的接近；盐跃层厚度为10～104m，呈现南沙海槽区偏大、其余海域偏小的分布趋势；盐跃层最大厚度出现在6.4°N、114.3°E一带；巴拉巴

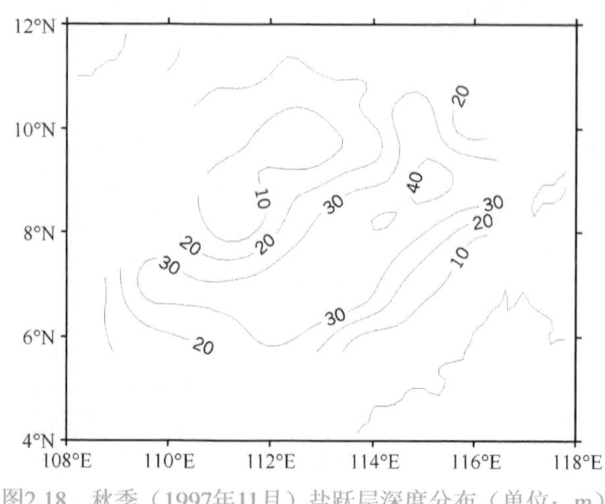

图2.18　秋季（1997年11月）盐跃层深度分布（单位：m）

克海峡口西侧的7.8°N、116.0°E附近盐跃层厚度最小（图2.19）。

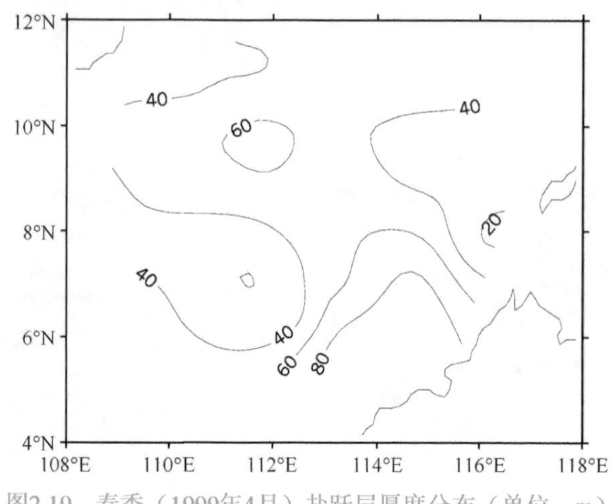

图2.19　春季（1999年4月）盐跃层厚度分布（单位：m）

1999年夏季，南沙群岛海区盐跃层平均厚度与春、秋季的相差不大，为59m；盐跃层厚度为20～99m，东南海槽区及西南局部海域盐跃层厚度偏大，其余海域偏小；最大厚度出现在6.3°N、113.1°E一带；最小厚度出现在偏西南角的8.7°N、109.2°E附近（图2.20）。

1997年秋季，南沙群岛海区盐跃层厚度为15～99m，盐跃层厚度大的区域与盐跃层深度小的区域大体一致，盐跃层最大厚度出现在南沙群岛海区西南侧的8.3°N、111.6°E附近及南沙海槽区紧靠加里曼丹岛的近海区；盐跃层最小厚度出现在西北侧的11.5°N、111.5°E一带（图2.21）；盐跃层平均厚度为57m，比温跃层平均厚度小。

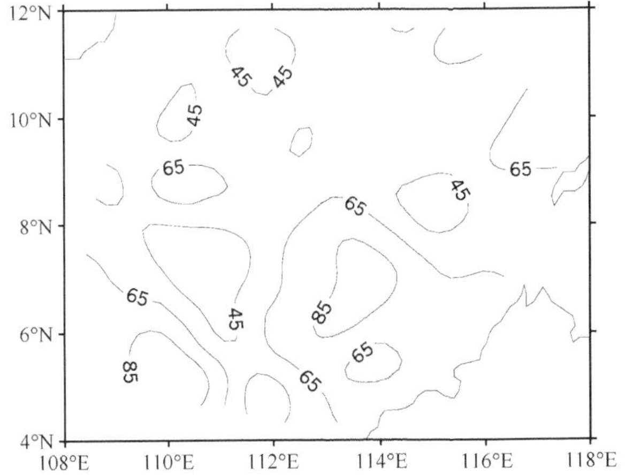

图2.20　夏季（1999年7月）盐跃层厚度分布（单位：m）

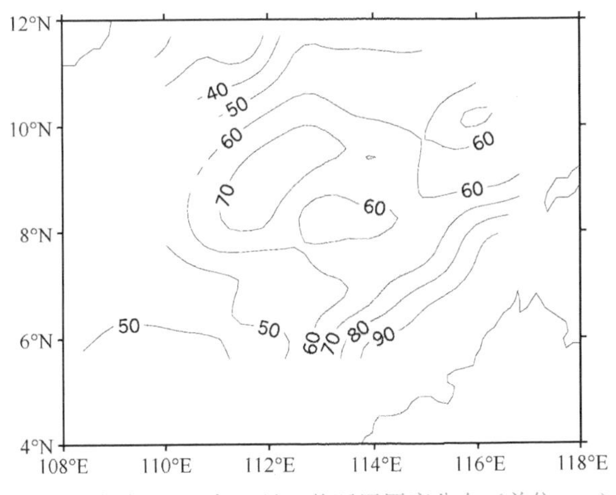

图2.21　秋季（1997年11月）盐跃层厚度分布（单位：m）

3）盐跃层强度

1999年春季，南沙群岛海区盐跃层平均强度与夏季相同，为0.02m^{-1}；盐跃层强度为0.01～0.06m^{-1}，该海区西部及巴拉巴克海峡西侧盐跃层强度相对稍大，在0.02m^{-1}以上，其余海域较小，低于0.02m^{-1}；最大强度出现在11.0°N、110.0°E附近；最小强度出现在5.5°N、113.0°E附近。

1999年夏季，南沙群岛海区盐跃层平均强度为0.02m^{-1}；盐跃层强度为0.01～0.05m^{-1}，该海区偏西北部盐跃层强度较大，在0.02m^{-1}以上，最大强度出现在9.7°N、110.0°E附近，南沙海槽区紧靠加里曼丹岛的近海区盐跃层强度次之，其余海域盐跃层强度较小，在0.02m^{-1}以下；盐跃层最小强度出现在西南角的5.7°N、109.4°E一带。

1997年秋季，南沙群岛海区盐跃层平均强度比1999年春、夏季大，为0.03m^{-1}；盐跃层强度为0.02～0.06m^{-1}，西北部较大，最大强度出现在11.5°N、110.3°E一带，向东南方向盐跃层强度逐渐减小，最小强度出现在巴拉巴克海峡口西侧及以南的南沙海槽区一带。

2. 盐度垂向最大梯度

1999年春季，南沙群岛海区盐度垂向最大梯度所在深度为3～87m，偏西南部海域盐度垂向最大梯度所在深度较小，最小值出现在偏西南角的6.6°N、108.6°E一带；偏东北部海域盐度垂向最大梯度所在深度较大，最大值分别出现在8.5°N、113.8°E和5.3°N、113.5°E附近；平均值为33m。盐度垂向最大梯度为0.02～0.15m^{-1}，平均值为0.05m^{-1}。西北部海域与南沙海槽区紧靠加里曼丹岛的局部近海区较大，这两个区域盐度垂向最大梯度在0.04m^{-1}以上，其中南沙海槽区紧靠加里曼丹岛邻近海区的5.5°N、114.1°E附近出现最大值；而夹在这两个较强区域间的海域盐度垂向最大梯度较小，最小值出现在5.7°N、113.6°E附近。

1999年夏季，南沙群岛海区盐度垂向最大梯度所在深度的平均值为50m，比1999年春季和1997年秋季大。盐度垂向最大梯度所在深度与春季相同，为3～87m，最大值出现在东北侧的11.5°N、115.4°E一带，最小值出现在5.2°N、113.8°E附近。盐度垂向最大梯度为0.01～0.09m^{-1}，最大值出现在偏西部的9.7°N、110.0°E附近；平均值比1999年春季和1997年秋季小，只有0.03m^{-1}。

1997年秋季，南沙群岛海区盐度垂向最大梯度所在深度为3～62m，平均值为47m，比水温垂向最大梯度所在深度的平均值小。偏西部与东部的巴拉巴克海峡口西侧盐度垂向最大梯度较小，最大值出现在10.5°N、114.1°E附近；盐度垂向最大梯度的分布趋势与水温垂向最大梯度的分布趋势大体相似，西北大、东南小，但在南沙海槽区紧靠加里曼丹岛的近海区盐度垂向最大梯度稍偏大；盐度垂向最大梯度的最大值为0.11m^{-1}，出现在11.5°N、111.0°E附近；最小值为0.03m^{-1}，出现在8.9°N、115.3°E附近；平均值为0.05m^{-1}。

以上分析表明，南沙群岛海区盐跃层平均深度春季最小，夏季最大。春季，盐跃层深度大体上呈现自西向东增大再减小的分布态势；夏季，盐跃层深度普遍较大，只有该海区偏西南陆架区及南沙海槽区紧靠加里曼丹岛的局部海域较小；秋季，南沙群岛海区西北部广阔海域及南沙海槽区紧靠加里曼丹岛的近海区盐跃层深度较小，而夹在这两个区域间的海域盐跃层深度较大。盐跃层平均厚度春季最小，夏季最大。春季，南沙海槽区偏大，其余海域偏小；夏季，东南海槽区及西南局部海域偏大，其余海域偏小；秋季，西南部广阔海域与南沙海槽区紧靠加里曼丹岛的近海区较大，其次是中部偏西北部海域。盐跃层平均强度春、夏季小，秋季大。春季，盐跃层强度在该海区西部及巴拉巴克海峡西侧相对稍大，其余海域较小；夏季，该海区偏西北部较大，其次是南沙海槽区紧靠加里曼丹岛的近海区，其余海域较小；秋季，盐跃层强度自西北向东南逐渐减小。盐度垂向最大梯度平均值春、秋季大，夏季小。

2.2　水动力环境

南沙群岛海区出现的气旋型环流或反气旋型环流是该海域海流结构的重要特征（表2.6），其分布变化对海洋生态过程分析及海洋生物资源分布和海水营养物质的循环研究具有重要意义。根据资料分析，巴拉巴克海峡与万安滩间、北康暗沙与南薇滩间、尹庆群岛与安渡滩间和南沙群岛海区中部的礁群区常出现营养盐含量高值区，这可能与那里出现的涡旋输送动力有密切关系，与该海区生物量的分布趋势较为一致。分析该海区高营养盐分布的成因，认为海水涌升是造成该海区高营养盐分布的重要原因之一。

表2.6　南沙群岛海区主要环流

调查季节	涡旋系统	中心位置
1987年春季	气旋型环流	曾母暗沙东北部
	反气旋型环流	尹庆群礁西北部
	气旋型环流	南沙海槽区
	气旋型环流	纳土纳群岛与万安滩间（6.0°N，109.0°E）
	气旋型环流	越南金兰外海
	反气旋型环流	曾母暗沙与大纳土纳岛间
	反气旋型环流（1000m）	北康暗沙与南薇滩间
1985年夏季	气旋型环流（表、中层）	南沙海槽区
	气旋型环流	纳土纳群岛与万安滩间
	气旋型环流（表、中层）	金兰湾附近
1988年夏季	气旋型环流（表、中层）	南沙海槽区
	气旋型和反气旋型环流并存	巴拉望岛西部礁群区
	气旋型环流（500m）	巴拉巴克海峡西侧
	反气旋型环流	北康暗沙与南薇滩间
1990年夏季	反气旋型环流（表层）	南沙群岛海区中部偏越南一侧（9.4°N，111.0°E）
	反气旋型环流	北康暗沙与南薇滩间及双子群滩西部
1994年秋季	反气旋型环流（400m）	南沙群岛海区中部（9.0°N，112.0°E）
	气旋型环流（400m以浅）	万安滩西南部
	气旋型环流（150～500m）	万安滩西南部
	反气旋型环流（200m以浅）	南沙海槽区

续表

调查季节	涡旋系统	中心位置
1989年冬季	反气旋型环流	北康暗沙一带
	气旋型环流	纳土纳群岛与万安滩间
	气旋型环流	双子群礁西部
	反气旋型环流（1000m）	南沙海槽区、北康暗沙与南薇滩间
	反气旋型环流（深层）	双子群礁西部
1993年冬季	气旋型环流	南沙群岛海区西部（7.0°N，110.0°E）
	反气旋型环流（上层）	南沙群岛海区东部（5.0°N，114.0°E）
	反气旋型环流	南沙群岛海区北部（12.0°N，112.0°E）

资料来源：黄企洲和邱章，1994

海流 受海盆地形的影响，南沙群岛海区的海流十分复杂，季风垂直环流、哈得来环流、沃克环流在此交汇出现。南沙群岛海区南部终年以NE向海流为主，北部以偏N向海流为主。终年流速较小，一般为0.2～0.5kn①。曾母暗沙北部陆架区表层地转流流速可达1.5kn以上。陆坡深水区流向为WSW，南沙海槽东侧流向为NE，西侧流向为SW，东北部群礁区流向为偏S向。

潮汐 南沙群岛海区以东北、西南对角连线为界，西北半部为正规全日潮区，最大可能潮差小于1.0m；东南半部为不正规日潮区，向岸潮差逐渐增大，加里曼丹岛近岸最大可能潮差达3.0m左右。实际观测资料表明，环礁附近的潮差比预料的大，如美济礁的平均潮差为1.4m，最大潮差为2.32m；永暑礁的平均潮差为1.1m，最大潮差为1.8m（傅子琅，1994）。有一些珊瑚礁，如南薰礁、东门礁、皇路礁、信义礁等，低潮时礁坪特别是礁坪的外缘露出。由于南沙群岛珊瑚礁属于不正规全日潮，平均潮差小，礁坪外缘水深较小，加上一次性露出的时间长，因此礁坪水温高达32℃，盐度在35以上。还有一些珊瑚礁，如渚碧礁、三角礁、仁爱礁和半月礁等，在低潮甚至最低潮时大部分的礁坪不裸露，只是变浅，水温、盐度相应增大，这时的礁坪主要是受潮汐和波浪流作用的环境，成为各种海洋生物的栖息场所。

潮流 南沙群岛海区的潮流性质与潮汐性质不一致。潮流性质由曾母暗沙的不正规半日潮逐渐向西北万安滩以南的不正规日潮过渡，仁爱礁附近的正规日潮区域与潮汐的不正规日潮区域相对应。南沙群岛海区潮流的流速一般小于1.0kn，由于地形的影响，环礁周围的潮流流速大于海区的潮流流速。根据观测资料（傅子琅，1994），南薰礁外缘（离礁坪15m，水深4m）表层流速为1.6～1.8kn；东门礁外缘（离礁坪10m，水深3m）表层流速为2.0kn。除环礁水道外，潟湖里的潮流流速一般在1.0kn以下。有一些珊瑚礁，如渚碧礁西南部、东门礁、华阳礁北部等，向海坡所

① 1kn=1n mile/h=(1852/3600)m/s

伸展的斜坡面（坡陡1∶10或1∶1）处的主要水动力因素是波浪和潮流，潮流主要沿潮沟流入潟湖，礁外海区的海浪传入环礁。还有一些珊瑚礁，如仙娥礁、仁爱礁等，礁坪向海坡的坡面呈峭壁状，主要水动力因素是潮流。潮流沿环礁流动，形成高营养区。

波浪　南沙群岛海区的海浪主要受季风的影响，在11月至次年4月的东北季风期，波向以东北为主，在6～9月的西南季风期，波向以西南为主。夏季的实测有效波高一般在3.4m以上，如遇8级大风，有效波高可超过6.0m。同季风转换期一样，4～5月和9～10月为风浪转换期。涌浪的分布及转换季节与风浪相近。在南沙群岛环礁大多数的潟湖坡或靠近潟湖的礁坪，水温和盐度比外海略有增加，由于礁坪的阻挡，波浪的影响相对较小，波浪流由礁坪流入潟湖。环礁的波浪主要来自礁外海域，由于环礁的水平尺度较小，风浪在潟湖中难以充分成长。

2.3　海水光学特性

海水光束衰减系数是海水重要的本征光学特性，其数值大小和垂向分布对水下的光学环境有重要的影响。通常南沙群岛海区的光束衰减系数在0.3m^{-1}左右，属较清洁的海水。因此，太阳光辐射可以达到较大的深度，该海域在80m以深处珊瑚仍能生长繁殖。

南沙群岛海区不同水层海水光束衰减系数的平面分布见图2.22。由此可见，表层（0m）、25m、50m、75m各水层的光束衰减系数分布均出现漩涡状结构，与该海区表层水温分布和海流结构相似。在南部的北康暗沙以西海域，表层到100m水层均存在一个较清洁的水域，水层深度越大，该清洁水域越往西偏移。根据水动力环境分析，该处存在一个涡旋，且向西移动，与光学结构特征十分相近。该海区光束衰减系数在中部区域较大，向南北两方向均有减少的趋势。南海中部海域即14°～18°N属深水海盆区域，海水较为清洁而均匀，光束衰减系数较小，与其相邻的南沙群岛海区北部，光束衰减系数也较小。南沙群岛海区东、西部由岛礁或浅滩所围绕，但光束衰减系数均较该海区中部的深水区小。因此，该海区光束衰减系数总体上形成了中央较大、周边较小的基本格局。这与南沙群岛海区的环流状态有关。在环流作用下，南海中央海盆区较清洁的海水沿周边流向东、南和西部。在中央深水区由于浮游生物及其碎屑的积聚，太阳光辐射衰减更多。

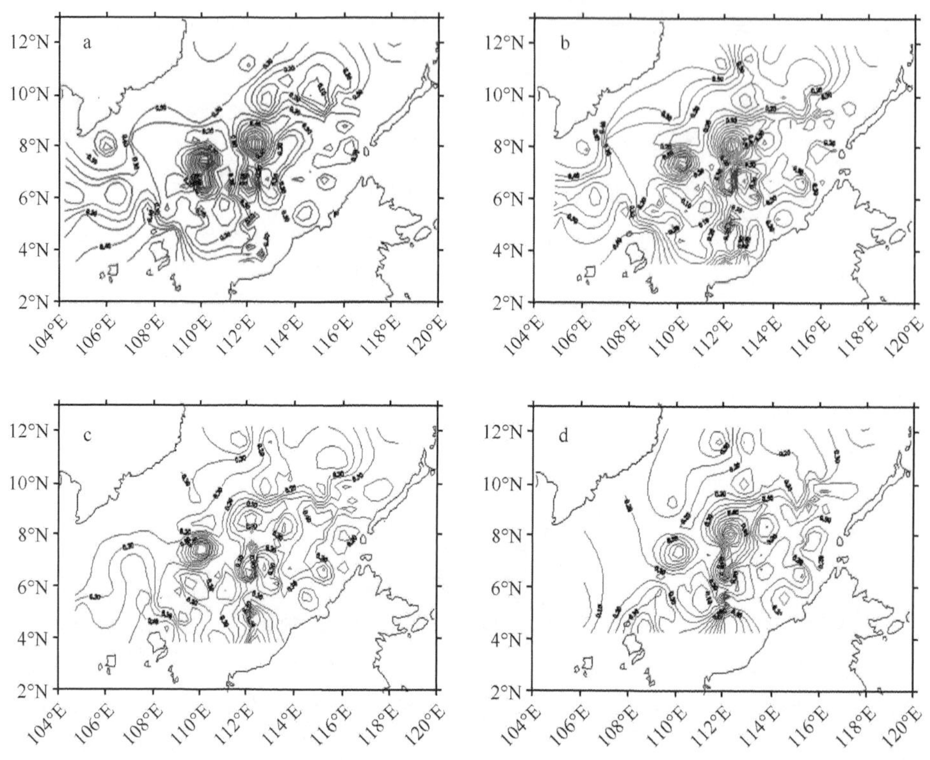

图2.22 南沙群岛海区不同水层海水光束衰减系数的平面分布（单位：m^{-1}）

a. 0m水层；b. 25m水层；c. 50m水层；d. 75m水层

2.4 营 养 盐

南沙群岛海区营养盐含量很低，多数测站检测的表层营养盐含量为零。次表层存在NO_2^--N薄层，夏季70%以上的测站均有检测到，其他季节略低些，NO_2^--N平均含量为0.10～0.25μmol/L，在50～75m处其含量出现最大值（NO_2^--N薄层），与Chl a含量最大值所处水深一致，反映出亚硝酸氮来自生物源，NO_2^--N含量最大值所处水深是氨硝化过程最活跃的位置。在巴拉巴克海峡至安渡滩之间常出现营养盐含量高值区。例如，1999年夏季，在该处0～100m水层都出现NH_4^+-N和PO_4^{3-}-P含量高值区；1997年秋季，在该处80m水层出现NH_4^+-N和PO_4^{3-}-P含量高值区。另外，在西南陆架区也常出现营养盐含量高值区，这一现象说明该处海水涌升作用较为强烈，将底层丰富的营养盐挟带至上层水体，形成营养盐含量高值区。根据1989年冬季和1990年夏季水文观测资料，这些海域表层和50m水层同时存在一个明显的低温区，水温分别小于26℃和25℃，形成气旋型环流，底层海水的涌升是造成营养盐含量较高的主要原因。

南沙群岛海区无机氮含量以NH_4^+-N所占比例最高，NO_2^--N最低。不同形态氮的含量存在明显的季节和垂向变化，50m以浅水体中NH_4^+-N占总无机氮比例秋季最高（约90%），NO_3^--N则冬季最高（约92%）；在50m以深水体中无机氮的主要存在形式为NO_3^--N，冬季占比最高（约92%），春季占比最低（约65%）；深层水（75m、100m）中NH_4^+-N向NO_3^--N的转化率与其氧含量分布相关（详见第3章有关内容）。

通常营养盐跃层上界深度是指其垂向分布第一拐点处深度。南沙群岛海区NO_3^--N跃层上界深度为70～80m，处于温跃层核心部位。跃层以上水体NO_3^--N含量较低，形成表层海水缺氮状态；跃层以下水体NO_3^--N含量随水深增大而升高，平均含量大于20.0μmol/L。因此，可以认为该海区跃层及以下的水体是重要的氮源。PO_4^{3-}-P跃层上界深度为60～80m，与NO_3^--N跃层上界深度基本一致；跃层以上水体PO_4^{3-}-P含量同样较低，跃层以下水体PO_4^{3-}-P含量也随水深增大而升高。由于海水交换与混合能把下层海水丰富的N、P挟带上来，促使该水层的浮游植物聚集，这就是所谓的生物活跃层，它是决定该海区初级生产量的重要条件，其深度也是Chl a含量最大值所在深度，这对于研究南沙群岛海区生物生产力结构与生态过程尤其重要。

2.5　珊瑚礁环境

珊瑚礁是高生物多样性、高生产力的热带海区典型生态系统。据研究，在中新世，世界珊瑚礁已形成两大区系：大西洋加勒比区系和印度—太平洋区系。南沙群岛海区的珊瑚礁属印度—太平洋区系，它包括以造礁珊瑚为主体的造礁生物和附礁生物的庞大生物系统（钟晋樑等，1996）。

南沙群岛的珊瑚礁大部分发育在南海陆坡海台上，水深一般在2000m左右，属深海环礁，也有少量属陆架环礁，如分布在北康暗沙的盟谊暗沙环礁和分布在南康暗沙的琼台环礁等，均发育在巽他陆架北缘。南沙群岛珊瑚礁没有岸礁和堡礁，以环礁为主，具有礁多岛少且小的特点。环礁内为浅水“礁湖”，称为“潟湖”，散布着大大小小的礁丘。礁湖底部起伏不平，湖的水深不同，多数在20～30m，也有的潟湖水深可达50～60m。岛礁的走向主要为NE向。

根据海区的地貌及其生物区系特征，钟晋樑等（1996）把南沙群岛的珊瑚礁分为环礁、台礁、塔礁、陆坡潮下生物滩礁和陆下礁丘等五大类。1984～1999年开展南沙群岛生态环境调查的岛礁有20多座，以下按当时状况简述永暑礁、渚碧礁、美济礁等部分岛礁的地理位置与环境特征。

永暑礁　位于9°30'～9°40'N、112°53'～113°04'E，东北-西南向延伸26km，宽7.5km，礁顶面积101km^2；潟湖面积97km^2，水深15～39m，春季平均水温28℃左右，底层盐度34.97，表层34.41。原来是一座开放型干出环礁，没有灰沙岛，礁体由礁坪和礁斑围绕而成，礁内有许多点礁和槽沟，退潮时大部分礁坪被淹没，有少部分露出水面。在向海坡和潟湖坡礁缘，由于深浅适中，且水体交换快，礁斑和部分礁坪发育良好，保持了相对稳定的小生境，造礁珊瑚、软珊瑚、柳珊瑚和藻类生长茂盛。

渚碧礁 位于10°54'～10°56'N、114°04'～114°07'E，原来是一座封闭型干出环礁，是道明群礁西北的一个独立礁体，近似犁形，没有灰沙岛，长6.5km，宽3.7km，礁顶面积14.6km^2；潟湖面积9.6km^2，水深5～26m，潟湖底部地表平坦，富含珊瑚砂，潟湖春季平均水温28.9℃，盐度34.52。礁坪较平坦，礁缘向海坡沟槽发育；坪面上珊瑚生长一般，无明显的分布梯度。

美济礁 位于9°52'～9°56'N、115°30'～115°35'E，原来是一座准封闭型干出环礁，没有灰沙岛，椭圆形，长轴8km，短轴5km，礁顶面积46.4km^2；潟湖面积37.9km^2，水深20～25m。西和西南礁坪较窄，仅数百米，北面礁坪较宽，近千米。西面向海坡较陡，沟槽发育。

赤瓜礁 位于9°42'N、114°17'E，是一座干出环礁，具有灰沙岛，向北开口成湾，湾内水深5～15m，礁底分布较多赤瓜参。

东门礁 位于9°55'N、114°30'E，在九章群礁北缘，是一座干出环礁，具有灰沙岛。礁体较小，礁坪外的向海坡沟槽发育较差。潟湖形状与赤瓜礁有些相似，具有一个口门，潟湖面积不大，水深10m左右，潟湖坡平缓，边缘礁石上石珊瑚生长良好。

南薰礁 位于10°10'～10°13'N、114°13'～114°15'E，是一座干出环礁，具有灰沙岛；礁体小，近似椭圆形，由上、下两个珊瑚礁组成，上礁长1850m，下礁长1400m，两礁相距4.6km，中间有一些水深6m左右的暗礁。北面礁坪向海坡较平缓，沟槽发育不完整。礁坪上多碎石，滨珊瑚较多，其他石珊瑚较少，生态环境差。

南沙群岛珊瑚礁生态系统拥有丰富的生物多样性和生产力，其理化环境与礁外开阔海区相比有很大差异。根据1984～1999年的调查资料，南沙群岛海区珊瑚礁潟湖、礁坡和礁坪等不同区域的理化要素变化较大。例如，1999年春季渚碧礁潟湖中部表层有一高温高盐区，东北礁坪区的水温、盐度也相对较高，其他环礁的礁坪区也有类似情况。这主要是由于礁区海水与礁外海水交换较弱，与辐射和蒸发作用也有关。溶解氧（DO）含量的平面分布表明，渚碧礁西南区低、东北礁坪区高，其分布与生态环境有关：西南区生态环境差，生物稀少，珊瑚白化明显；东北礁坪区具有良好的生态环境，生物极其丰富。良好的环境有利于生物生长，而生物的生长活动也影响礁区环境。例如，礁坪区一些藻类的光合作用增加了海水中的氧，因而DO含量较高，变化也较大；从周日变化来看，外海区表层DO含量的日变幅通常在0.10mL/L之内，但渚碧礁变化大得多，其礁坪区清晨（06:00）仅2.79mL/L，而在15:00和18:00分别高达6.79mL/L和6.98mL/L。pH呈现西南区最低、往东北方向递增的分布态势。N和P等营养盐分布则无明显规律，但差异较大，含量的最大与最小值相差可达3倍以上。

第3章 南沙群岛海区生源物质循环

海水中溶解无机氮（DIN）的离子形态主要有NH_4^+、NO_3^-和NO_2^-等，各形态氮在海洋环境中的相互转化是极其复杂的生物地球化学过程。一般认为，海水中的NH_4^+如果没有被浮游植物有效地吸收，那么它将被氧化成为NO_2^-，并进一步被氧化成为NO_3^-，即所谓的硝化作用（nitrification）。硝化作用分两步进行：

NH_4^+被氧化为NO_2^-：$2NH_4^+ + 3O_2 \xrightarrow{\text{硝化菌}} 2NO_2^- + 2H_2O + 4H^+$

NO_2^-被氧化为NO_3^-：$2NO_2^- + O_2 \xrightarrow{\text{亚硝化菌}} 2NO_3^-$

从上述两个反应式可看到，NO_3^-是氧化过程最终产物，是海水无机氮的稳定形式，NO_2^-是NH_4^+被氧化或NO_3^-被还原的中间产物，NO_2^-在海水中含量较低，NH_4^+则来自生物代谢和生物死亡的分解过程。上述反应一般是在表层、次表层（光合作用层）进行的，在底层或较深水层缺氧状态下，存在与硝化作用相反的脱氮作用，或称反硝化作用（denitrification），可用下式表示：

$$(CH_2O)_{106}(NH_3)_{16}H_3PO_4 + 84.8HNO_3 \longrightarrow 106CO_2 + 42.4N_2 + 148.4H_2O + 16NH_3 + H_3PO_4$$

海洋环境中的磷包括溶解无机磷（DIP）、溶解有机磷（DOP）和海水中悬浮的颗粒态磷（PP）。海水中的溶解无机磷主要以正磷酸盐（PO_4^{3-}）的形式存在，约占87%；其次是HPO_4^{2-}和$H_2PO_4^-$，分别约占12%和1%；浮游植物吸收的基本上是溶解无机磷，浮游植物对氮、磷的吸收速率可用Michaelis-Menten方程来描述（Fogg，1975），即

$$V = V_{\mathrm{m}} \frac{C}{K + C}$$

式中，V为吸收速率；V_{m}为吸收速率最大值；C为限制营养盐浓度；K为半饱和常数。海洋中藻细胞对磷酸盐的吸收速率要大于对硝酸盐的吸收速率（李铁等，1999）。

本章还将讨论南沙群岛海区珊瑚礁生态系统内二氧化碳循环、海水溶解有机碳（DOC）、沉降颗粒性有机碳（POC）等。海水中二氧化碳的含量与生物的光合作用和呼吸作用有关，海洋生态系统内二氧化碳循环主要有两个基本途径：①海水上层光合作用过程吸收溶解态二氧化碳；②呼吸作用及有机物质分解释放二氧化碳。

营养物质和光照是光合作用的两个基本条件，光合作用可用下式表示：

$$CO_2 + H_2O \xrightarrow{\text{光照+Chl a}} (CH_2O) + O_2$$

一方面，生产者通过光合作用吸收CO_2和营养物质，并将其转化为有机物，同时

释放出氧气，供消耗者需要；另一方面，生物的呼吸作用释放出CO_2，又被植物所利用。呼吸作用实质上是光合作用的逆过程。

碳、氮、磷（C、N、P）是海洋生态系统中最为重要的营养元素，它们构成了海洋生物（浮游植物）繁殖、生长所必需的营养物质。海洋生态系统中C、N、P营养物质的输送、再生循环等方面的研究具有很重要的生态学意义。

3.1 营养盐的化学形态和分布

3.1.1 DIN化学形态分布的季节特征

南沙群岛海区的溶解无机氮（DIN）中，NH_4^+-N在50m以浅水体中占大部分比例，而NO_3^--N在50m以深水体中占大部分比例，NO_2^--N所占比例始终是最低的，但在50m以浅水体中NO_2^--N所占比例在冬季比其他季节显著升高，达13%～15%；春、秋季NO_2^--N所占比例几乎为0，夏季为2%～3%（表3.1）。这是因为NO_2^--N不稳定，是NH_4^+-N和NO_3^--N之间的过渡形态。

表3.1 南沙群岛海区不同形态溶解无机氮（NH_4^+-N、NO_2^--N和NO_3^--N）组成的季节特征

水深（m）	NH_4^+-N（%）				NO_2^--N（%）				NO_3^--N（%）			
	春	夏	秋	冬	春	夏	秋	冬	春	夏	秋	冬
0	75	76	92	81	0	2	0	13	24	21	7	5
50	55	63	88	75	0	3	0	15	44	34	11	10
75	43	36	21	9	1	3	1	2	55	61	77	88
100	18	16	4	3	0	1	0	1	81	83	96	95

不同形态无机氮的空间变化明显，在50m以浅水体中，DIN主要以NH_4^+-N形式存在，冬季NH_4^+-N占DIN的75%～81%，秋季NH_4^+-N占DIN的88%～92%，夏季NH_4^+-N占DIN的63%～76%，春季NH_4^+-N占DIN的55%～75%；在50m以深水体中，DIN则主要以NO_3^--N的形式存在，冬季NO_3^--N占DIN的88%～95%，秋季NO_3^--N占DIN的77%～96%，夏季NO_3^--N占DIN的61%～83%，春季NO_3^--N占DIN的55%～81%。这是因为50m以深水体中NH_4^+-N向NO_3^--N的转化较为激烈，75m、100m水层NO_3^--N的转化率分别达55%～88%、81%～96%。现场分析数据可以证实，南沙群岛海区氧的含量最大值出现在30～50m，在50m以深水体中氧的含量随深度增大而降低，100m水层中氧的含量一般为2.50～3.15mg/L，氧饱和度由表层的103%降低为58%～65%，这说明较深水体大部分时间都处于氧化状态，这一过程的有机质氧化分解将有利于NH_4^+-N向NO_3^--N转化。

3.1.2 DIN/DIP和单一营养盐限制因子出现率

1. DIN/DIP的季节变化特征

氮和磷是海水中的浮游植物生长所必需的营养元素。大洋海水中的N/P一般为16，浮游植物体内的N/P大致与该值接近（Redfield，1958），这一比值被称为Redfield比值。近期许多学者研究海洋藻类对营养盐的需求量，提出的浮游植物生长所需环境氮磷营养盐的摩尔比与该值大致相同。Justic等（1995）与Dortch和Whitledge（1992）在前人研究的基础上提出了一个较为系统的评估每一种营养盐的化学计量限制标准。张均顺和沈志良（1997）利用这一评估标准对胶州湾海水中溶解无机氮、溶解无机磷和溶解无机硅的观测数据进行了统计分析，得出了不同季节各种营养盐之间的比值变化，据此判断胶州湾1985～1993年营养盐结构的变异。随着国内工业化进程的加快和经济的快速发展，海湾、港口和河口面临日益严重的水污染，近海生态环境的管理显得更重要，许多研究者相应提出了海域水质营养状况的评价标准。例如，郭卫东等（1998）以潜在性富营养化的概念为基础，提出了趋向于定量的海水富营养化水平的划分标准（表3.2），旨在了解海域水质的变化情况；Brown和Button（1979）与Nelson和Brzezinski（1990）提出了浮游植物生长所需营养盐的最低阈值。我们将上述两种标准列于表3.2进行比较，并运用这两种标准，对南沙群岛海区营养盐的总体水平进行初步评价。需要指出的是，大洋海水单一营养盐限制因子的研究及其评估标准受各种环境因素影响远比近海复杂，资料的获取也比近海困难得多，因此，这方面的研究目前尚处于探索阶段。

表3.2　海水富营养化水平的划分标准

富营养化水平	DIN（μmol/L）	DIP（μmol/L）	DIN/DIP	资料来源
贫营养	<14.3	<0.97	8～30	郭卫东等，1998
中度营养	14～21	0.97～1.45	8～30	
富营养	>21	>1.45	8～30	
磷限制中度营养	14～21	—	>30	
磷中等限制潜在性富营养	>21	—	30～60	
磷限制潜在性富营养	>21	—	>60	
氮限制中度营养	—	0.97～1.45	<8	
氮中等限制潜在性富营养	—	>1.45	4～8	
氮限制潜在性富营养	—	>1.45	<4	郭卫东等，1998
磷限制	—	<0.1	>22	Brown and Button，1979
氮限制	<1.0	—	<10	Nelson and Brzezinski，1990

注：—表示无数据

由表3.3～表3.5可见，南沙群岛海区表层DIN/DIP的季节变化趋势是冬＞夏＞秋，其比值为3.7～7.2，低于Redfield比值，表明南沙群岛海区表层水体氮相对缺乏。当DIN/DIP＜10时，DIN可能成为浮游植物生长的限制因子。50m水层DIN/DIP比表层高（冬季除外），尤其是夏季DIN/DIP为36.0，远大于Redfield比值，但秋、冬季DIN/DIP仍未达到16。75m水层DIN/DIP较高，为15.5～18.0，DIN/DIP接近16。夏季100m水层DIN/DIP升至29.0。当DIN/DIP＞22时，DIP可能成为浮游植物生长的限制因子。但冬、秋季100m水层DIN/DIP较接近16（表3.3～表3.5），对浮游植物生长有利。

表3.3 南沙群岛海区夏季无机氮磷的摩尔比（DIN/DIP）和单一营养盐限制因子出现率

水深（m）	DIN/DIP	DIN/DIP＜10（%）	DIN/DIP＞22（%）	DIN＜1μmol/L（%）	DIP＜0.1μmol/L（%）
0	6.7	12（*n*=50）	70（*n*=50）	0	34
50	36.0	14（*n*=50）	58（*n*=50）	0	18
75	18.0	16（*n*=49）	61（*n*=49）	0	14
100	29.0	6（*n*=49）	78（*n*=49）	0	4

注：DIN/DIP是指DIN平均值与PO_4^{3-}-P平均值的摩尔比，以下均同；*n*为观测数据个数，以下均同

表3.4 南沙群岛海区秋季无机氮磷的摩尔比（DIN/DIP）和单一营养盐限制因子出现率

水深（m）	DIN/DIP	DIN/DIP＜10（%）	DIN/DIP＞22（%）	DIN＜1μmol/L（%）	DIP＜0.1μmol/L（%）
0	3.7	73（*n*=22）	23（*n*=22）	43（*n*=22）	27（*n*=22）
50	11.0	45（*n*=22）	18（*n*=22）	25（*n*=22）	24（*n*=22）
75	15.5	64（*n*=22）	27（*n*=22）	9（*n*=22）	0（*n*=22）
100	17.6	45（*n*=22）	27（*n*=22）	0（*n*=22）	0（*n*=22）

表3.5 南沙群岛海区冬季无机氮磷的摩尔比（DIN/DIP）和单一营养盐限制因子出现率

水深（m）	DIN/DIP	DIN/DIP＜10（%）	DIN/DIP＞22（%）	DIN＜1μmol/L（%）	DIP＜0.1μmol/L（%）
0	7.2	58（*n*=22）	3（*n*=22）	19	42
50	5.7	74（*n*=22）	10（*n*=22）	12	48
75	17.2	6（*n*=22）	45（*n*=22）	3	0
100	16.1	0（*n*=22）	80（*n*=22）	0	0

2. 单一营养盐限制因子出现率

根据不同季节和水层DIN/DIP高低的变化可判断哪一营养盐可能成为浮游植物生长的限制因子，但还需要以实测资料为依据才能确定上述限制因子是否成立。根据表3.2列出的DIN/DIP评估标准，即当DIN/DIP＞22时溶解无机磷（DIP）为限制因子，当DIN/DIP＜10时溶解无机氮（DIN）为限制因子，计算出研究海区每一个测点的DIN/DIP，求出各个观测水层营养盐限制因子的出现率，统计结果见表3.3～表3.5。

夏季南沙群岛海区表层浮游植物生长DIP限制出现率为70%，DIN限制出现率为12%；50m水层DIP限制出现率为58%，DIN限制出现率为14%；75m水层DIP限制出现率为61%，DIN限制出现率为16%；100m水层DIP限制出现率为78%，DIN限制出现率为6%。

秋季南沙群岛海区表层DIP限制出现率为23%，DIN限制出现率为73%；50m水层DIP限制出现率为18%，DIN限制出现率为45%；75m水层DIP限制出现率为27%，DIN限制出现率为64%；100m水层DIP限制出现率为27%，DIN限制出现率为45%。

冬季南沙群岛海区表层DIP限制出现率为3%，DIN限制出现率为58%；50m水层DIP限制出现率为10%，DIN限制出现率为74%；75m水层DIP限制出现率为45%，DIN限制出现率为6%；100m水层DIP限制出现率为80%，DIN限制出现率为0%。

通过以上分析，可以初步了解南沙群岛海区营养盐结构随季节变化的状况，表层和50m水层水体中浮游植物生长DIP限制出现率是夏季远高于秋、冬季，DIN限制出现率是秋、冬季高于夏季；75m和100m水层水体中DIP限制出现率是夏、冬季高于秋季，而DIN限制出现率是秋季高于夏、冬季。该变化特征是极为复杂的，它受诸多周围环境条件的影响。因此，我们根据浮游植物生长的最低阈值（表3.2）来考虑南沙群岛海区限制因子出现率，统计结果与上述结果差别较大。夏季，0m、50m、75m和100m水层DIP含量低于0.1μmol/L的测站分别占总测站的34%、18%、14%和4%；DIN含量低于1μmol/L的测站均为0%。冬季，DIP含量低于0.1μmol/L的是0m和50m水层，测站出现率分别占总测站的42%和48%，其余水层出现率均为0%；0m、50m、75m和100m水层DIN含量低于1μmol/L的测站分别占总测站的19%、12%、3%和0%。秋季，0m、50m、75m和100m水层DIP含量低于0.1μmol/L的测站分别占总测站的27%、24%、0%和0%，DIN含量低于1μmol/L的测站分别占总测站的43%、25%、9%和0%（表3.3～表3.5）。

总体来看，南沙群岛海区深层水体DIP和DIN含量基本能满足浮游植物生长需求，尤其是75m以深水体，冬季只有3%以下为DIN限制，无DIP限制，秋季只有9%以下为DIN限制，无DIP限制，夏季无DIN限制，DIP限制也只有4%～14%。这说明营养盐在75～100m水体中获得再生和积累，能够满足浮游植物生长的需要。但在0～50m水体中由于浮游植物生长快速和密集程度较高，缺氮和缺磷的现象是经常存在的，特别是秋季出现DIN限制的测站达25%～43%，出现DIP限制的测站为24%～27%。

3.1.3 营养盐的垂向分布

1. NO_3^--N和PO_4^{3-}-P的跃变层

通常营养盐跃层上界深度是指其垂向分布第一拐点处深度。南沙群岛海区NO_3^--N

跃层上界深度为70～80m，跃层以上水体NO_3^--N含量较低，形成表层海水缺氮状态，而跃层以下水体NO_3^--N含量随水深增大而升高，平均含量大于20.0μmol/L。因此，可以认为该海区跃层及以下的水体是重要的氮源。PO_4^{3-}-P跃层上界深度为60～80m，与NO_3^--N跃层上界深度基本一致，跃层以上水体PO_4^{3-}-P含量同样较低，跃层以下水体PO_4^{3-}-P含量也随水深增大而升高。由于海水交换与混合能把下层海水丰富的N、P挟带上来，促使该水层的浮游植物密集程度增高，这就是所谓的生物活跃层，它是决定该海区初级生产量的重要条件，其深度也是Chl a含量最大值所在深度，这对于研究南沙群岛海区生物生产结构与生态过程尤其重要。

2. NO_2^--N薄层

南沙群岛海区次表层存在NO_2^--N薄层，夏季70%以上的测站均有检测到，其他季节略低；NO_2^--N平均含量为0.10～0.25μmol/L，在50～75m处其含量出现最大值，与Chl a含量最大值所在深度一致，反映出NO_2^--N来自生物源，NO_2^--N含量最大值所在深度是氨氮硝化过程最活跃的位置。

3. NH_4^+-N的多峰值分布

测量数据分析表明，南沙群岛海区NH_4^+-N垂向分布呈多峰值分布，秋季（1997年11月）和夏季（1999年7月）表层NH_4^+-N含量分别为0.01～4.42μmol/L和1.38～13.30μmol/L，平均值分别为0.973μmol/L和4.43μmol/L。因调查季节和海区不同，两者相差甚大。NH_4^+-N垂向分布的特点是没有相对固定的最大值层。例如，秋季航次11号站的主峰值出现于30m水层，其含量达3.78μmol/L，随着水深的增大峰值不断减小，在100m水层以下其分布较为均匀；而夏季航次11号站在表层、50m和80m水层都出现了几乎相等的3个主峰值，其含量分别为6.01μmol/L、7.05μmol/L、7.14μmol/L。由于海水中的浮游植物大量繁殖，其氮含量处于被吸收—释放—被吸收—释放的形式，沿着生物链传递，在参与海洋生态系统的再循环中，NH_4^+-N比NO_3^--N更快地被浮游植物吸收。NH_4^+-N垂向分布可能在某一水层几乎消失，但很快又出现最大值，这是生物直接或间接作用的结果。

3.1.4 营养盐的平面分布

根据秋季（1997年11月）和夏季（1999年7月）航次调查资料讨论南沙群岛海区表层和50m、75～80m、100m等水层营养盐（NH_4^+-N、NO_3^--N、PO_4^{3-}-P）的分布，观测范围分别为5°59'～11°30'N、108°50'～116°32'E和4°35'～12°23'N、109°30'～117°16'E。营养盐的含量变化和分布与其在海洋中直接受浮游植物的影响密切相关，其他因素如水温（*T*）、盐度（*S*）和水动力等也能改变营养盐的含量和平面分布。

南沙群岛海区面积广阔，岛礁潟湖、暗礁和沙滩星罗棋布，地形地貌非常复杂；季风盛行，强风和台风频繁发生。由于南沙群岛海区处于热带地区，海水高温高盐，光照充足，雨水充沛。海洋中发生的表面流、涡流和垂直环流支配着水团结构，季节性的"南海暖流"、局部性的气旋型环流和反气旋型环流等诸多的水文因素对海水营养盐的构成及分布都有较大影响。

1. NH_4^+-N的平面分布

由图3.1a可见，夏季表层NH_4^+-N总的分布趋势是：由西北向巴拉望岛西南侧的巴拉巴克海峡至安渡滩之间递增，NH_4^+-N含量大于6.0μmol/L，形成第一个高值区；第二个高值区在尹庆群礁至南薇滩之间的大范围内出现，中心位置NH_4^+-N含量大于7.0μmol/L；高值区逐渐向东南移动至北康暗沙的东南部形成第三个高值区，构成了调查海区夏季表层NH_4^+-N的分布格局。由图3.1b可见，夏季50m水层NH_4^+-N含量同样在巴拉望岛西南部的巴拉巴克海峡至安渡滩之间出现高值区，其中心位置与表层大致相同；第二个高值区中心位置与表层比较向南移动了约120n mile（6°N，111°E），北康暗沙东南部的高值区几乎消失。由图3.1c可见，夏季80m水层NH_4^+-N的分布比较均匀。夏季100m水层，其分布格局基本类似于80m水层，在巴拉巴克海峡至安渡滩之间出现相对范围较小的高值区，其中心位置与50m水层高值区较为一致（图3.1d）。

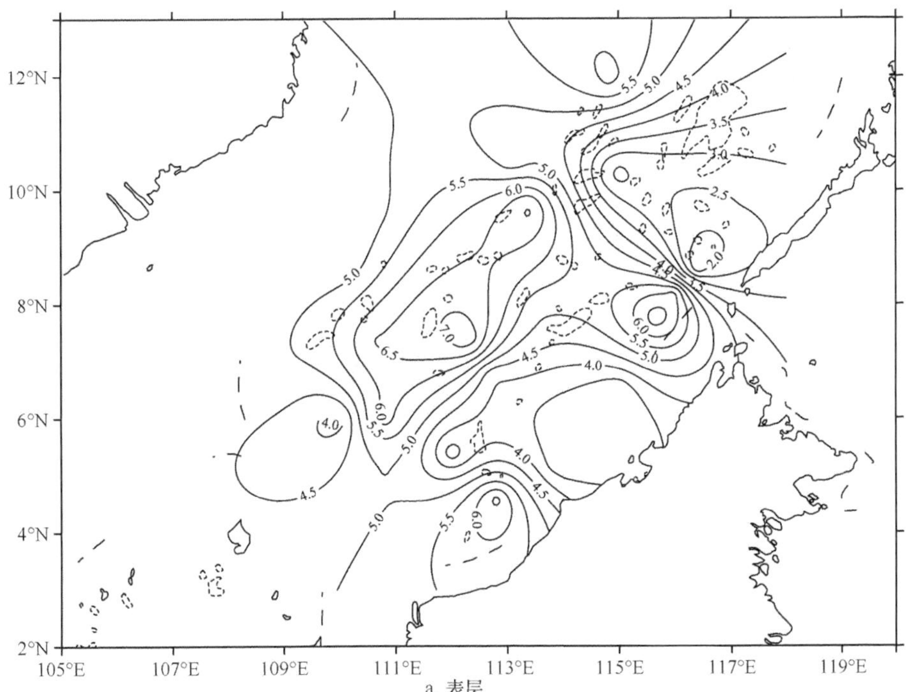

a. 表层

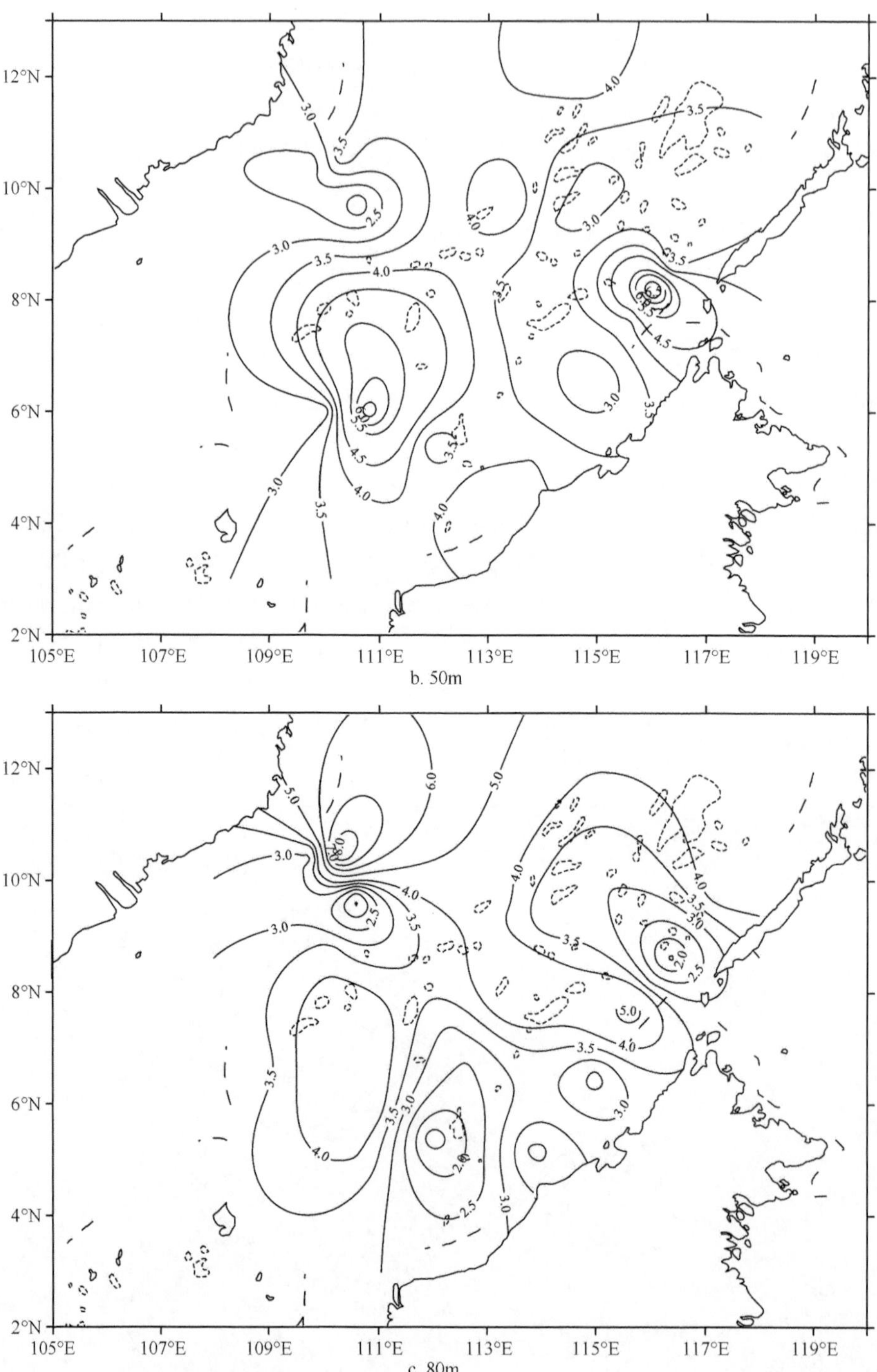

b. 50m

c. 80m

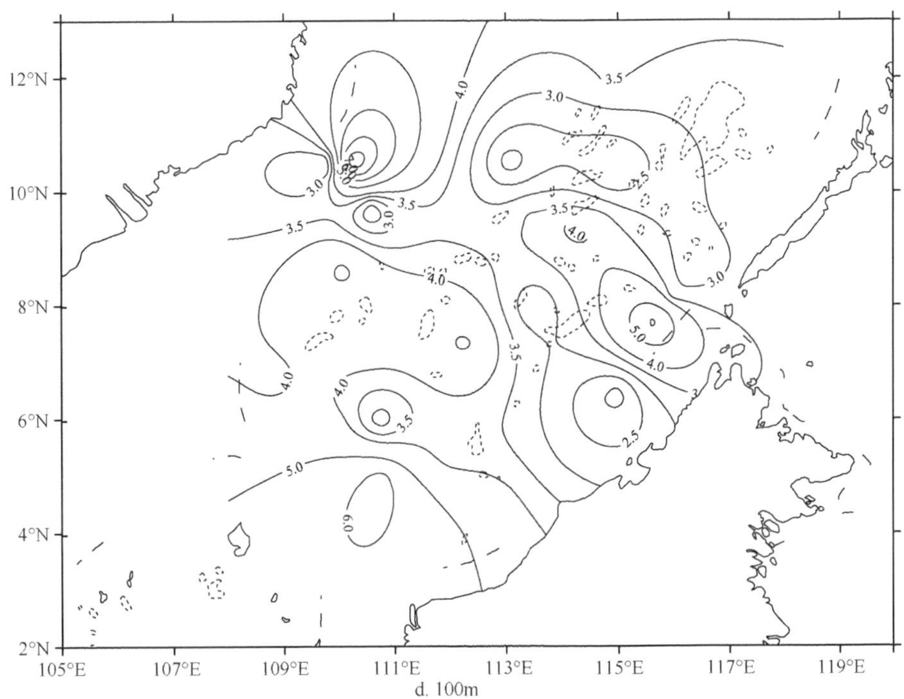

图3.1　夏季（1999年7月）NH_4^+-N的平面分布（单位：μmol/L）

由图3.2a可见，秋季表层NH_4^+-N总的分布趋势是：调查海区北部和南部NH_4^+-N含量高，中部含量低，北部高值区中心位置在尹庆群礁至安渡滩之间，南部高值区中心位置在南薇滩以南、北康暗沙以西一带，高值区NH_4^+-N含量远比夏季低；中部低值区范围较大，其值为0.4～0.6μmol/L（图3.2a）。秋季50m水层NH_4^+-N分布趋势与表层非常相似，同样是调查海区北部和南部NH_4^+-N含量高，中部含量低（图3.2b）。秋季75～80m水层调查海区北部高值区向东移动至巴拉巴克海峡西南侧，高值区所处位置与秋季50m水层的位置大致相同，中部低值区中心位置与50m水层也相近，该低值区范围较大（图3.2c）。秋季100m水层巴拉巴克海峡西南侧高值区消失，低值区仍在中部，与75～80m水层一致，其趋势是NH_4^+-N含量逐渐向西南部陆架区递增，北康暗沙以西、南薇滩以南仍有一个高值区（图3.2d）。

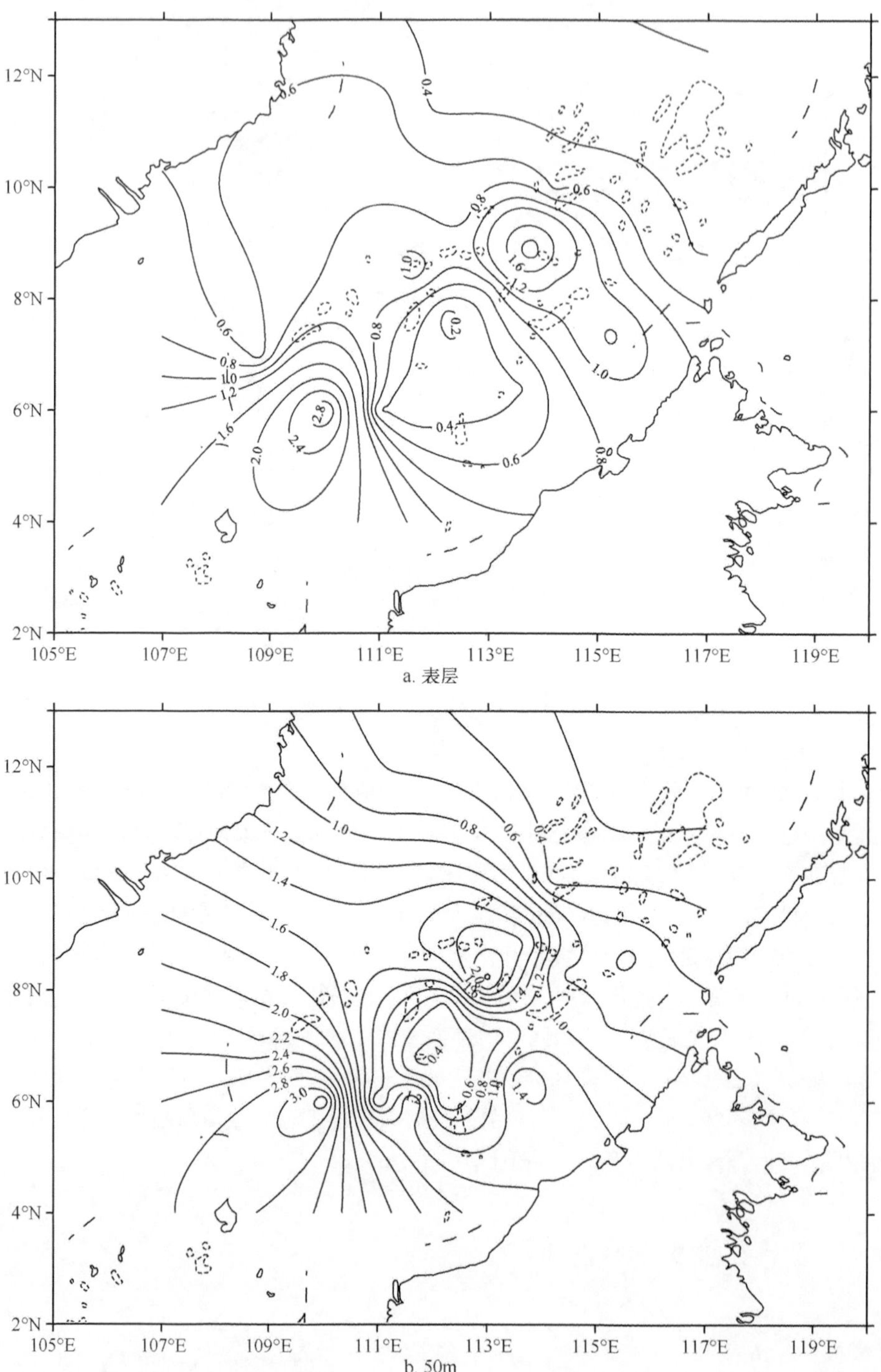
12°N
10°N
8°N
6°N
4°N
2°N
105°E
107°E
109°E
111°E
113°E
115°E
117°E
119°E
0.4
0.6
0.8
1.0
1.2
1.6
2.0
2.4
2.8
0.2
a. 表层
1.2
1.0
0.8
0.6
1.4
1.6
1.8
2.0
2.2
2.4
2.6
2.8
3.0
b. 50m

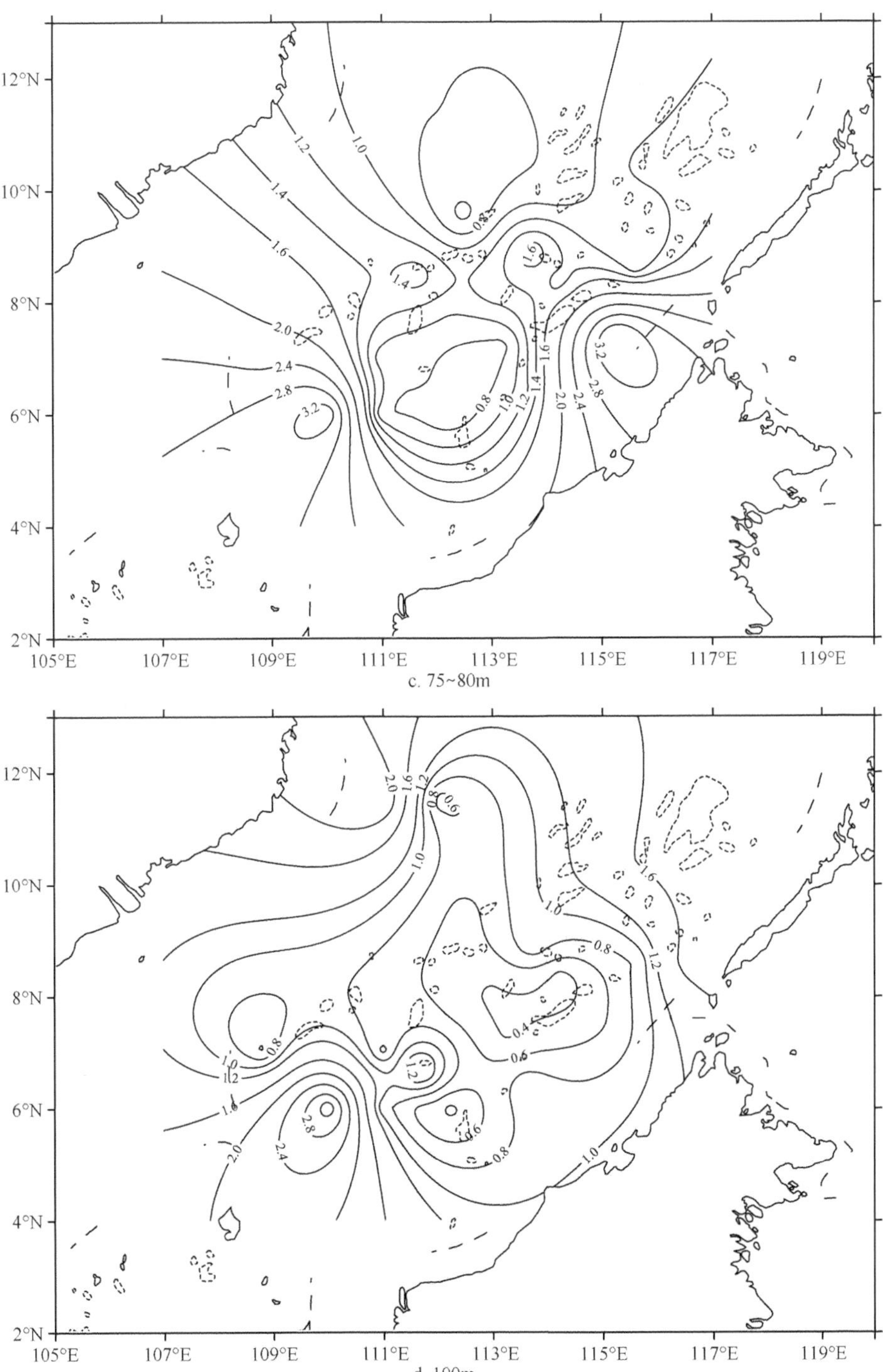

图3.2　秋季（1997年11月）NH_4^+-N的平面分布（单位：μmol/L）

2. NO_3^--N的平面分布

由图3.3可见，夏季表层和50m水层NO_3^--N的分布趋势大致相同，南部含量高，北部和中部含量低，且含量高值区几乎重叠，中心位置位于北康暗沙南部，高值区NO_3^--N含量为7.0μmol/L。夏季100m水层NO_3^--N的分布特点是：整个调查海区处于高NO_3^--N含量的均匀分布状态（图3.3c），高NO_3^--N含量分布状态的形成主要是由于100m水层NO_3^--N受到生物作用的程度低，夏季前后水体垂直结构相对稳定，有利于NO_3^--N在较深水层中大量累积形成均匀分布。

由图3.4a、b可见，秋季表层和50m水层NO_3^--N含量高值区集中在中部的礁群区，中心位置在南薇滩东侧。分析结果表明，50m以浅水体中NO_3^--N含量较低，在南薇滩附近出现相对较高含量的NO_3^--N，与受南部陆架区水较浅的影响有关，也说明礁群区营养盐比外海水丰富，水动力将其挟带上来。秋季80m水层NO_3^--N的分布并没有在礁群区形成高值区，分布较为均匀，其等值线大致是由东向西南陆架区递增，而100m水层NO_3^--N含量在调查海区东北部和中部较高（图3.4c、d）。

3. PO_4^{3-}-P的平面分布

由图3.5可见，高值区分布主要集中在两个区域，一个为海区南部，另一个为海区东部海域，至安渡滩和巴拉巴克海峡之间形成最大值区；50m水层PO_4^{3-}-P含量较低

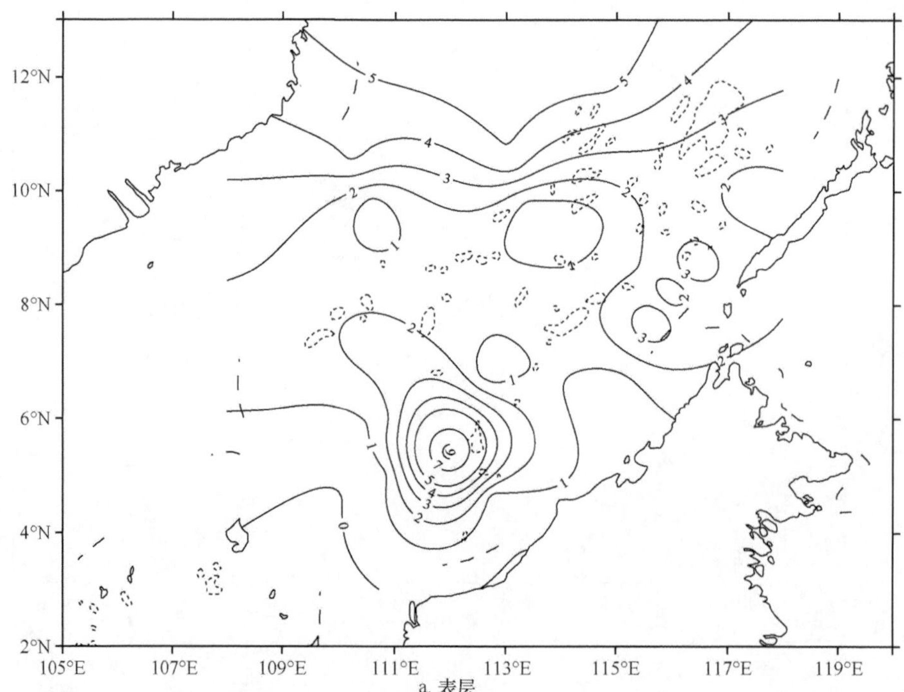

a. 表层

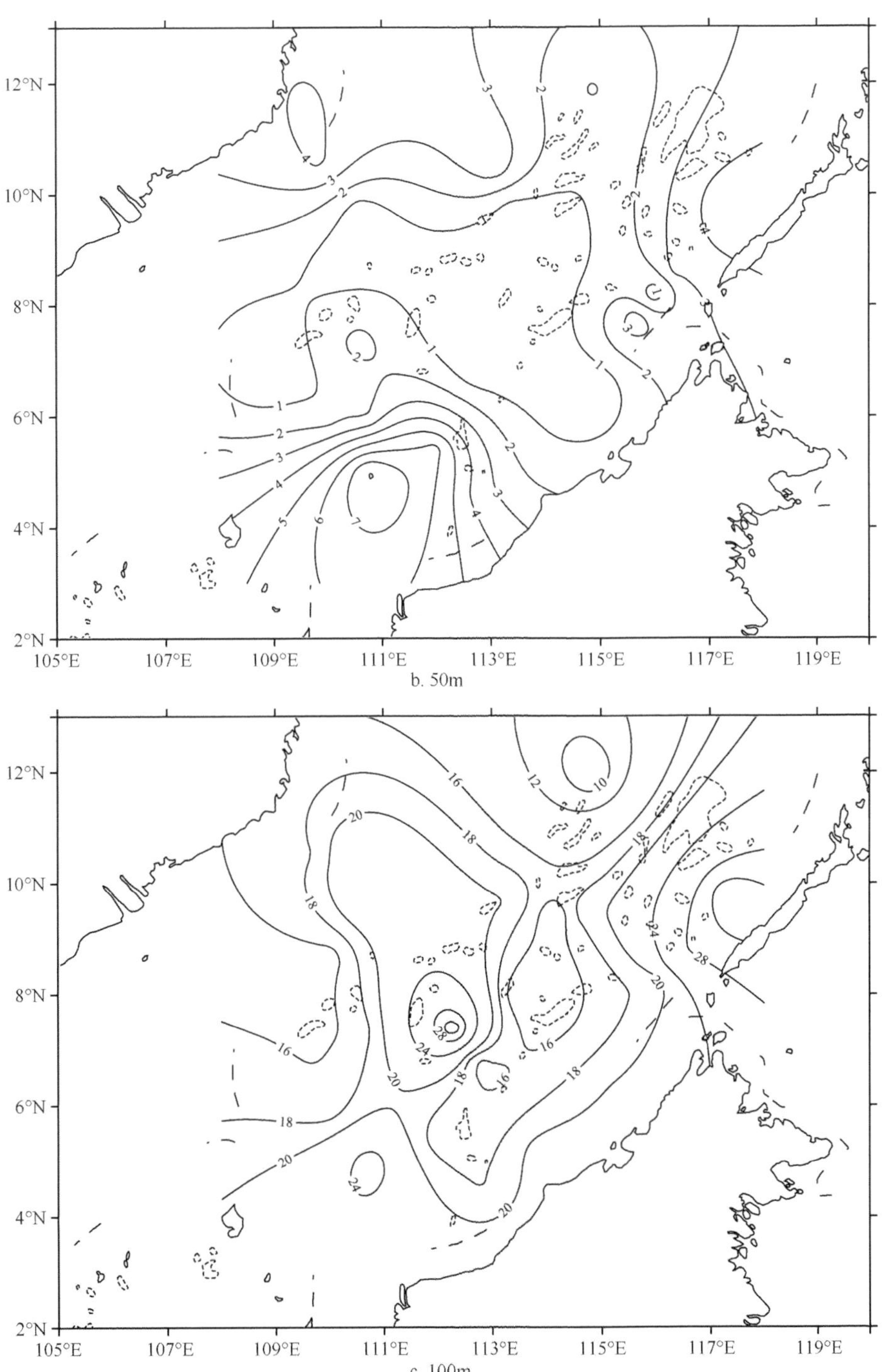

图3.3　夏季（1999年7月）NO_3^--N的平面分布（单位：μmol/L）

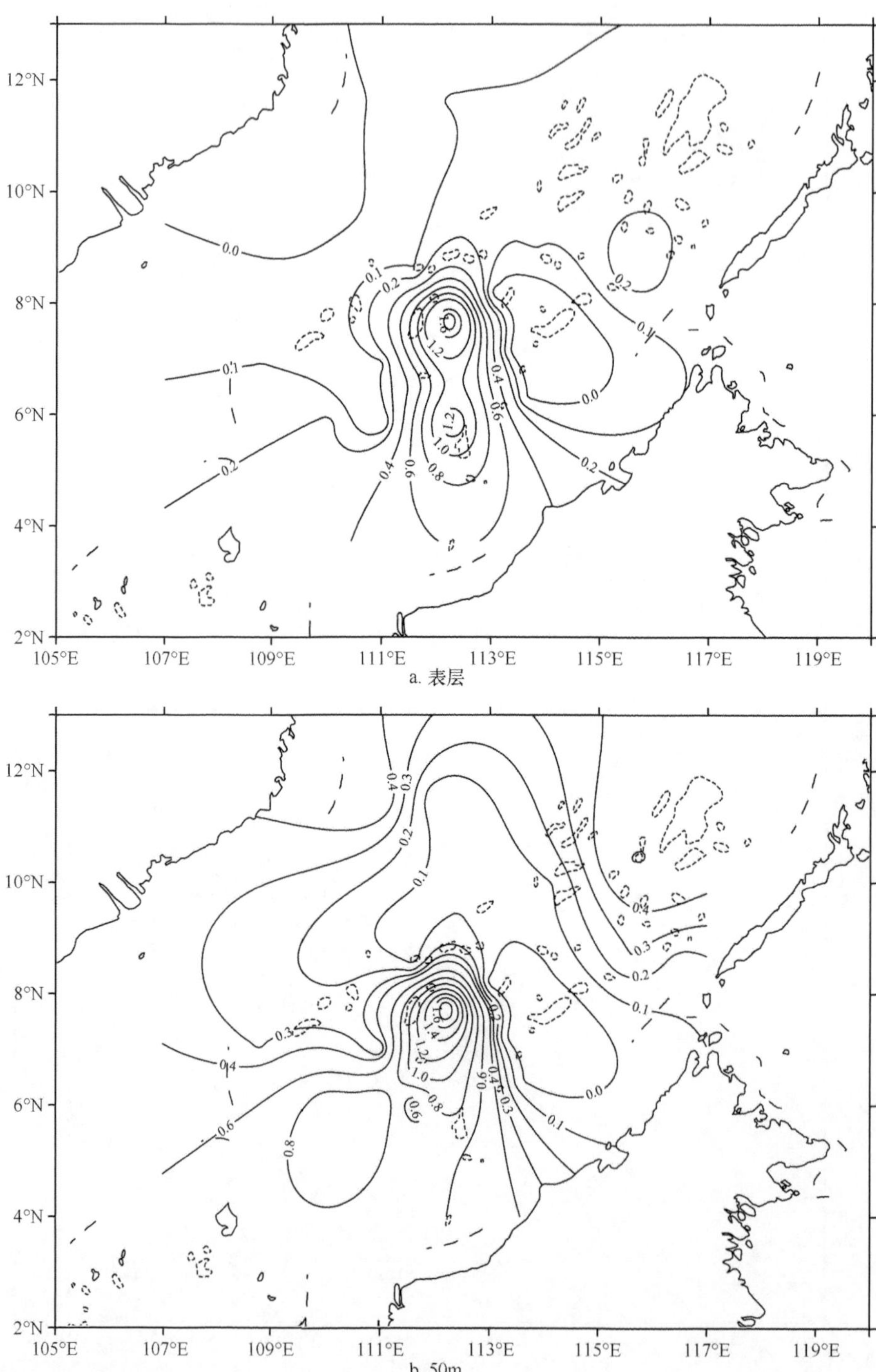
12°N
10°N
8°N
6°N
4°N
2°N
105°E
107°E
109°E
111°E
113°E
115°E
117°E
119°E
0.0
0.1
0.2
0.4
0.6
0.8
1.0
1.2
a. 表层
0.3
b. 50m

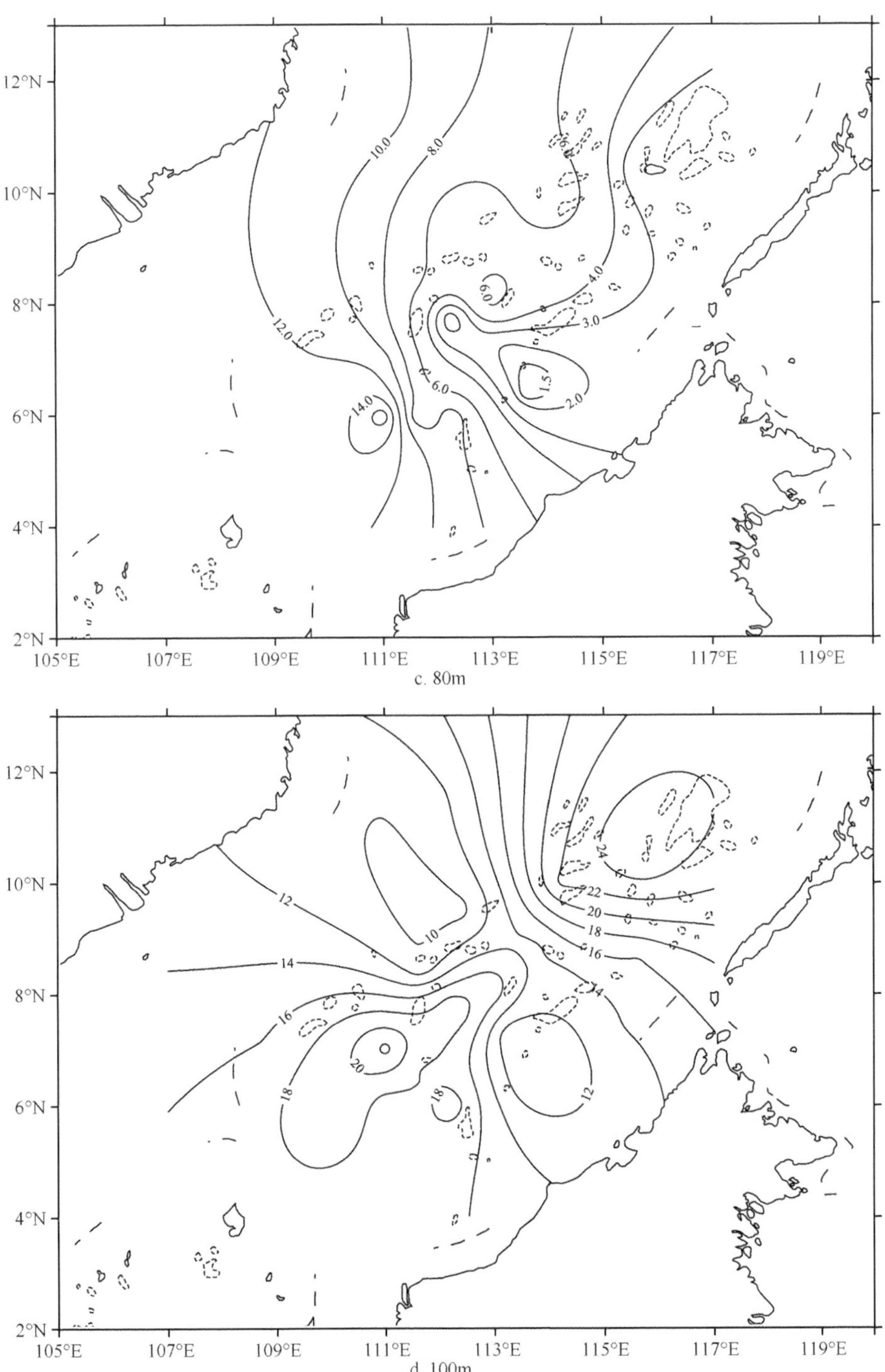

图3.4　秋季（1997年11月）NO_3^--N的平面分布（单位：μmol/L）

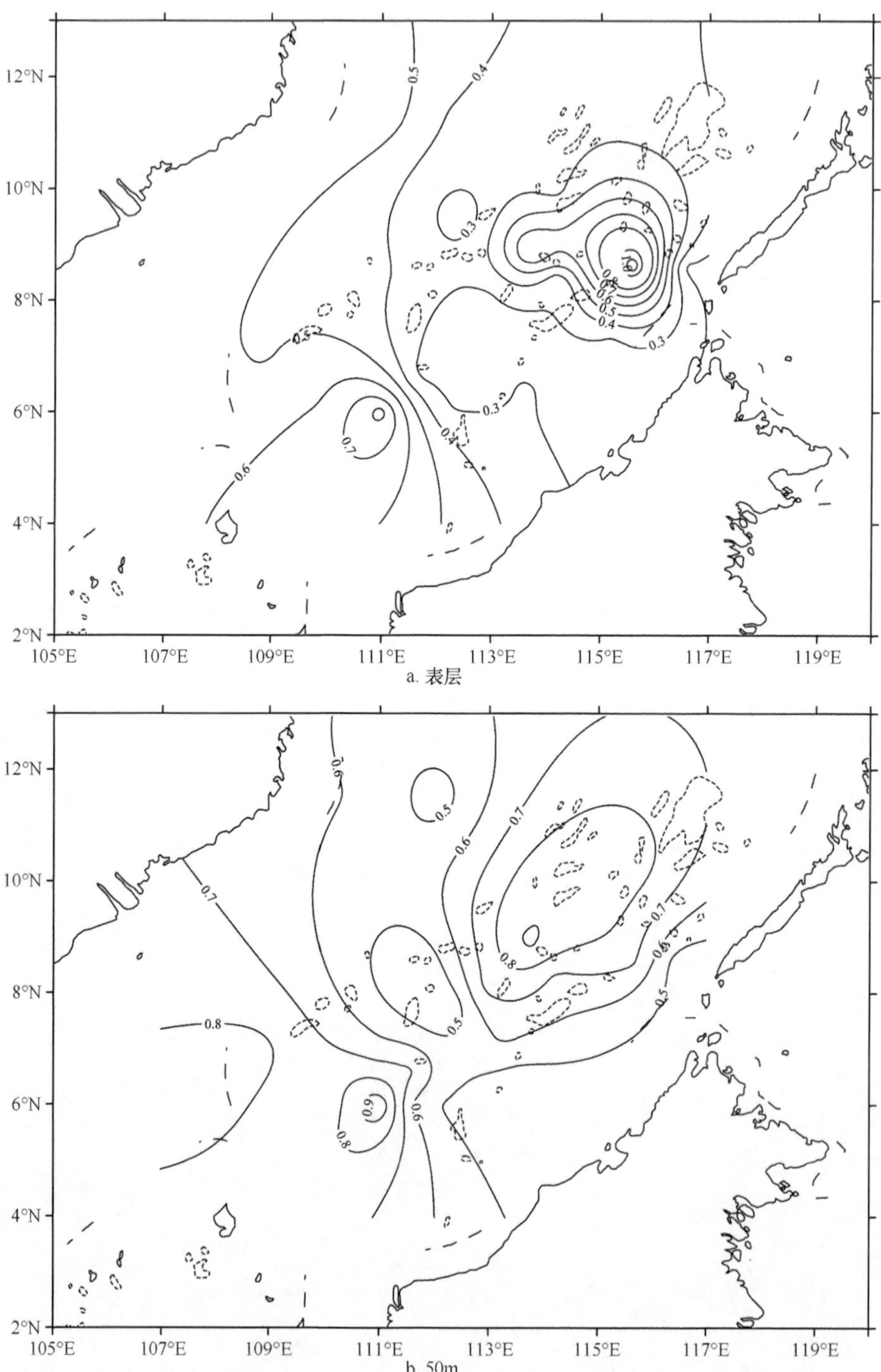
12°N
10°N
8°N
6°N
4°N
2°N
105°E
107°E
109°E
111°E
113°E
115°E
117°E
119°E
0.5
0.4
0.3
0.6
0.7
0.8
a. 表层

b. 50m

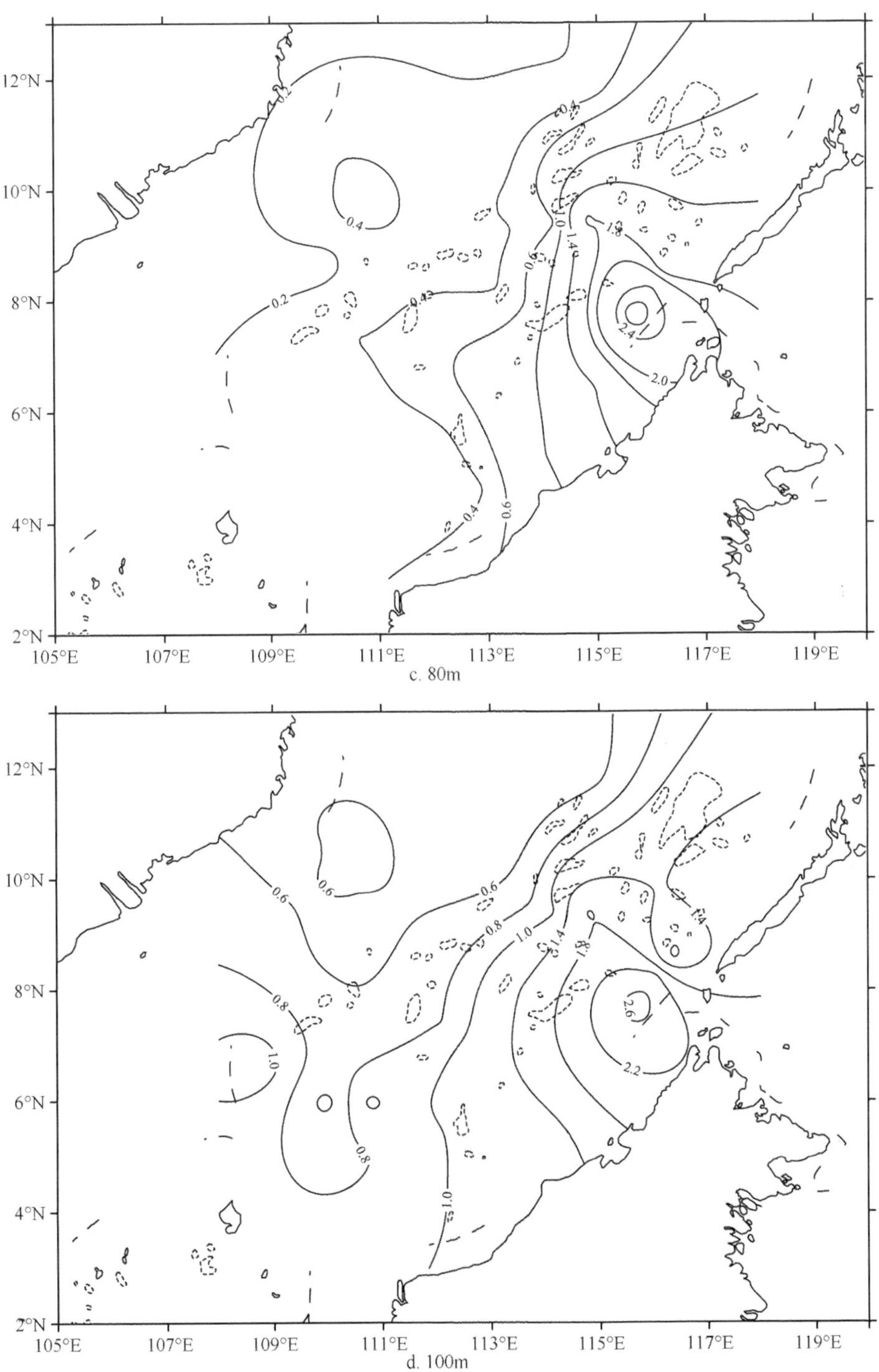

图3.5　夏季（1999年7月）PO_4^{3-}-P的平面分布（单位：μmol/L）

且分布较为均匀；80m和100m水层PO_4^{3-}-P的分布趋势与表层相似，安渡滩至巴拉巴克海峡之间同样出现了高值区。

由图3.6可见，秋季PO_4^{3-}-P的分布趋势与夏季完全不同，安渡滩至巴拉巴克海峡一带PO_4^{3-}-P含量最低，西南部礁群区的PO_4^{3-}-P含量最高；75～80m水层出现较大范围

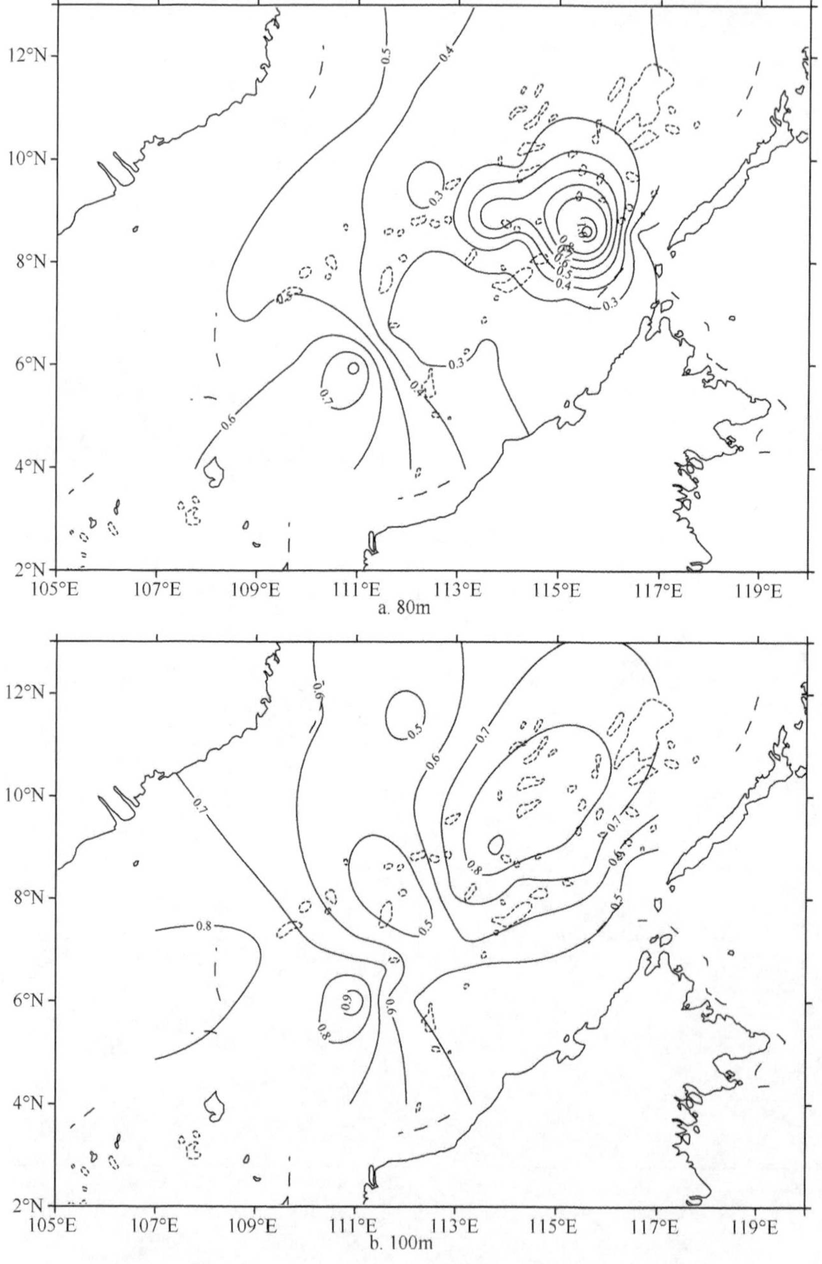

图3.6 秋季（1997年11月）PO_4^{3-}-P平面分布（单位：μmol/L）

的高值区，几乎覆盖整个九章群礁，100m水层高值区也大致在同一地点，但在北康暗沙以西同时出现一个小范围的高值区。

综上分析，发现在巴拉巴克海峡至安渡滩之间经常出现营养盐含量高值区。例如，1999年夏季表层和50m、75～80m、100m等水层NH_4^+-N与PO_4^{3-}-P均在该处出现高值区；1997年秋季，80m水层NH_4^+-N与PO_4^{3-}-P也在上述海区出现高值区。此外，在西南陆架区也常出现营养盐含量高值区，这一现象说明该处海水涌升作用较为强烈，将底层丰富的营养盐挟带上来，形成营养盐含量高值区。1985年5～6月、1989年冬季和1990年5～6月水文资料证实，这些海域表层和50m水层同时存在一个明显的低温区，水温分别小于26℃和25℃，形成气旋型环流，底层海水的上升是造成营养盐含量较高的主要原因。

3.1.5　DIN/DIP的变化特征

根据Justic等（1995）与Dortch和Whitledge（1992）提出的评估每一种营养盐的化学计量限制标准（即DIN/DIP＞22时DIP为海洋中浮游植物生长的限制因子，DIN/DIP＜10时DIN为海洋中浮游植物生长的限制因子），对1997年秋季和1999年夏季两个航次的DIN与DIP的观测数据进行统计分析（表3.6），发现南沙群岛海区夏、秋季浮游植物生长的限制因子在不同水层存在差异，DIP限制出现率最大为80%，位于100m水层；DIN限制出现率最大为74%，位于50m水层。

表3.6　夏季（1999年7月）和秋季（1997年11月）不同水层营养盐限制因子的出现率

水深（m）	DIN/DIP＞22（%）		DIN/DIP＜10（%）		DIN＜1μmol/L（%）		DIP＜0.1μmol/L（%）		n	
	夏	秋	夏	秋	夏	秋	夏	秋	夏	秋
0	70	3	12	58	0	19	34	42	50	31
50	58	9.6	14	74	0	12	18	18	50	31
70～80	61	45	16	6	0	3	14	0	49	31
100	78	80	6	0	0	0	4	0	49	31

注：*n*为观测数据个数

通过以上分析，可以初步了解南沙群岛海区营养盐变化结构，夏季0～50m水体中浮游植物生长DIP限制的出现率远高于秋季，DIN限制的出现率低于秋季；冬季和夏季70～100m水体中DIP限制的出现率都较高，DIN限制的出现率都较低。

Nelson和Brzezinski（1990）通过对营养盐吸收动力学的研究，提出了与实际观测结果更为接近的海洋浮游植物生长所需营养盐最低量值标准，即SiO_3^{2-}-Si=2μmol/L、DIN=1μmol/L、DIP=0.1μmol/L。根据这个最低量值标准，我们对南沙群岛海区1997

年秋季和1999年夏季两个航次的实际观测资料进行了统计，结果表明，总体上南沙群岛海区DIP和DIN的含量并不低于浮游植物生长最低需求量，1999年夏季0m、50m、70～80m和100m等水层的DIP含量低于0.1μmol/L的测站分别占34%、18%、14%和4%，所有测站的DIN含量均不低于1μmol/L，说明当考虑浮游植物生长所需营养盐最低量值时，DIN不会成为限制因子，但夏季DIP会成为限制因子且随水深增大而减弱，说明深层营养盐十分丰富。1997年秋季在70～100m水体中使用化学计量限制标准统计出来的DIP作为限制因子的出现率远大于最低量值标准的统计结果，说明化学计量限制标准存在的不足是没有按水层设立。所以，我们在使用这个标准时必须与实际观测资料结合起来，在分析比较海区营养盐现场含量和影响营养盐含量的各种因素后，方能最后作结论。

以上分析结果反映出海洋浮游植物生长主要受营养盐（尤其是DIN）的形态及组成影响。同时，由于光照、海流及跃层强度等环境变化，以及浮游植物对营养盐的选择性利用，营养盐的DIN/DIP在不同水层表现出明显的差异。在次表层N源主要取决于生物活动还是物理作用，以及不同营养元素和环境条件的作用机理如何，还有待于进一步研究。

3.2 碳 循 环

3.2.1 海水中的CO_2体系

为研究南沙群岛海区CO_2体系，我们在现场测定了海水的水温、盐度、pH、总碱度、溶解氧和各项营养盐的含量；为研究CO_2体系变化规律，同时还在潟湖中定点投放悬浮物捕集器，进行海水悬浮物测定和海水颗粒性有机碳（POC）、溶解有机碳（DOC）、颗粒有机氮和Chl a的测定。海水中CO_2各组分含量由水温（*T*）、盐度（*S*）、pH和总碱度计算求得，所用计算公式及计算程序参考有关文献（韩舞鹰，1991）。

海水中的碳可分成无机碳和有机碳，它们之间的转化是海洋中极其重要而复杂的生物地球化学过程。碳是一切有机物质的基本成分，当海水与大气中的CO_2处于平衡时有如下过程：

$$CO_2+H_2O \rightleftharpoons H_2CO_3 \rightleftharpoons HCO_3^-+H^+ \rightleftharpoons CO_3^{2-}+2H^+$$

一般海水中的CO_2小部分以游离CO_2和H_2CO_3的形式存在，绝大部分以碳酸盐和碳酸氢盐的形式存在。由于碳酸分子数量很小，因此把它与溶解CO_2合称为总溶解态CO_2，符号为CO_2，有时为研究方便，CO_2不用含量而用CO_2分压表示，符号为pCO_2；存在于海水中的各种形式CO_2，符号为ΣCO_2。

3.2.2　CO_2各组分的含量及变化

表3.7为南沙群岛海区1994年秋季实际测量不同水深CO_2各组分占总碳的比例，可见，南沙群岛海区的总CO_2含量随水深增大而升高，表层ΣCO_2平均为1.893mmoL/L，底层为2.294mmoL/L，差值为0.401mmoL/L。HCO_3^-是主要组分，表层HCO_3^-占ΣCO_2的87%，底层占95%；其次是CO_3^{2-}，占3%～12%；占比最小的是CO_2，占0.4%～2.0%。综上，南沙群岛海区CO_2各组分占总碳的比例大小顺序是$HCO_3^- > CO_3^{2-} > CO_2$。其垂向分布趋势是$HCO_3^-$和$CO_2$占比整体上随水深增大而增大；$CO_3^{2-}$随水深增大而减小。可见，南沙群岛海区$CO_2$各组分垂向分布具有一定的规律性，其占比最大值所处水深大致与溶解氧含量出现最小值的水深一致，因为有机物的氧化和海水含钙物质的溶解都能对CO_2各组分产生影响，海水上层的光合作用导致对溶解CO_2的消耗并产生有机物，腐败分解的有机物沿水柱下沉导致对溶解氧的消耗并增加CO_2，释放出磷酸盐和其他营养盐。

表3.7　1994年秋季实际测量不同水深总碳含量及CO_2各组分占总碳的比例

水深（m）	ΣCO_2（mmoL/L）	HCO_3^-（%）	CO_3^{2-}（%）	CO_2（%）
0	1.893	87	12	0.4
20	1.905	87	12	0.5
50	1.955	89	10	0.6
75	2.001	91	8	0.7
100	2.056	92	7	0.9
150	2.075	93	6	1.0
200	2.168	94	4	1.5
300	2.204	95	4	1.6
500	2.216	95	4	1.4
800	2.266	95	3	1.9
1000	2.294	95	3	2.0

3.2.3 CO_2各组分的分布特征

为了便于比较CO_2各组分在不同海区所占比例的状况，表3.8列出了南沙群岛海区6个珊瑚礁潟湖、外海区和大亚湾及珠江口的调查结果。由表3.8可见，不同海区CO_2各组分占总碳的比例有一定的差异，渚碧礁$HCO_3^-/\Sigma CO_2$为89%，与大亚湾持平，高于其他各个珊瑚礁潟湖和珠江口及外海区；珠江口$CO_3^{2-}/\Sigma CO_2$仅为0.5%，远低于各个海区，$CO_2/\Sigma CO_2$为2.0%，远高于各个海区，这一特点反映了河口地区CO_2各组分的变化与大洋的区别。不同海区和珊瑚礁潟湖CO_2各组分所占比例的大小顺序为$HCO_3^- > CO_3^{2-} > CO_2$。

表3.8 不同海区和珊瑚礁潟湖CO_2各组分占总碳的比例 （单位：%）

海区	HCO_3^-	CO_3^{2-}	CO_2	资料来源
外海区	87	12	0.4	本文
渚碧礁潟湖	89	10	0.6	本文
永暑礁潟湖	86	12	0.4	本文
东门礁潟湖	85	14	0.4	本文
安达礁潟湖	86	12	0.4	本文
美济礁潟湖	88	10	0.6	本文
仙娥礁潟湖	85	14	0.4	本文
大亚湾	89	11	0.5	韩舞鹰，1991
珠江口	87	0.5	2.0	韩舞鹰，1991

6个珊瑚礁潟湖CO_2各组分占总碳的比例大小顺序基本上与外海区一致，但各个珊瑚礁潟湖之间也有差别，东门礁潟湖和仙娥礁潟湖的$HCO_3^-/\Sigma CO_2$最小，皆为85%；永暑礁潟湖和安达礁潟湖的$HCO_3^-/\Sigma CO_2$次之，皆为86%；渚碧礁潟湖和美济礁潟湖的$HCO_3^-/\Sigma CO_2$较大，分别为89%和88%。相反，渚碧礁潟湖和美济礁潟湖的$CO_3^{2-}/\Sigma CO_2$最小，皆为10%，永暑礁潟湖和安达礁潟湖的$CO_3^{2-}/\Sigma CO_2$次之，皆为12%，东门礁潟湖和仙娥礁潟湖的$CO_3^{2-}/\Sigma CO_2$最大，皆为14%。这反映出各个珊瑚礁潟湖生物作用和化学过程及水动力因素的差异而引起CO_2各组分占总碳比例的不同。

3.2.4 影响CO_2各组分含量与分布的主要因素

南沙群岛海区表层海水中的pCO_2存在明显的季节变化，春季pCO_2的增大（约18×10^{-6}大气压）是表层变暖造成的，可能是生物活动停止及水动力因素使表层水与富含CO_2的底层水发生垂向混合共同作用的结果。为了研究CO_2各组分在水交换与混合过程中的变化规律，对渚碧礁潟湖与外海区的CO_2各组分与水温和盐度进行了回归分析，结果见表3.9（显著性水平a=0.05，统计量个数n为10、12或26时，相关系数的临界值分别为0.623、0.576和0.388）。

表3.9　CO_2各组分与水温（T）和盐度（S）的回归分析

海区	回归方程	相关系数r	显著性水平a	n
渚碧礁潟湖	ΣCO_2=2.752−0.024T	−0.4	0.05	26
	ΣCO_2=7.012−0.146S	−0.22	不显著	26
	HCO_3^-=2.858−0.035T	−0.52	0.05	26
	HCO_3^-=3.814−0.059S	−1.22	不显著	12
	CO_3^{2-}=3.695−0.102S	−0.55	0.05	12
	$p CO_2$=1704.6−40.81T	−0.41	不显著	12
外海区	ΣCO_2=1.476+0.115T	0.118	不显著	10
	ΣCO_2=−28.14+0.901S	0.209	不显著	10
	HCO_3^-=−2.472+0.139T	0.169	不显著	10
	CO_3^{2-}=0.645−0.013T	0.067	不显著	10
	CO_3^{2-}=−9.867+0.296S	0.359	不显著	10
	$p CO_2$=−1867.2+72.96S	0.469	不显著	10

注：n为统计量个数

通过分析发现，这两个海区的结果完全不同。外海区水交换与混合比潟湖好，因此CO_2各组分与T、S呈正相关关系，这说明CO_2各组分的变化受水动力因素影响大些。潟湖内CO_2各组分与T、S呈负相关关系，这可能是由于潟湖独特的地形地貌，与外海水进行交换时受到不同程度的限制，但相关系数大多未达到显著性水平。此外，影响CO_2各组分含量变化的另一个因素是生物作用过程。

调查结果表明，渚碧礁潟湖CO_2各组分含量变化与生物化学过程有关，CO_2各组分与DO、CO_2各组分与pH呈较好的负相关关系证明了这一点，回归方程如下：

$$\Sigma CO_2=2.14-0.03\text{DO}\quad (n=26,\ r=-0.39) \tag{3.1}$$

$$HCO_3^-=2.03-0.05\text{DO}\quad (n=26,\ r=-0.62) \tag{3.2}$$

$$pCO_2=755.63-72.04\text{DO}\quad (n=26,\ r=-0.82) \tag{3.3}$$

$$\Sigma CO_2=5.168-0.386\text{pH}\quad (n=26,\ r=-0.372) \tag{3.4}$$

$$HCO_3^-=8.045-0.768\text{pH}\quad (n=26,\ r=-0.663) \tag{3.5}$$

$$CO_3^{2-}=-3.185+0.418\text{pH}\quad (n=26,\ r=-0.967) \tag{3.6}$$

$$pCO_2=10\,056.5-1\,180.1\text{pH}\quad (n=26,\ r=-0.976) \tag{3.7}$$

式（3.1）～式（3.7）的线性关系表明，渚碧礁潟湖由于处于比较独特的地理环境，

CO_2各组分的含量均随海水DO和pH升高而降低。这可能与潟湖内浮游植物大量密集，生物碎屑的分解作用耗氧有关。

3.3 颗粒性有机物质

3.3.1 珊瑚礁潟湖中DOC和POC的含量与转化

海洋中的颗粒有机碳（POC）包括海洋中有生命和无生命的悬浮颗粒，一般是指直径大于0.5～1.0μm的微粒。事实上，海洋中含有各种微观粒径的连续分布，从最小的胶体直至最大的有机聚集体和浮游生物等，在研究颗粒有机碳时，往往是难于把其中有生命的生物与无生命的有机物分开。海洋中的颗粒有机碳（POC）主要由浮游植物和动植物碎屑颗粒有机碳两大部分组成，即

$$POC_{（总量）}=POC_{（浮游植物）}+POC_{（碎屑）}$$

式中，$POC_{（碎屑）}$表示如下：

$$POC_{（碎屑）}=POC_{（总量）}-(Chl\ a\times f)_{（浮游植物POC，f取25\sim250来计算）}$$

调查资料表明，海洋中碎屑POC的含量在POC总量中占绝大部分，除了在近表层中大规模的浮游植物繁殖期，碎屑POC的含量通常比浮游植物POC高10倍以上。POC只相当于溶解有机碳（DOC）的一小部分，因为海洋中的POC本身通过分解和溶解作用（细菌活动）增大了DOC的含量，POC转化为DOC称为POC的转化率，我们对1990年5月在南沙群岛海区生产力相对较高的珊瑚礁潟湖采集样品的分析结果可以证明这一点。表3.10为5个珊瑚礁潟湖表层DOC和POC的含量及其占总有机碳（TOC）的比例，可以看出，永暑礁DOC的含量约是POC的2倍，赤瓜礁DOC的含量约是POC的10倍，渚碧礁、五方礁和信义礁DOC的含量都在POC的15倍以上，可见POC的转化率较高。Menzel和Goering（1966）研究了海洋POC发生生物降解问题，发现北大西洋表层1m深处取得的POC样品中，16%～52%的碎屑被生物降解，但在真光层以下（200～1000m）却未测出任何降解作用。

表3.10 珊瑚礁潟湖表层DOC和POC的含量及其占总有机碳（TOC）的比例

	永暑礁	赤瓜礁	渚碧礁	五方礁	信义礁
DOC（mg/L）	1.00	1.80	2.55	3.65	4.85
POC（mg/L）	0.55	0.18	0.16	0.17	0.28
DOC/TOC（%）	65	91	94	96	95
POC/TOC（%）	35	9	6	4	5

实测资料分析结果表明，南沙群岛海区珊瑚群落POC聚集体是食物链不可缺少的组成部分，热带海洋的高温加速了细菌降解作用。因此，南沙群岛海区大约60%的POC被转变为DOC。5个珊瑚礁DOC和POC占总有机碳（TOC）的比例大小同样说明，不同海区因细菌的降解作用不同POC的转化率有所差异。DOC占总有机碳比例的大小顺序为：五方礁>信义礁>渚碧礁>赤瓜礁>永暑礁。POC占总有机碳比例的大小顺序为：永暑礁>赤瓜礁>渚碧礁>信义礁>五方礁。

3.3.2　珊瑚礁潟湖沉降颗粒垂直通量比较

南沙群岛海区珊瑚礁潟湖中沉降颗粒垂直通量比较高，1990～1994年分别在信义礁潟湖和渚碧礁潟湖投放沉积物捕集器，1993年5月航次投放时间为10天，1994年3～4月航次投放时间为18天。珊瑚礁潟湖悬浮物较丰富，颗粒物质对生态系统营养物质的输送与循环起着非常重要的作用。投放沉积物捕集器的目的就在于直接测量和分析珊瑚礁潟湖营养物质的垂直通量，以及探讨其对维持珊瑚礁高生产力所起的作用和在维持珊瑚礁高生产力的同时向外输出营养物质的形式，这些研究对了解南沙群岛海区生态系过程的物质循环无疑是重要的。

由表3.11可见，南沙群岛海区珊瑚礁潟湖沉降颗粒垂直通量最高的为永暑礁，其次是信义礁，其投放沉积物捕集器深度均为5m，这与潟湖水浅、易受底层沉积物再悬浮的作用有关，而渚碧礁潟湖投放捕集器地点比前两者深些，所得到的沉降颗粒垂直通量明显较低；此外，渚碧礁潟湖面积大于信义礁潟湖，且潟湖中投放点水较深，受水文动力作用相对较小；再者是投放的捕集器距礁坪较远，受礁坪丰富的有机物影响较小。外海区沉降颗粒垂直通量明显小于珊瑚礁潟湖，这与外海区水的深度有关，南沙群岛海区34号站真光层沉降颗粒垂直通量基本上随深度增加而减少，这与台湾海峡测站沉降颗粒垂直通量的结果完全一致。

表3.11　南沙群岛海区沉降颗粒垂直通量

地点	投放水深（m）	沉降颗粒垂直通量 [g/(m^2·d)]	沉降POC垂直通量 [g/(m^2·d)]	投放时间
信义礁	5	14.62	463.41	1990年5月
渚碧礁1号站	16	3.28	58.38	1993年5月
渚碧礁2号站	11	4.60	90.16	1994年3～4月
永暑礁	5	22.93	220.13	1993年12月至1994年3月
南沙群岛海区34号站（5°32.5'N，110°04.0'E）	25	3.21	99.25	1990年5月
南沙群岛海区34号站（5°32.5'N，110°04.0'E）	80	1.46	193.45	1990年5月
南沙群岛海区60号站（5°16.0'N，110°15.0'E）	80	1.47	—	1994年9月

注：—表示无数据

沉降POC垂直通量也表现出珊瑚礁潟湖高于外海区的趋势，可见POC的含量与沉降颗粒的总量变化基本一致。在外海区真光层随着水深的增大，沉降颗粒垂直通量降低，沉降POC垂直通量却增加，这是由于南沙群岛海区真光层以下沉降POC向DOC的转化率低于表层。

3.4 次表层Chl a与理化因子的关系

3.4.1 次表层Chl a含量的最大值

表3.12为1984～1999年10个航次的调查结果，Chl a垂向分布的平均含量为0.18～0.36mg/m^3，年际变化差别不大，相对呈较均匀分布。Chl a含量变化范围除1987年和1989年两个航次偏大外，其变化范围基本上不大（0.00～0.96mg/m^3），表明Chl a垂向分布具有一定的规律性，该海区各航次Chl a含量最大值的最大频率水深为75m，均占总测站的70%以上，大多数测站为50～75m，Chl a的含量随水深增大而升高，而在50～75m到200m，则随水深增大而降低。

表3.12 1984～1999年Chl a和DO含量的变化及最大值所处水深

调查时间	变化范围		平均值		最大值所处水深（m）	
	Chl a_{max}（mg/m^3）	DO_{max}（mL/L）	Chl a_{max}（mg/m^3）	DO_{max}（mL/L）	Chl a_{max}	DO_{max}
1984年7月	0.00～0.60	—	0.20	—	50～75	—
1985年5月	0.00～0.83	4.40～5.60	0.18	4.74	50～75	50
1986年4～5月	0.00～0.92	4.60～5.06	0.18	4.83	50～75	50
1987年5月	0.00～2.88	4.60～5.01	0.20	4.80	50～75	50
1988年7～8月	0.00～0.89	4.56～5.01	0.28	—	50～75	—
1989年12月	0.00～1.75	4.56～4.86	0.36	4.70	50	0～20
1990年5～6月	0.00～0.74	4.57～4.92	0.17	4.64	75	50
1994年9月	0.00～0.62	4.52～4.91	0.21	4.81	50～75	0～20
1997年11月	0.00～0.96	4.55～4.61	0.24	4.58	50～75	0～30
1999年7月	0.00～0.71	4.51～4.66	0.34	4.60	50～75	0～30

注：—表示无数据

分析资料表明，南沙群岛海区Chl a含量最大值所处水深依测站的水深不同而异，一般水较深的测站Chl a含量最大值出现在50～75m水深处，对于水较浅的测站一般在底层或较深层Chl a含量出现最大值，且季节变化对最大值所处水深无明显影响。

表3.13列出了南沙群岛海区不同航次部分理化参数的变化，包括温跃层和上均匀层平均厚度、温跃层平均强度、PO_4^{3-}-P和NO_3^--N跃层上界平均水深，以及DO_{max}、Chl a_{max}最大频率水深。由此可见，Chl a含量最大值的最大频率水深介于主温跃层的中、上界间，DO含量最大值的最大频率水深则出现于Chl a含量最大值的最大频率水深之上，而Chl a含量最大值层稍下方和稍上方大多是PO_4^{3-}-P和NO_3^--N跃层上界平均水深。PO_4^{3-}-P和NO_3^--N跃层以上水体的营养盐含量较低，跃层以下水体的营养盐含量随水深增大而升高，说明表层虽有适宜的光照，但因缺乏营养盐而限制了浮游植物的繁殖和生长，深层虽有较丰富的营养盐，但水体的光照不足以成为限制因素，而在50～75m水层上述两个条件均能满足浮游植物繁殖和生长的需求。

表3.13　南沙群岛海区部分理化参数的变化

理化参数	1989年12月	1990年5月	1994年9月	1997年11月	1999年7月
上均匀层平均厚度（m）	42	35	54	30	50
温跃层平均厚度（m）	130	120	134	100	80
温跃层平均强度（℃/m）	0.078	0.109	0.081	0.09	0.105
PO_4^{3-}-P跃层上界平均水深（m）	76	95	86	80	120
NO_3^--N跃层上界平均水深（m）	61	69	64	70	60
DO_{max}最大频率水深（m）	0～20	30～50	0～20	0～30	0～30
Chl a_{max}最大频率水深（m）	75	75	75	75	75

3.4.2　次表层DO含量的最大值

调查结果表明，南沙群岛海区次表层（30～50m）DO含量最大的现象并不是长期存在，由表3.12可见，在夏、秋、冬季DO含量的最大值一般出现在20～30m水层，且呈较均匀分布状态，这是因为此时处于南沙群岛海区盛行西南季风并向东北季风过渡时期，在强大的季风作用下海水混合加强，使0～30m水层DO含量很高，只有在南沙群岛海区西南季风尚未出现时的风平浪静的春季（4～5月）30～50m水层才出现DO含量的最大值，DO饱和度可达100%～130%。

海水中DO的垂向分布，除受季风作用的海水混合和海流作用外，还与海洋生物活动有密切关系，DO在海水中的溶解度很高，可以大量地从大气溶入表层海水中，海洋浮游植物进行光合作用时所释放出的游离氧，是表层海水DO的重要来源之一。刁焕祥等（1984）认为，一定厚度、强度和稳定性的跃层是氧含量最大值形成的条件。由表3.13可见，南沙群岛海区各航次温跃层平均强度最大的是1990年5月航次，达0.109℃/m，水温梯度可达2℃/m以上，此时在30～50m处出现DO含量最大值，DO含量最大值的最大频率水深占总测站的70%以上。显然，南沙群岛海区次表层形成氧含量最大值并得到保留的重要原因之一，是春季跃层强度进一步加强，跃层可对底层水和表层水之间的交换起到阻碍作用，从而形成DO含量最大值层，与之相应，在DO含量最大值层稍下方形成Chl a含量最大值层。浮游植物所需的营养盐来源于下沉的和底层上升到该层的有机物分解，形成了热带海洋生物生长的适宜环境及生物密集成层的分布现象，即生物活动层。海洋中光合作用的增氧、有机物分解过程营养盐的再生及生物呼吸对pCO_2的调节等过程是重叠进行的，在海洋生态学中也是一个非常复杂的过程，还有待于今后进一步深入探讨。

3.4.3 Chl a分布与环境因子的关系

影响南沙群岛海区Chl a含量变化的环境因子是多种多样的，其往往是诸多环境因子综合影响的结果，有自然光照、海水的水温和盐度、上均匀层厚度、跃层强度、营养盐含量等。相关统计分析表明，在诸环境因子中Chl a含量与跃层强度和营养盐含量关系较为密切，值得研究。

1）跃层强度（E）

水温梯度小于0.05℃/m视为均匀层，大于或等于0.05℃/m视为温跃层，其强度以℃/m表示。南沙群岛海区Chl a含量与跃层强度（E）之间存在明显的相关关系，回归方程如下。

冬季：Chl a=0.745−4.232E　（r=−0.228，n=22）　（3.8）

夏季：Chl a=0.126+1.754E　（r=0.392，n=29）　（3.9）

秋季：Chl a=0187−0.886E　（r=−0.452，n=22）　（3.10）

除冬季Chl a含量与E的线性关系较差外，夏季和秋季Chl a含量与跃层强度E之间的相关分析显示，相关系数分别为0.392和−0.452，统计学检验表明在显著性水平a为0.05时，呈显著相关关系。可以认为，南沙群岛海区夏季水体相对稳定，有利于上层有机物质快速下沉为浮游植物生长带来较多的营养物质，因而，Chl a含量与E呈显著正相关关系。南沙群岛海区秋、冬季Chl a含量与跃层强度（E）呈负相关关系，说明海洋水动力因素及内波造成的涡动越强烈，将越影响有机质沉降速度。

2）营养盐含量

南沙群岛海区Chl a含量与营养盐含量的关系较为复杂，这是因为促使浮游植物生长繁殖的环境因子除了营养盐含量，还需具备其他适宜条件（如光能、水温、盐度等），而且影响海洋营养盐含量的不仅有生物过程，海洋物理过程和地球化学过程都控制着海水中营养元素的变化与循环，现场水文条件也是重要的影响因素。对南沙群岛海区不同季节Chl a含量与营养盐含量进行回归分析，发现Chl a含量只与NO_3^--N和PO_4^{3-}-P含量的相关系数达到统计学检验水平（a=0.05），而且只有夏季Chl a

含量与PO_4^{3-}-P含量的相关关系显著，其余季节相关关系不显著。Chl a含量与NO_3^--N含量的相关关系只有秋季显著，其余季节它们的相关关系均不显著，回归方程如下。

1990年夏季（75m）：Chl a=0.189+0.288PO_4^{3-}　（r=0.691，n=18）　（3.11）

1999年夏季（70m）：Chl a=0.88−1.05PO_4^{3-}　（r=−0.376，n=30）　（3.12）

1997年秋季（表层）：Chl a=−0.18+4.24NO_3^-　（r=0.541，n=26）　（3.13）

1997年秋季（100m）：Chl a=20.54−24.72NO_3^-　（r=−0.406，n=26）　（3.14）

营养盐是浮游植物生长必不可少的营养成分，1990年夏季Chl a含量与PO_4^{3-}-P含量呈显著正相关关系，说明PO_4^{3-}-P是该海区初级生产力的重要条件。同时，由分析结果得知，Chl a含量与DO含量、Chl a含量与AOU（表观耗氧量）相关关系不显著，说明浮游植物死亡和从表层沉降下来的有机质分解耗氧，致使水体原有溶解氧进一步降低，有机质的分解过程又使营养盐再生，促使浮游植物大量繁殖，营养盐几乎被消耗殆尽，我们常发现南沙群岛海区Chl a含量高的测站，营养盐含量极低。但是对Chl a含量与营养盐含量进行回归分析时，得出的结果不一定都呈负相关关系，例如，1999年夏季该海区Chl a含量与PO_4^{3-}-P含量呈显著的正相关关系就证实了这一点。

回归分析得出，1997年秋季表层Chl a含量与NO_3^--N含量呈显著正相关关系，100m水层与NO_3^--N含量呈显著负相关关系，这可能是由于南沙群岛海区秋季表层NO_3^--N再生大于消耗。测量资料分析结果表明，秋季表层NO_3^--N含量分布比较均匀，其主要原因是浮游植物对NH_3-N的吸收超过对NO_3^--N的吸收。因为100m水层是NO_3^--N的重要源层，且NO_3^--N含量非常丰富，但光照已成为浮游植物生长的限制因子，该水层光合色素含量低，所以100m水层Chl a含量与NO_3^--N含量呈负相关关系。

南沙群岛海区历年Chl a含量最大值所处水深多数为50～75m，这一结果与Takahashi和Hori（1984）、Ichikawa（1982）等在西北太平洋、苏禄海及南海等海区的研究结果基本相近。南沙群岛海区温跃层上界深度为30m，Chl a含量最大值的最大频率水深介于主温跃层的中、上界间，DO含量最大值的最大频率水深出现于Chl a含量最大值的最大频率水深之上，这一特征说明南沙群岛海区营养盐直接影响浮游生物的光合作用，并在循环过程中得到再生与转化。1997年秋季和1999年夏季Chl a含量与N、P含量之间的相关分析结果显示，秋季表层Chl a含量与NO_3^--N含量呈正相关关系，深层（100m）与NO_3^--N含量呈显著负相关关系，而夏季Chl a含量与NH_4^+-N含量趋于正相关，秋季（除50m水层外）与NH_4^+-N趋于负相关，秋、夏两季Chl a含量与PO_4^{3-}-P趋于负相关，其他相关关系不显著。

初步认为，夏季Chl a含量与NH_4^+-N含量呈较好的正相关关系，表明夏季南沙群岛海区水体相对稳定、水温相对较高，有利于上层有机物迅速下沉分解和矿化，NH_4^+-N的硝化反应速度加快，同时可能也有部分NH_4^+-N被生物直接利用。在NO_3^--N和PO_4^{3-}-P含量适宜，能够满足浮游植物生长繁殖的需要时，主要的限制因子是N/P、光照或其他环境因子。值得注意的是，海洋中除浮游植物的快速吸收使磷酸盐含量降低外，其还会被一些无定型颗粒吸收而沉降，同时其又容易与某些金属离子（主要是Ca^{2+}、Al^{3+}、Fe^{3+}）结合，形成不溶性化合物。综上分析可以看出，南沙群岛海区秋、夏两季Chl a含量与NO_3^--N含量呈正相关关系，证实了NO_3^--N主要来自生物源，它与海洋中生物活动直接相关，是海洋环境中最为重要的营养物质。

根据以上阐述的海区生源物质循环特征，可得出以下四点结论。

（1）南沙群岛海区次表层（75m）存在Chl a含量最大值，同时也存在营养盐跃层，跃层上界深度为60～80m，跃层及跃层以下水体营养盐含量高，为形成这一生物活跃层提供了有利的营养条件。

（2）多年观测资料证明Chl a分布与营养盐分布有一定关系，Chl a含量和营养盐含量变化与深层海水涌升带来大量营养盐有关。

（3）利用化学计量限制标准计算得知，营养盐作为浮游植物生长的限制因子出现率普遍偏高，运用浮游植物生长所需营养盐最低量值标准，初步得出夏季南沙群岛海区DIN不会成为限制因子，DIP限制的出现率随水深增大而降低。

（4）通过Chl a含量与营养盐含量之间的相关分析得出，夏季NH_4^+-N的来源取决于生物活动，Chl a含量与NO_3^--N和PO_4^{3-}-P含量都呈正相关关系，证实了NH_4^+-N和NO_3^--N来自生物源。

第4章　南沙群岛海区基础生产

海洋基础生产包括细菌生产、初级生产和新生产，是海洋生物资源与生态系统的基础。其中，初级生产作为生态系统物质循环和能量流动的关键环节，是海洋生态研究中备受关注的热点领域。海洋初级生产研究对海洋环境评价、海洋生物生产力估算及海洋生物资源保护与可持续利用具有重要意义。

南沙群岛地处南海南部热带海区，海域辽阔，岛礁众多，地理环境复杂多变，蕴藏着丰富的海洋生物资源。1980～1990年，南沙群岛海区的初级生产研究取得了一定的进展，但早期研究多以Chl a估算法为主，研究工作侧重于Chl a的分布和变化规律分析。

本章聚焦于南沙群岛海区基础生产过程，基于荧光法、^{14}C和^{15}N同位素示踪法（以下分别简称为^{14}C法和^{15}N法），测定南沙群岛海区Chl a含量、浮游植物的光合作用速率和不同形态氮的吸收速率之比——f比；利用Chl a及光合作用固碳速率数据，计算南沙群岛海区碳的同化系数；利用f比和初级生产力，估算南沙群岛海区的新生产力。结合水温、盐度、光照、营养盐及浮游动物等资料，分析并讨论南沙群岛海区Chl a和初级生产力的分布状况及其影响因素，对珊瑚礁潟湖与相邻海区的初级生产力进行比较，初步阐述南沙群岛海区的初级生产力结构。通过研究南沙群岛海区的初级生产力和新生产力，为对热带海区生态系统关键过程和生产力模式的深入探究提供理论基础，为保护热带海洋环境、合理利用热带海洋生物资源提供参考。

1999年春季（4月）利用“实验3”号科考船对5°～12°N、109°～116°E的南沙群岛海区进行了现场采样，包括5座珊瑚礁（图4.1）和附近海区15个采样站位（图4.2a），每个珊瑚礁潟湖设4～8个采样站位。珊瑚礁的采样时间均在8:00～12:00。附近海区的采样时间分4个时段：4:00～7:00，包含4个采样站位；7:00～10:00，包含2个采样站位；14:00～18:00，包含4个采样站位；20:00～24:00，包含5个采样站位。1999年夏季（7月）利用“实验3”号科考船对4°～12°N、108°～118°E的南沙群岛海区进行了现场采样，共34个采样站位（图4.2b）。采样时间分4个时段：0:00～6:00，包含5个采样站位；6:00～12:00，包含14个采样站位；12:00～18:00，包含7个采样站位；18:00～24:00，包含8个采样站位。1994年秋季（9月）共设27个采样站位（图4.2c）。1993年冬季（12月）共设38个采样站位（图4.2d）。

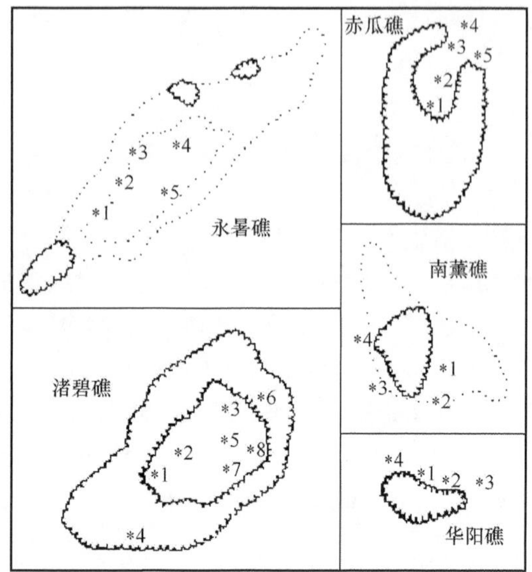

图4.1　珊瑚礁潟湖采样站位分布

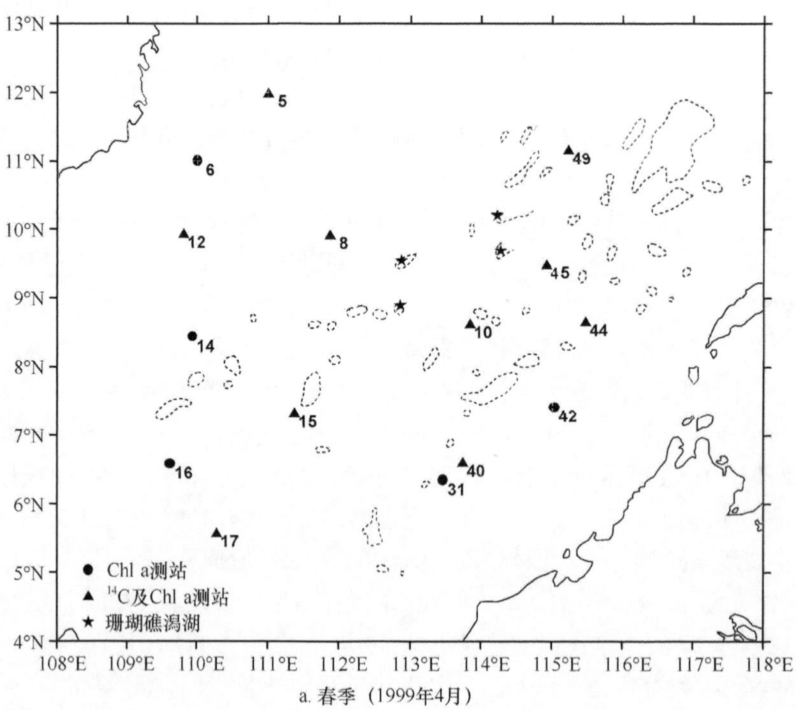

a. 春季（1999年4月）

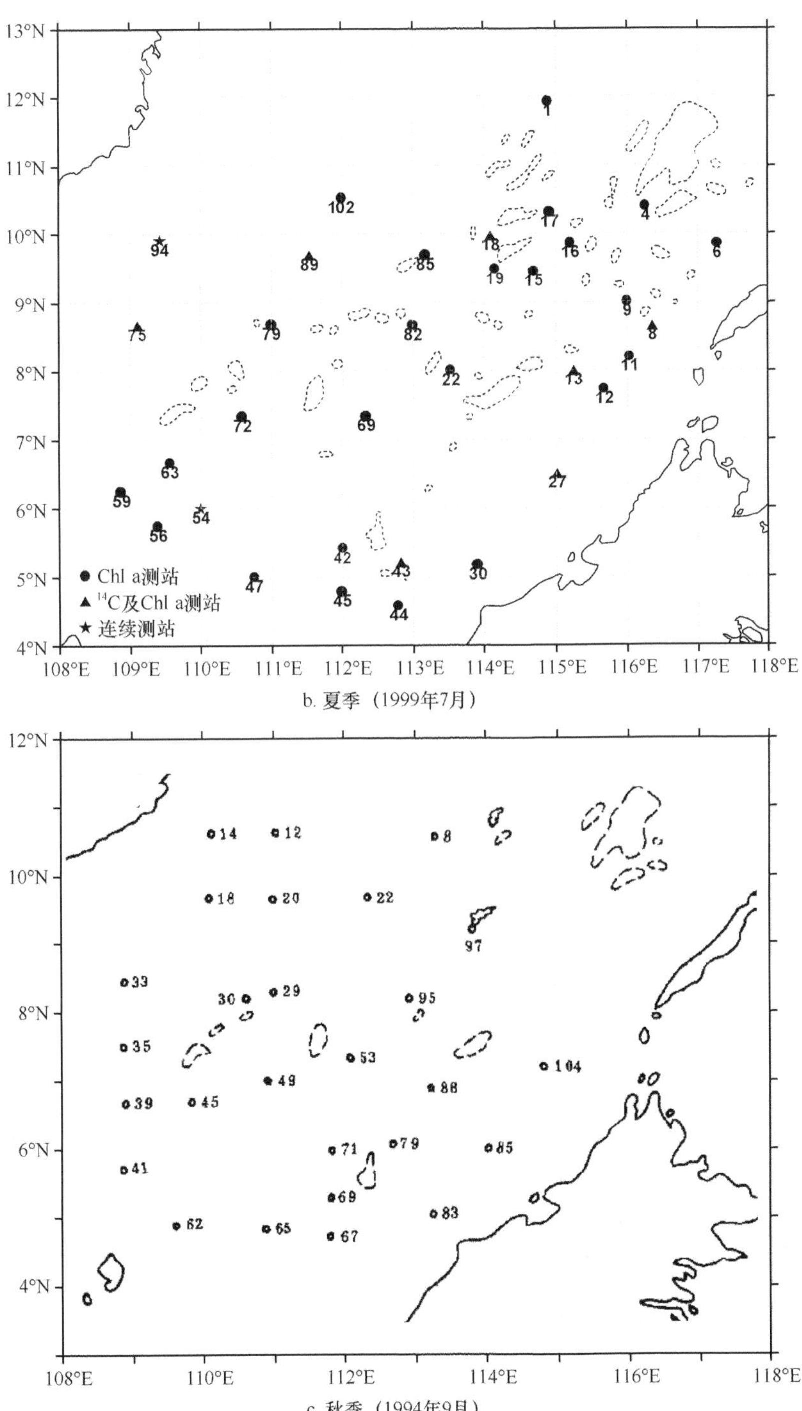

b. 夏季（1999年7月）

c. 秋季（1994年9月）

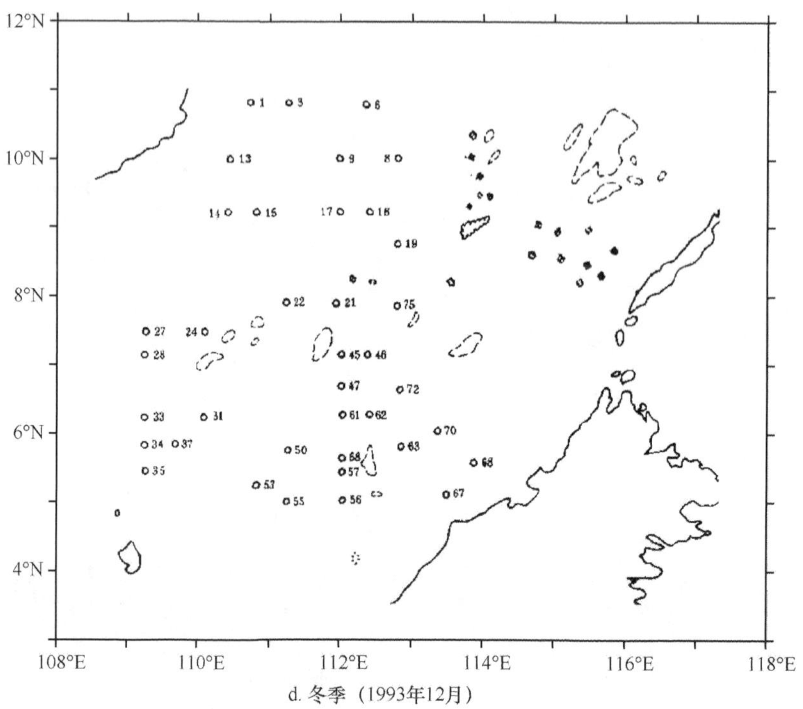

d. 冬季（1993年12月）

图4.2　海区采样、观测实验站位分布

按《海洋调查规范 海洋生物调查》（GB/T 12763.6—1991）[①]规定的方法，用GCC-2型有机玻璃采水器采集水样，在珊瑚礁潟湖根据水深分别采2或3个水层（0m、10m、20m），在珊瑚礁邻近海区分别在0m、20m、50m、75m、100m和150m水层采样。采样体积为500mL，取250mL用孔径为200μm的筛绢滤掉浮游动物，然后在28kPa负压下用孔径为0.45μm的聚碳酸酯滤膜过滤，收集总浮游植物；剩余250mL用200μm筛绢过滤后，分别用孔径为20μm和0.45μm的聚碳酸酯滤膜收集小型（20～200μm）和微型浮游植物（＜20μm）样品，−20℃低温保存，运回实验室用Turner-10型荧光计测定Chl a的含量。

初级生产力与Chl a同步采样。由于采用^{14}C法进行现场培养受光照强度的限制，只在部分站位进行采样，时间为7:00～12:00。采样体积为1500mL，用孔径为200μm的筛绢滤除浮游动物，分装到2个白瓶和1个黑瓶中（各500mL），加入一定量的^{14}C示踪剂，模拟现场条件，用表层海水控制培养温度，在0.4×10^5～1.4×10^5lx的表面光照强度下，用中性衰光材料控制光照强度，使20～150m各水层的光照强度分别为表层的50%、30%、10%、2%和1%，培养3～6h，培养结束后用孔径为0.45μm的聚碳

① 由于调查及分析时间是在20世纪90年代，因此依据的是当时实施的国家标准。

酸酯滤膜于28kPa负压下收集浮游植物，–20℃低温保存，运回实验室后用2000 CA/LL型液闪计数器测定样品的^{14}C放射性活度。初级生产力根据《海洋调查规范 海洋生物调查》（GB/T 12763.6—1991）中的公式计算：

$$P_v = \frac{\left(R_s - R_b\right) \cdot \rho_{(C)}}{R \cdot N} \tag{4.1}$$

式中，P_v为初级生产力（mg C/(m^3 • h)）；R_s为白瓶样品中有机^{14}C的放射性活度（Bq）；R_b为黑瓶样品中有机^{14}C的放射性活度（KBq）；R为加入^{14}C的放射性活度（Bq）；$\rho_{(C)}$为海水中CO_2的总浓度（mg/m^3）；N为培养时间（h）。

^{15}N示踪实验只在夏季航次进行，与^{14}C法测定初级生产力同步采样。采样体积2000mL，用200μm的筛绢滤除浮游动物，分装到2个培养瓶中（各1000mL），加入一定量的^{15}N示踪剂，与^{14}C法的样品进行同步培养，然后用0.45μm的聚碳酸酯滤膜于28kPa负压下收集浮游植物，–20℃低温保存，运回实验室后用ST-IMS-88型离子质谱仪测定样品的^{15}N丰度。新生产力按以下公式（Collos，1987；Harrison et al.，1987）计算：

$$V = \frac{1}{t} \ln \frac{C_d - C_0}{C_d - C_p} \tag{4.2}$$

$$f = \frac{V_{NO_3^- \text{-N}}}{V_{NO_3^- \text{-N}} + V_{NH_4^+ \text{-N}}} \tag{4.3}$$

式中，V为硝态氮和氨态氮的吸收速率；C_0为^{15}N天然丰度；C_p为PON中^{15}N的丰度；C_d为介质中^{15}N的丰度；t为培养时间（h）；f为对硝态氮的吸收速率与对总氮（即硝态氮与氨态氮之和）的吸收速率之比。环境参数引自其他专业同步测定的资料。

4.1　Chl a的时空变化及影响因素

Chl a存在于浮游植物细胞内，是浮游植物进行光合作用的主要色素，其含量高低是浮游植物生物量高低的重要指标之一，也是估算初级生产力的重要依据。

要测定浮游植物体内的Chl a含量，首先要从浮游植物体内提取Chl a。Chl a的提取方法已相当成熟，一般以90%丙酮为溶剂，用研磨法进行提取，还可选择浸泡法、超声波粉碎法等。研究表明，研磨法的提取效率最高，而且样品可立即进行测定，是一种较好的方法。Chl a的测定方法也有多种，除了最早被采用的分光光度法，荧光法、高效液相色谱法（high performance liquid chromatography，HPLC）、遥感法、生物传感法等也相继被采用。其中，荧光法具有操作简单、灵敏度和精度高、所需样品量小等特点，是目前国际上测定Chl a常用的标准方法。

海水中Chl a的分布和变化规律往往能够较好地体现海区初级生产力的水平和变化趋势，因此，Chl a的分布和变化规律及其影响因素是研究工作的重点之一。

4.1.1 Chl a的垂向分布

南沙群岛海区春季真光层内（150m以浅）Chl a的垂向分布有明显的单峰型特征（图4.3）。在15个测站中，Chl a含量的最大值多数分布在75m水层，有10个测站，约占总测站数的67%；其次是50m水层，有4个测站。次大值多数分布在50m水层，有8个测站；最小值多数分布在150m水层，有12个测站，只有6号、10号和45号3个测

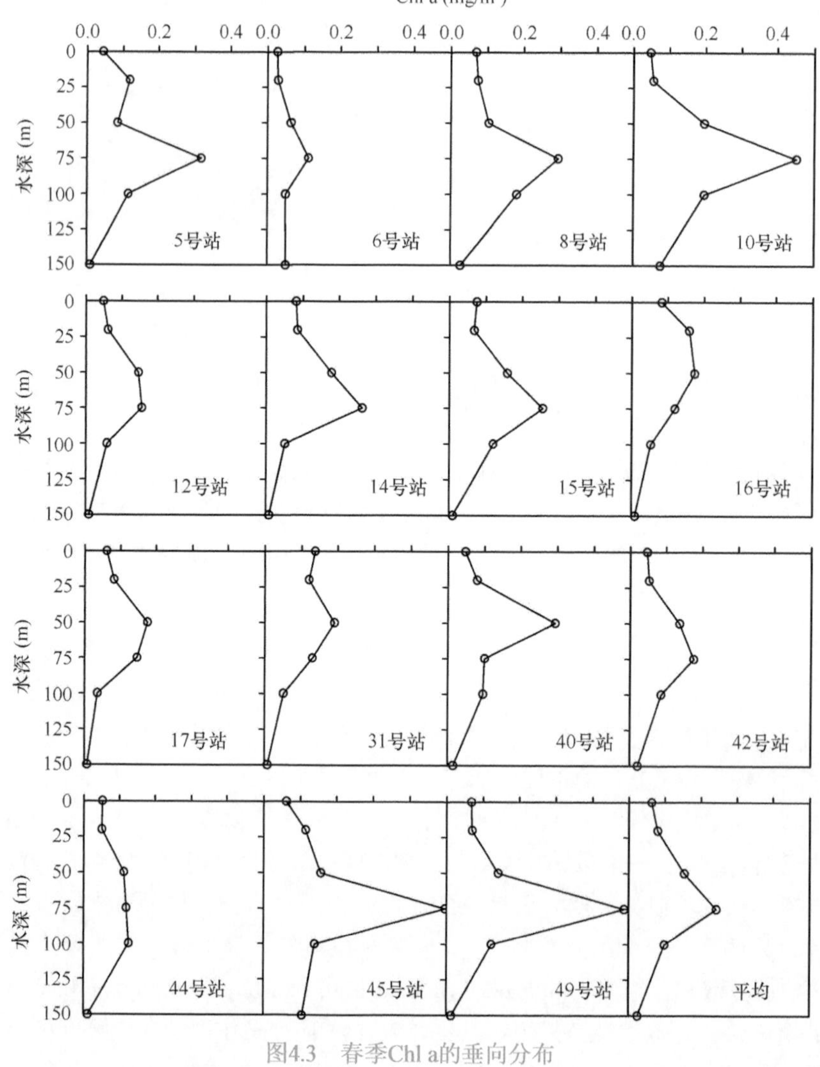

图4.3 春季Chl a的垂向分布

站的最小值出现在表层。表层Chl a含量的平均值为0.063mg/m^3，75m水层Chl a含量的平均值为0.242mg/m^3，约是表层的3.8倍。夏季Chl a的垂向分布（图4.4）与春季相似。44号、45号和59号3个测站因水深较小，不做垂向分析。在其余31个测站中，有21个测站Chl a含量的最大值在75m水层，约为总测站数的68%，与春季相比，没有明显的变化；最大值出现在50m和100m水层的测站分别为5个和4个；次大值在50m、75m和100m水层均有出现，且概率大致相等；最小值的分布仍然以150m水层为主。夏季表层Chl a含量的平均值为0.127mg/m^3，约是春季的2.0倍，75m水层的平均值为0.349mg/m^3，约是表层的2.7倍。

比较Chl a平均值的垂向分布可以看出，春、夏季Chl a的垂向分布状况基本一致。但是，春季Chl a含量的最大值在50～75m水层的测站约占93%，夏季只约占84%；而且，夏季100m水层出现Chl a含量最大值的测站比春季多，次大值也有较多测站出现在75m和100m水层，说明夏季Chl a含量的最大值和次大值的垂向分布比春季略深。

南沙群岛海区夏、秋、冬季Chl a与主要环境因子的垂向分布特征见图4.5～图4.10。在垂向分布上，水温梯度大于或等于0.05℃/m为温跃层，盐度梯度大于或等于0.01m^{-1}为盐跃层，营养盐含量垂向变化的第一个拐点以上为营养盐跃层，温跃层以上为上均匀层（王汉奎和黄良民，1997）。水温、盐度的垂向变化趋势较为单一（图4.5，图4.7，图4.9），秋季水温在75～100m存在一定的波动性，而冬季在25～50m存在一定的波动性。在表层至100m水深Chl a的垂向分布（图4.6，图4.8，图4.10）趋势与环境因子的分布趋势存在较强的相关性。Chl a含量的最大值所处水深往往在温、盐混合层下方及温跃层上部附近，与营养盐跃层上界水深接近；冬季Chl a含量的最大值及温、盐混合层出现的水深均小于夏季和秋季。

实际测量资料表明，夏季南沙群岛海区盐度最大垂向梯度变化范围为0.03～0.06m^{-1}（图4.11），最大值出现的水深为20～60m（图4.12），秋季南沙群岛海区西南部水深20～40m处出现逆盐层，说明该层在秋季受平流海水影响比较大。

南沙群岛海区Chl a的垂向分布与水动力过程密切相关。例如，扰动和内波都可能是影响浮游生物种群分层的重要因素。近年来，小规模扰动对海洋生物影响的研究越来越受重视。小规模扰动影响水体营养盐分布和颗粒物的垂向迁移，从而影响浮游植物的分布；中等程度扰动也会影响浮游植物分布、生理和行为。在南沙群岛海区，从漩涡扩散和水平对流也可以解释Chl a分层在冬季和秋季这两个季节的差异。这里我们引入Sverdrup公式：

$$\frac{\delta C}{\delta t}=\frac{\delta}{\delta x}\left(\frac{A_x}{\rho}\right)\frac{\delta C}{\delta x}+\frac{\delta}{\delta y}\left(\frac{A_y}{\rho}\right)\frac{\delta C}{\delta y}+\frac{\delta}{\delta z}\left(\frac{A_z}{\rho}\right)\frac{\delta C}{\delta z}-u\frac{\delta C}{\delta x}-v\frac{\delta C}{\delta y}-w\frac{\delta C}{\delta z}+R$$

式中，C为追踪物质浓度，可以是物理、化学、生物因子，此处选择水温和盐度；ρ

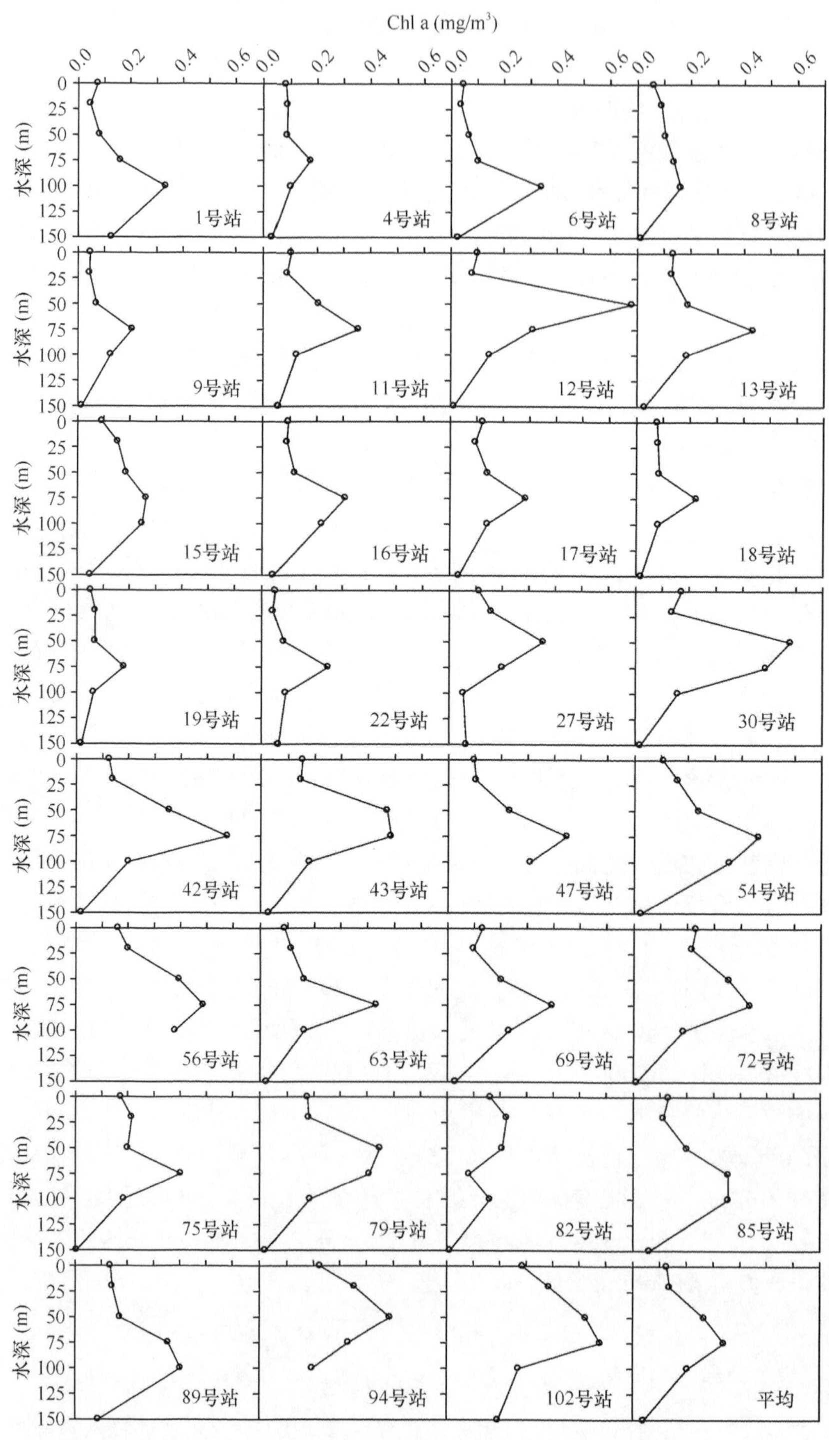

图4.4 夏季Chl a的垂向分布

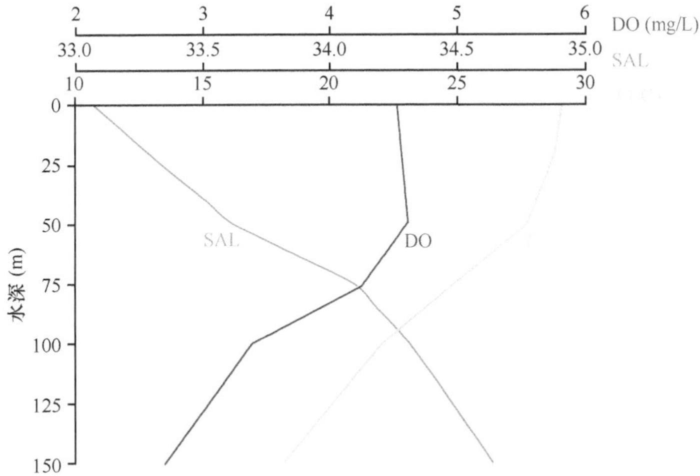

图4.5　夏季水温（T）、盐度（SAL）、溶解氧（DO）的垂向分布

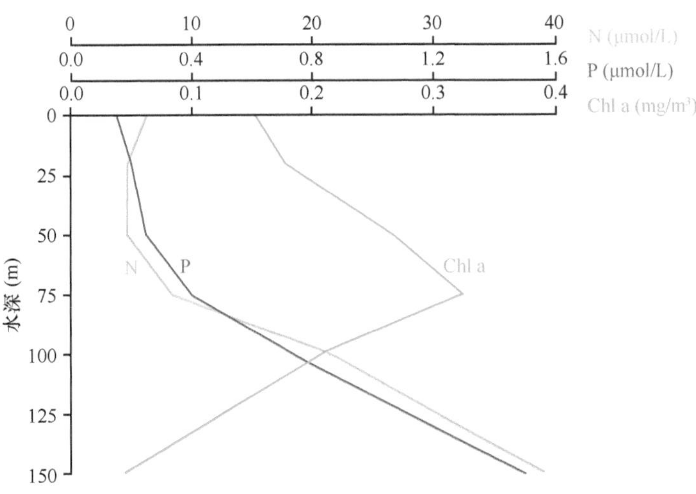

图4.6　夏季Chl a、磷酸盐（P）、总氮（N）的垂向分布

为海水密度；A_x、A_y、A_z分别为X、Y、Z方向上的旋涡扩散系数；u、v、w分别为X、Y、Z方向上的对流速度；R为跟踪物质的生化生产率。

为将上述方程变为一维垂向模型，C在X、Y方向上必须是恒值，即

$$\frac{\delta C}{\delta x}=\frac{\delta C}{\delta y}=0$$

或者水平面上对流和混合系数小到可以忽略。因此，一维垂向模型公式为

$$\frac{\delta C}{\delta t}=R-\left(wC'-kC''\right)$$

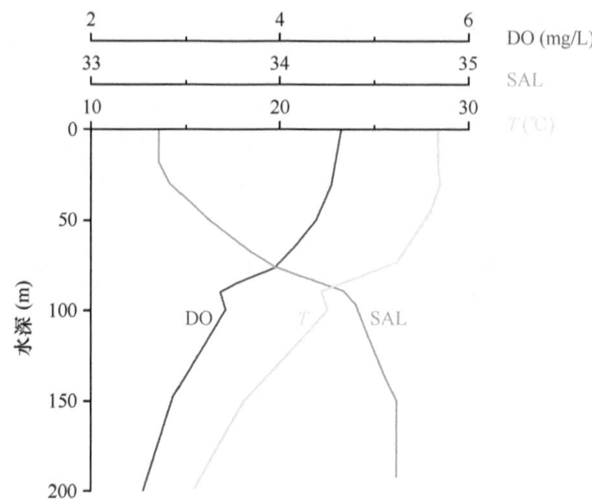

图4.7 秋季水温（T）、盐度（SAL）、溶解氧（DO）的垂向分布

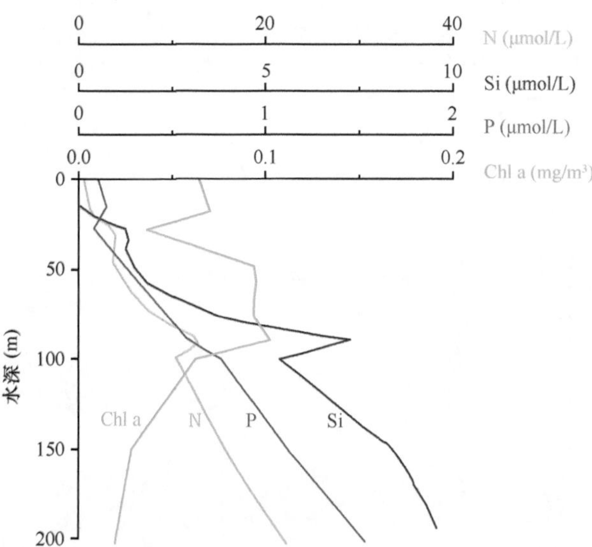

图4.8 秋季Chl a、磷酸盐（P）、硅酸盐（Si）、总氮（N）的垂向分布

$$C' = \frac{\delta C}{\delta z},\ C'' = \frac{\delta^2 C}{\delta z^2},\ k = \frac{A_z}{\rho}$$

式中，R是水深的函数，即追踪物质浓度随时间的变化等于生产率减去由于物理因素而导致的损失。对于在稳定状态下保持基本恒量的物理量，R=0，则$k/w=C'/C''$。在混合层以下，水温和盐度都可看成这样的物质。冬季由水温推导出75m水层

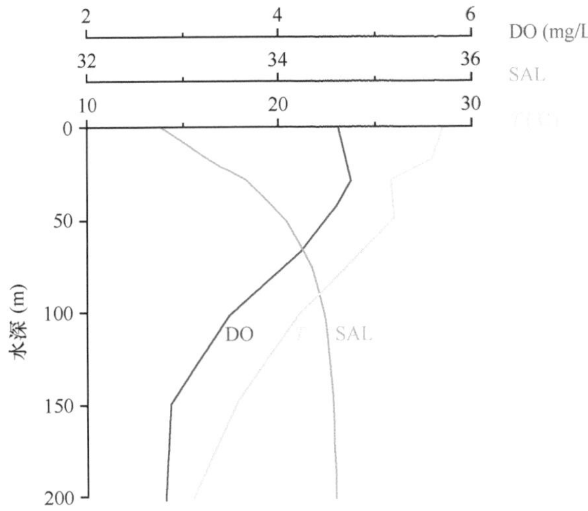

图4.9　冬季水温（T）、盐度（SAL）、溶解氧（DO）的垂向分布

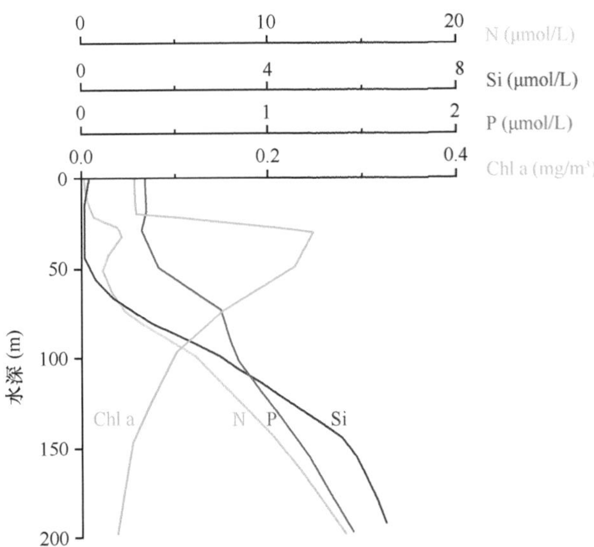

图4.10　冬季Chl a、磷酸盐（P）、硅酸盐（Si）、总氮（N）的垂向分布

k/w=161.75，由盐度推导出k/w=23.07。由于水温（T）与水深（D）具有明显的二次函数关系，即

$$T=28.609\,46-0.056\,198\times D-0.000\,058\times D^2\ (n=11,\ r=0.979)$$

而盐度与水深拟合的曲线相关系数为0.53，因此由水温推导出的结果是更可信赖的。这与French等（1983）的研究结果一致。类似地，秋季推导得出的结果为

$$T=441.479\,1-17.187\,4\times D+0.897\,46\times D^2\ (n=12,\ r=0.963)$$

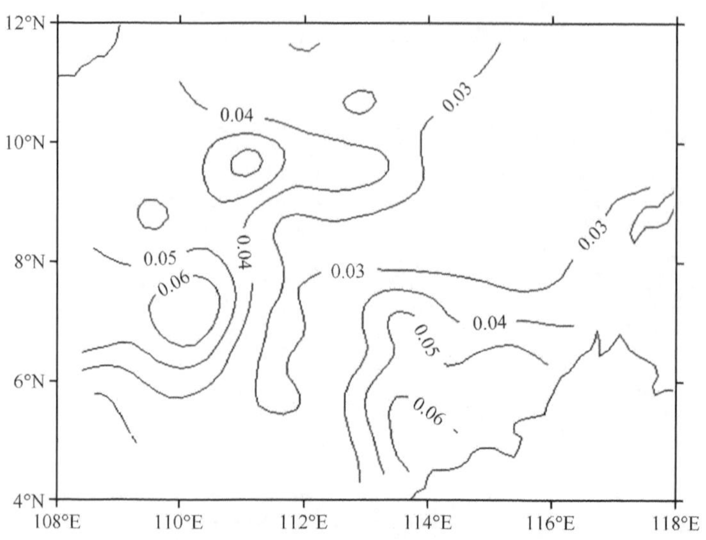

图4.11　南沙群岛海区夏季（1999年7月）盐度的最大垂向梯度分布（单位：m^{-1}）

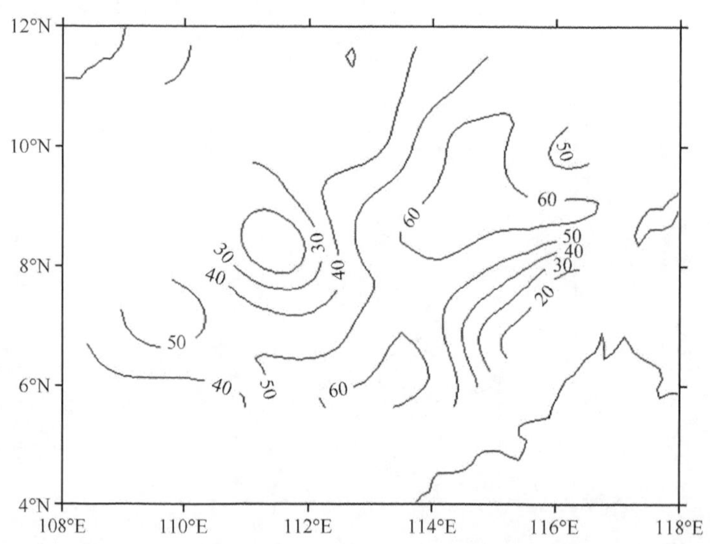

图4.12　南沙群岛海区秋季（1997年11月）盐度的最大垂向梯度位置分布（单位：m）

由此得出秋季75m水层的k/w=65.42。

南沙群岛海区温跃层直接反映海水表层热收支状况，即夏季强烈、冬季消失，所以冬季上下层对流比秋季强烈，即$w_{冬}>w_{秋}$，并且$(k/w)_{冬}>(k/w)_{秋}$，可推出$k_{冬}>k_{秋}$，即冬季漩涡扩散系数比秋季大，对流系数也比秋季大，物理环境比秋季复杂。扰动是冬季水环境变化的主要影响因子，所以冬季Chl a的垂向分布在200m以浅比秋季变化更剧烈、分层更为明显。

综合上述分析可知，Chl a的分布与水温、盐度、跃层强度、光照强度、营养盐和溶解氧含量、海流、水团性质等诸多因素有关。王汉奎和黄良民（1997）指出，Chl a的垂向分布主要受海区的跃层深度和强度、表层光照强度和光透射深度、营养盐的补充等因素的影响。以往的调查研究表明，在南沙群岛海区，由于表层海水水温高，季节变化不大，海水分层现象明显，温跃层较浅，上部均匀层厚度为25～50m，海水的垂向混合作用小，次表层和深层水的营养盐不能靠渗透或对流等水动力因素补充到表层，因此南沙群岛海区Chl a的垂向分布趋势较为稳定，Chl a含量的最大值通常出现在水深50m或75m左右（图4.13）。

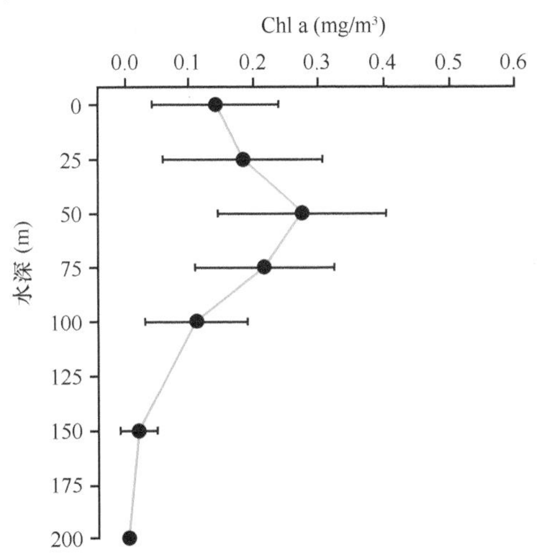

图4.13　南沙群岛海区Chl a含量平均值的垂向分布

冬季南沙群岛海区Chl a含量的最大值所处水深在溶解氧含量的最大值所处水深以下10m左右，秋季溶解氧含量随水深增大而下降，其最大值层处于Chl a含量的最大值层上方。温跃层的形成和维持需要基于漂流理论和热盐环流理论解释，盐度和溶解氧含量大范围的极大值和极小值一般由特殊起源和特殊运动方式的水系形成。溶解氧不仅是大气中的氧溶解于海水形成的，还与浮游植物的光合作用有关；与之类似，Chl a的垂向变化与生物化学过程相关，并受物理过程引起的水文垂向分布特征的影响。因此，无论是温跃层深度和强度还是营养盐跃层深度，单一因素变化都不能完全解释Chl a含量最大值形成的原因，需要综合考虑不同环境因子的作用。

虽然南沙群岛海区水体表层有充足的阳光，但营养盐贫乏，限制了浮游植物的生长和繁殖（黄良民，1991；中国科学院南沙综合科学考察队，1989b）。此外，热带海区表层光照强度高，表层过高的光照强度和水温往往不利于浮游植物生长。光照强度过高会破坏细胞内色素、导致光系统失活等，进而抑制浮游植物的光合作用；过高的水温会使细胞内关键酶类如Rubisco酶活性降低，呼吸作用增强，从而不利于细胞内光合作用产物的积累。南沙群岛海区次表层光照强度相对较弱，在适宜的光照强度和水温条件下，浮游植物通过酶的调节增加色素，弥补因光照强度减弱和水温下降单位Chl a的光合作用率降低的损失，因而Chl a含量的最大值层常出现在真光层中、下部。在南沙群岛海区，红光可穿透的水深最大达20m，蓝光达80m，绿光达70m。在50～75m水层，营养盐充足，水温、光照强度等条件适宜，浮游植物在该处成层分布。此外，浮游植物通过自身的调节，增加体内的光合色素，以弥补光照强度的减弱。因此，在这一水层常形成Chl a含量的最大值层。上准均匀层之下，营养盐含量增高，内波造成的涡动也可能对营养盐的补充起到维持作用；但该层之下，虽有足够的营养盐，光照强度却明显衰减，成为浮游植物生长的限制因子，Chl a的含量随水深增大而降低。南沙群岛海区Chl a的垂向分布（图4.13）与其他热带海区相似，证实了这种分布规律的普遍性。

4.1.2 Chl a的断面分布

春、夏季Chl a的断面分布均显示，在20～50m和75～100m两个水层Chl a的垂向分布有显著变化（图4.14）。从20m到50m水层，Chl a含量明显增加，这种变化可能与温跃层、盐跃层、营养盐跃层及表层光照强度等因素有关。表层水体营养盐含量很低，限制了浮游植物的生长，而过强的光照也抑制了浮游植物的光合作用。从75m到100m水层，Chl a含量急剧下降，其变化主要受光照强度衰减的影响。

在水平方向上，南沙海槽Chl a的含量变化不明显，整个海区仅在0～20m和50～75m水层出现较显著的变化，春季高值区多出现在中部海区礁群附近，夏季则位于西南部和西北部海区（图4.14a、b）。表层Chl a含量不仅与水团的性质和分布密切相关，还可能受陆源物质输入量和季风强度的影响。春季，南沙群岛海区处于东北季风向西南季风转换的过渡时期，降水量小，风力较弱，表层海流对Chl a的影响较小。夏季，西南季风盛行，西北部海区受越南东部上升流的影响，增加了底层营养盐涌升到表层的机会；此外，降水量的增大使中南半岛和加里曼丹岛注入的淡水量增大，附近海区表层海水盐度低，但营养盐的输入量增大，为这两个局部海区浮游植物的生长与繁殖提供了有利的条件（黄企洲，1991）。从图4.14c～f可看出，各水层Chl a含量沿水平方向变化的趋势有显著的差异，这可能与冷、暖涡等中尺度物理过程及海底地形等因素有关。

4.1.3 Chl a的平面分布

春季南沙群岛海区表层Chl a平面分布的总趋势是从南向北递减（图4.15a），Chl a含量最大值为0.137mg/m^3，出现在6.5°N、113.5°E附近（南沙海槽西南端），沿西南、西北和东北方向递减，东北方向变化梯度大，而西南和西北方向变化缓慢。

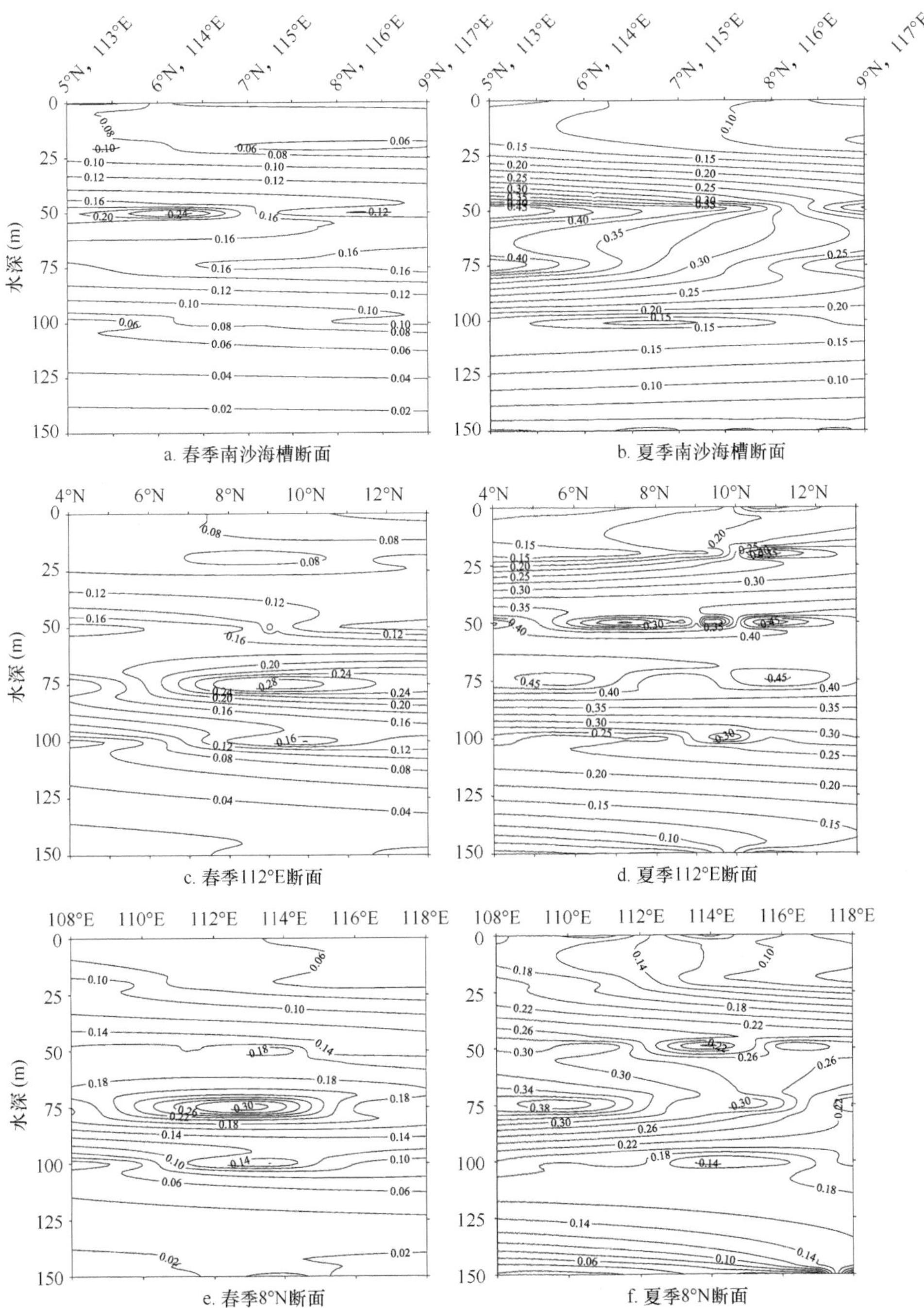

图4.14　Chl a的断面分布（单位：mg/m^3）

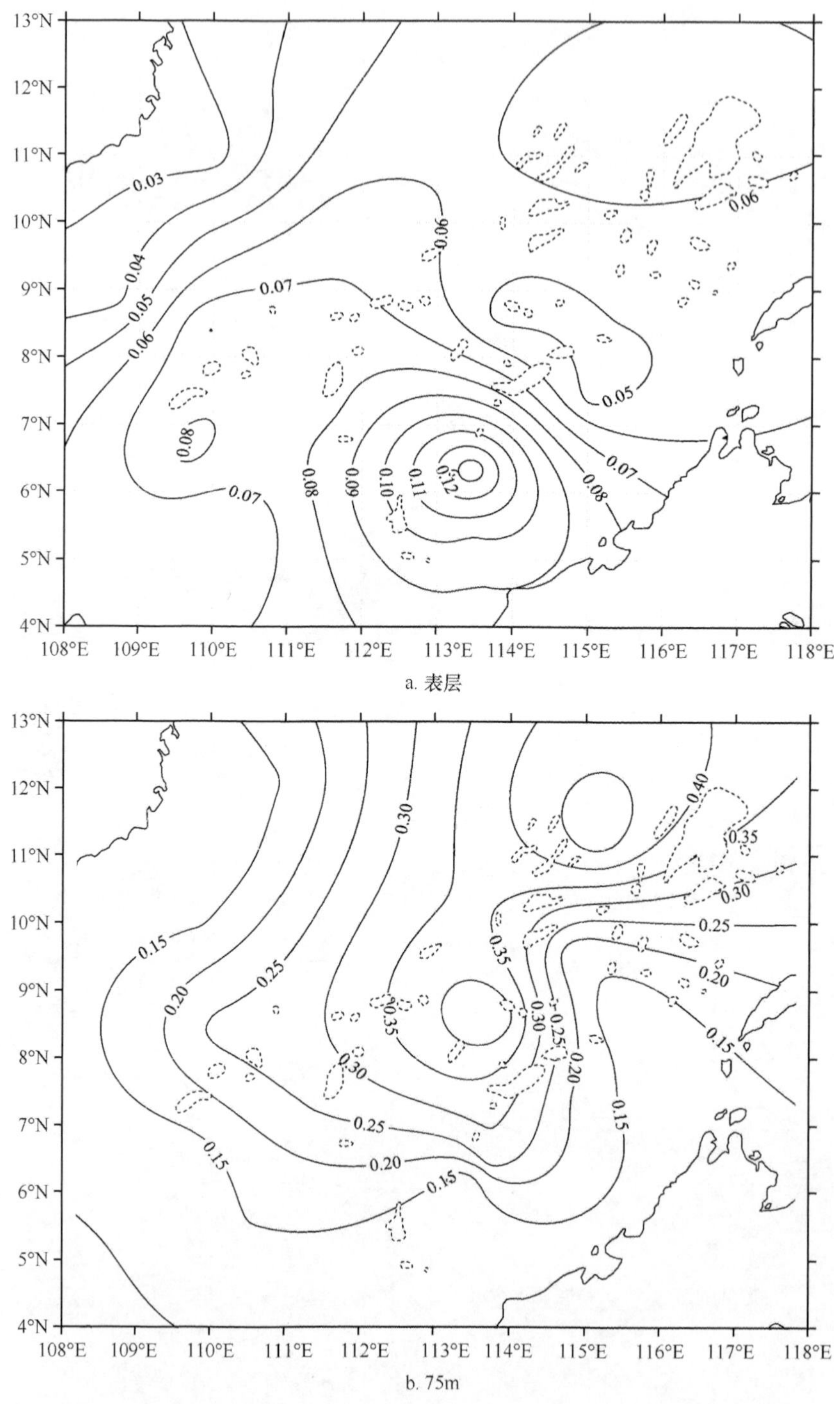

图4.15 春季Chl a的平面分布（单位：mg/m^3）

特别在尹庆群礁、万安滩和南薇滩附近海区，Chl a含量变化极小，其变化幅度仅为0.02mg/m^3。西南部海区至中南半岛之间，Chl a含量呈递减趋势，并在近岸水域出现最小值，仅为0.026mg/m^3。在7°N以北、114°E以东的大范围海区，Chl a含量较低，空间变化幅度小。值得一提的是，在巴拉巴克海峡西部至永暑礁之间，出现较大范围的低值区，Chl a含量仅为0.045～0.055mg/m^3，这与水动力环境变化和苏禄海的寡营养水影响有关。

南海的表层海流及上层海水的流动主要受季风控制。春季（4～5月），南沙群岛海区处于冬季风向夏季风转换的过渡时期，随着冬季风气流的逐步减弱和北退，源自热带西太平洋赤道一带的东南向气流，通过苏拉威西海和苏禄海一带进入南沙群岛海区，影响该海区的北部。东南向气流对南沙群岛海区的影响时段较短，风力较弱，以2～3级风为主，4～5月风速为全年各月平均风速的最低值。根据水文资料分析结果，春季表层水体主要存在3种水团（中国科学院南沙综合科学考察队，1989a）。南赤道陆架水团源于爪哇海，汇集了加里曼丹岛和苏门答腊岛注入的淡水，营养盐含量较高，通过二者之间的卡里马塔海峡进入南沙群岛海区西南部，并沿加里曼丹岛沿岸向东北方向移动。受该水团的影响南沙群岛海区南部和西南部形成Chl a含量高值区。在东部，苏禄海的寡营养水团通过巴拉巴克海峡进入南沙群岛海区，与南沙群岛海区的海水形成混合水团，阻止了南赤道陆架水团的继续推进，并使巴拉巴克海峡以西形成大范围的Chl a含量低值区。在西北部的低值区，Chl a含量等值线与中南半岛的海岸线基本平行，反映出南沙群岛海区西北部营养盐含量较低。这可能是由于4～5月南沙群岛海区处于季风转换期，西南季风尚未盛行，湄公河的淡水及其挟带的营养盐无法进入南沙群岛海区西北部研究区域，也未有离岸上升流形成，该海区主要受南海中部深海盆海水影响，营养盐含量较低。南沙中央水团处于南沙群岛海区中部，温、盐等性质较均一，表现为该海区Chl a分布较均匀。

春季南沙群岛海区75m水层Chl a的平面分布与表层有较大的差别，总趋势是从中部和东北部海区向东、南、西三个方向递减，最大值与最小值之差达0.30mg/m^3，平均值约为表层的3倍（图4.15b）。113°E以东的海区，Chl a的含量较西部海区高。巴拉巴克海峡西北部海区仍然存在低值区，但范围比表层小，呈舌状分布，其等值线向西北方向延伸，将两个高值区隔开。113°E以西的海区，可以分成两个区域，9°N以南在表层是高值区，在75m水层已被低值区取代，该区Chl a分布较均匀，但变化幅度比表层明显，变化趋势与表层不同，即从东北往西南方向递减。9°N以北的西北部海区仍然出现与中南半岛海岸线几乎平行的等值线，Chl a含量从外海向近岸海区递减。由于苏门答腊岛与加里曼丹岛之间的卡里马塔海峡（俗称南通道）水深小于50m，高温低盐的南赤道陆架水团停留在表层，只能影响50m以浅水层的Chl a分布，75m水层的Chl a分布则主要受深层水团控制。因此，南沙群岛海区西南部和南部75m水层与表层Chl a的分布有较大的差异。而苏禄海的寡营养水团通过巴拉巴克海峡进入南沙群岛海区，继续影响海峡西北部，使该海区出现局部低值区，并沿西北方向呈舌状分布。西北部海区仍然是相对的低值区，与表层的分布状况相似。这可能是由于该区域海水的层化现象较明显，跃层强度大，下层营养盐无法补充到表层水体。

夏季南沙群岛海区表层Chl a的平面分布趋势是自西北往东、南方向递减，沿南沙群岛海区中轴方向13°N、114°E至4°N、111.5°E有明显的分界线，西部Chl a含量高，东部含量低（图4.16a）。Chl a含量最大值出现在10.5°N、112°E附近，达0.286mg/m^3，南薇滩西侧和加里曼丹岛近岸海域出现局部高值区。Chl a含量最小值出现在8°N、113.5°E和9.5°N、114.2°E附近的礁群区，仅0.046mg/m^3，巴拉望岛西侧和礼乐滩附近海区为低值区。以往的研究表明，7～8月是西南季风盛行期，风速最大，风力稳定，覆盖范围大，平均最大风速值出现在南沙群岛海区西北部（赵焕庭，1996）。由于西南季风的影响，夏季表层海流呈西南-东北向流动，表层海流及Ekman抽吸作用产生的上升流可将近海湄公河注入的淡水或远岸下层高营养水带入南沙群岛海区西北部上层水体，也使爪哇海入侵到南沙群岛海区西南部的南赤道陆架水沿加里曼丹岛西岸朝东北方向流动，使这两个区域出现Chl a含量高值。夏季受西南季风影响，南海海区整体出现明显的层化现象，南沙群岛中部礁群区和南沙群岛海区东北部由于缺乏外源营养盐输入的补充，Chl a含量相对较低，形成低值区。

夏季南沙群岛海区75m水层Chl a的平面分布（图4.16b）与表层相似，总趋势仍是西部含量高，东部含量低。绿素a含量最大值出现在10.5°N、112°E附近，达0.581mg/m^3，该海区西北部和加里曼丹岛近岸海域是主要的高值区；中部礁群区和

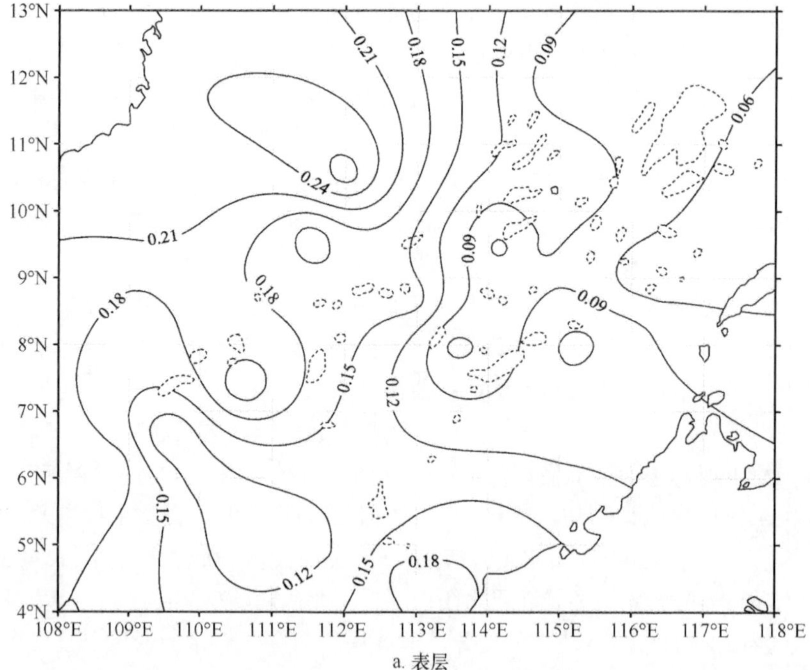

a. 表层

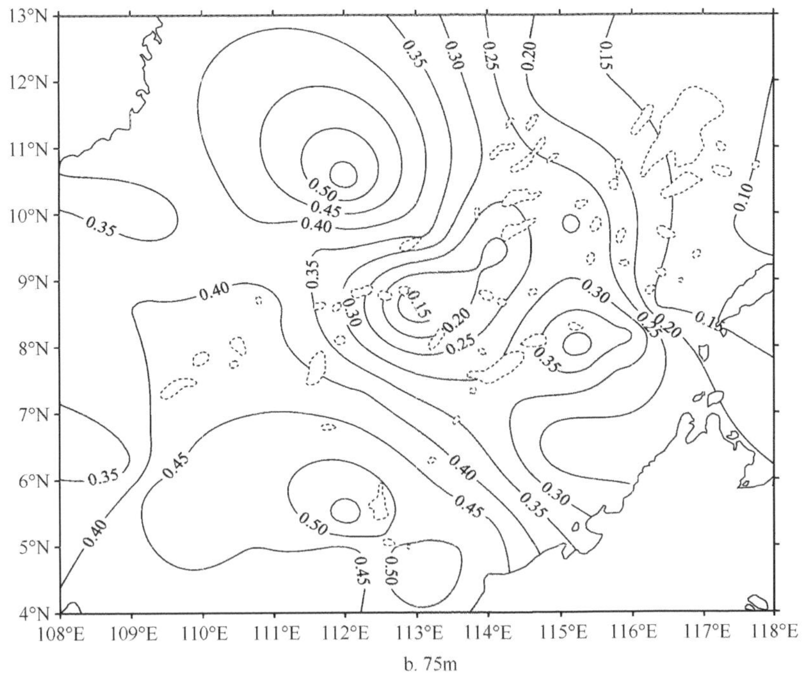

b. 75m

图4.16　夏季Chl a平面分布（单位：mg/m^3）

礼乐滩附近仍是低值区，最低值仅为0.10mg/m^3。苏禄海海水通过巴拉巴克海峡进入南沙群岛海区，但由于该海峡的水深小于100m，而且宽度较小，因此由苏禄海进入南沙群岛海区的流量非常有限，对75m水层的影响不大。北部礁群区岛礁、暗沙分布杂乱无序，水深变化非常大，海流紊乱多变，这可能是该海区Chl a分布较不规则的影响因素之一。

秋季南沙群岛海区表层Chl a高值区在西南部，50m水层Chl a高值区位于南部和北部海域（图4.17a、b），高值出现在南沙群岛海区西南部和南部；水深100m处在真光层以下，Chl a分布更均匀（图4.17c）。秋季南沙群岛海区西南季风逐渐减弱，东北季风开始加强，风浪的搅拌作用使该海区9～10月上均匀层厚度由西南向东北方向递增，西南海域处上准均匀层厚度薄，上下层混合均匀，营养盐向上输送，促进表层浮游植物生长和繁殖，出现一Chl a含量高值区。

冬季南沙群岛海区表层Chl a含量为0.04～0.09mg/m^3，高值出现在7°N、113°E附近，低值出现在8.5°N、112°E附近（图4.18a）。这种分布规律与综合1989年、1993年冬季资料分析结果一致。Chl a含量高值区附近是岛屿或礁群，这可能与珊瑚礁向附近海区输送营养物质有关。50m水层Chl a含量高值（0.80mg/m^3）区出现在南沙群岛海区西南部，向北、向东递减，直到11°N、113.5°E附近（图4.18b）。这种分

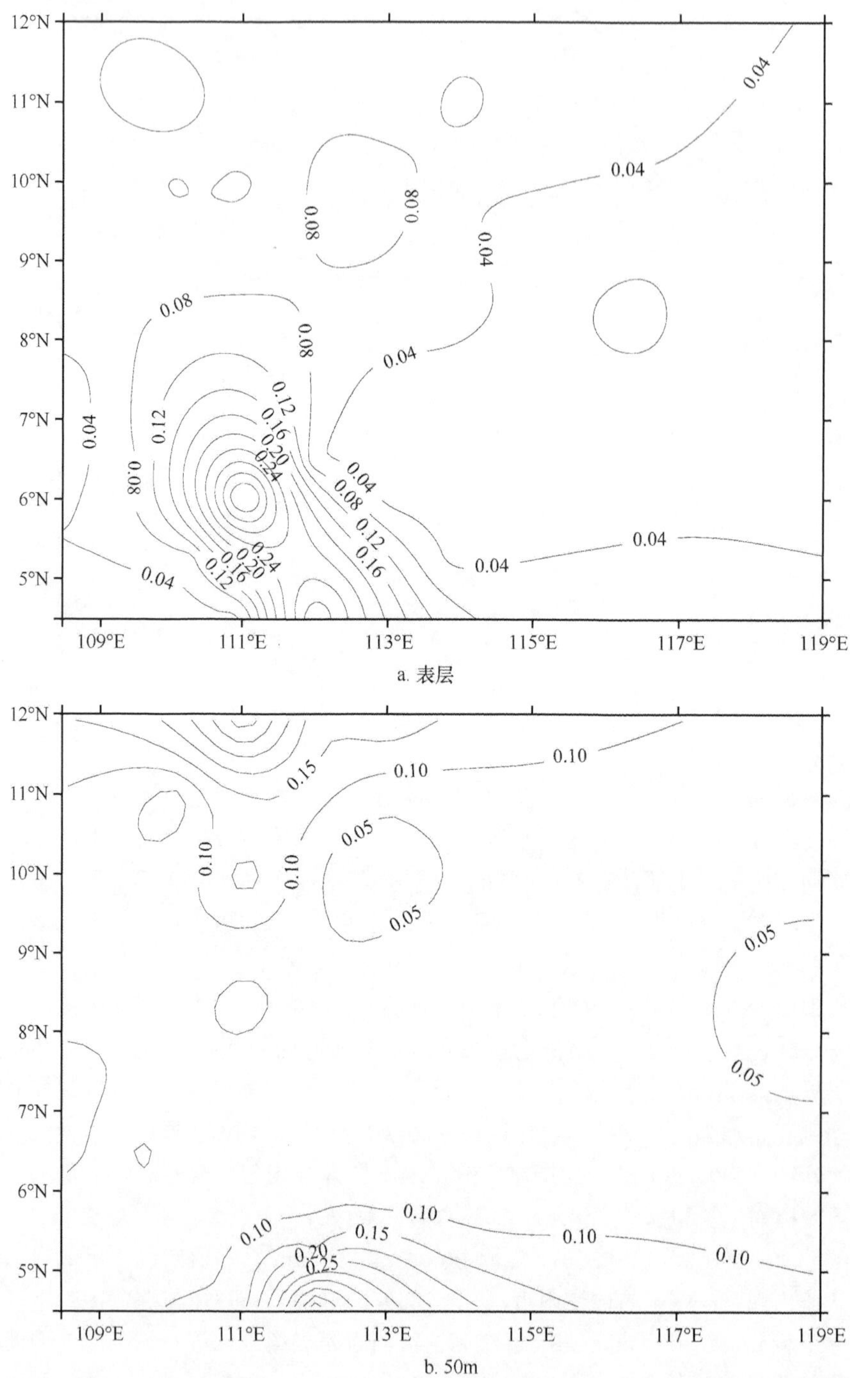
12°N
11°N
10°N
9°N
8°N
7°N
6°N
5°N
109°E
111°E
113°E
115°E
117°E
119°E
0.04
0.08
0.12
0.16
0.20
0.24
0.10
0.15
0.05
0.25

a. 表层

b. 50m

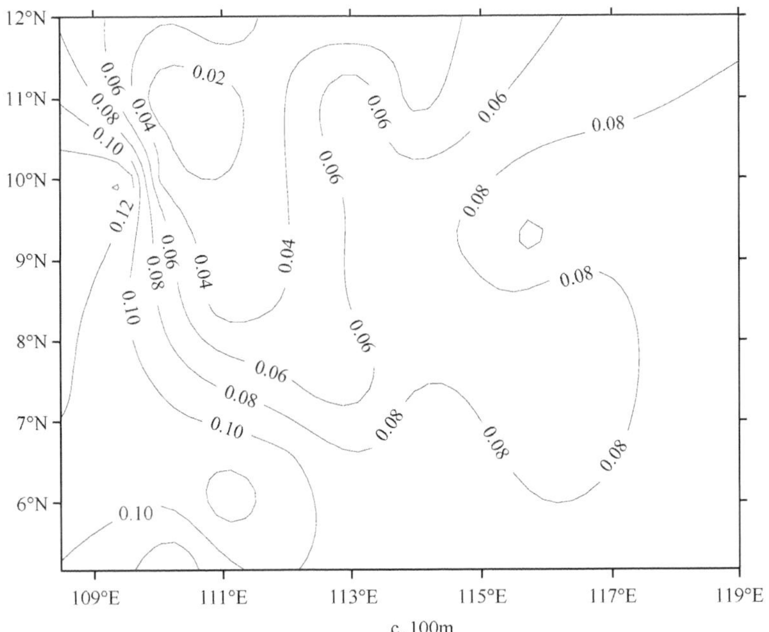

c. 100m

图4.17　秋季Chl a平面分布（单位：mg/m^3）

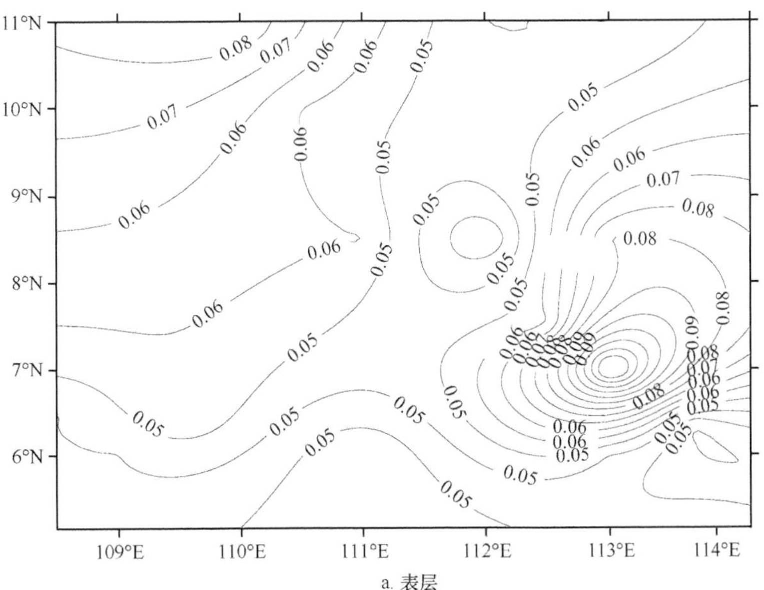

a. 表层

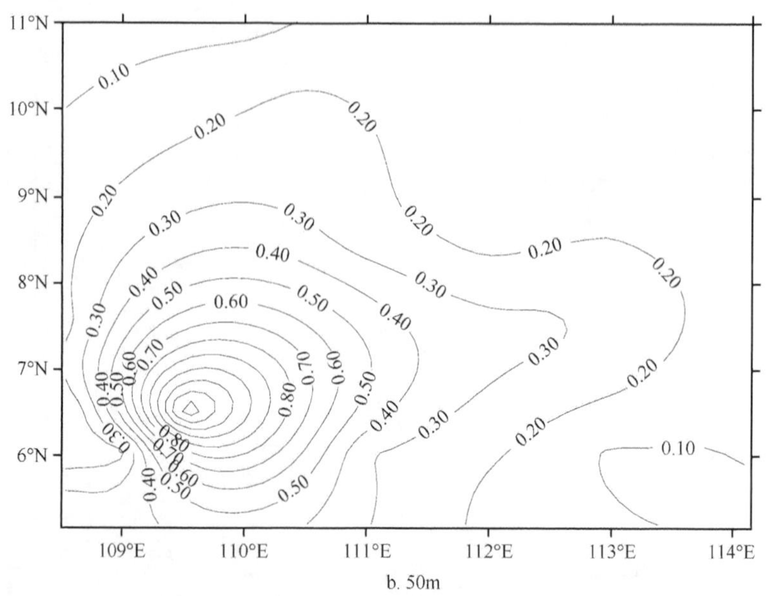

b. 50m

图4.18　冬季Chl a平面分布（单位：mg/m^3）

布规律正好与水温的平面分布规律相反（图4.19a），与盐度的平面分布规律相似（图4.19b）。冬季南沙群岛海区雨水充沛，高温低盐是其上层水的普遍特征，而Chl a含量高值区海水的特点是高盐低温，因此该海区可能受中尺度冷涡等物理过程的影响较大。

事实上，冬季比较稳定而较强的气旋型环流将南海中部西侧越南近海的海水带

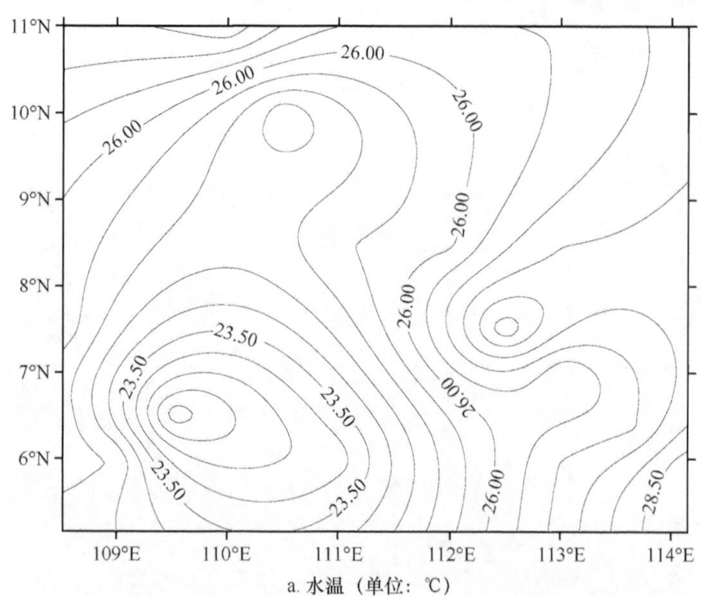

a. 水温（单位：℃）

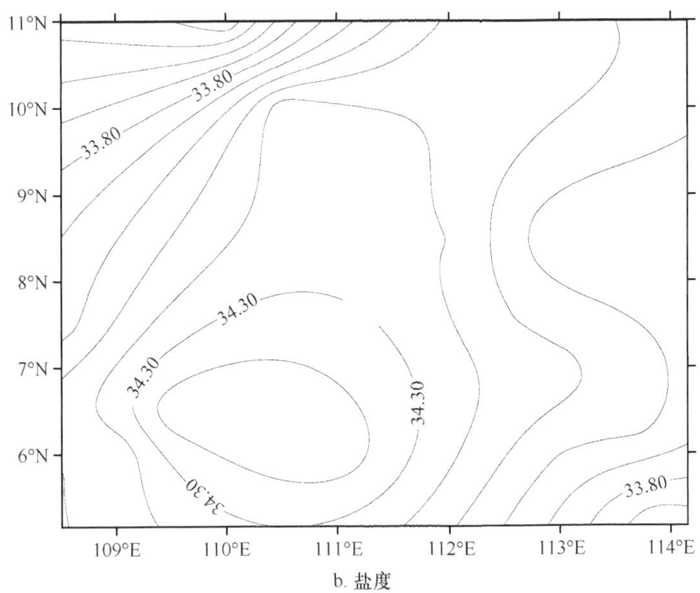

b. 盐度

图4.19　冬季50m水层水温、盐度分布

到南沙群岛海区，其中包含越南沿岸水和泰国湾水的侵入，含有较丰富的营养盐（图4.20a、b），促进了浮游植物的生长，因此南沙群岛海区西部出现Chl a含量高值区。

由于通过南部通道流出的水量十分有限，因此南沙群岛海区西部受到气旋型环流带来水团的影响较大，但东部受此影响较小，因此Chl a含量较低（黄企洲和

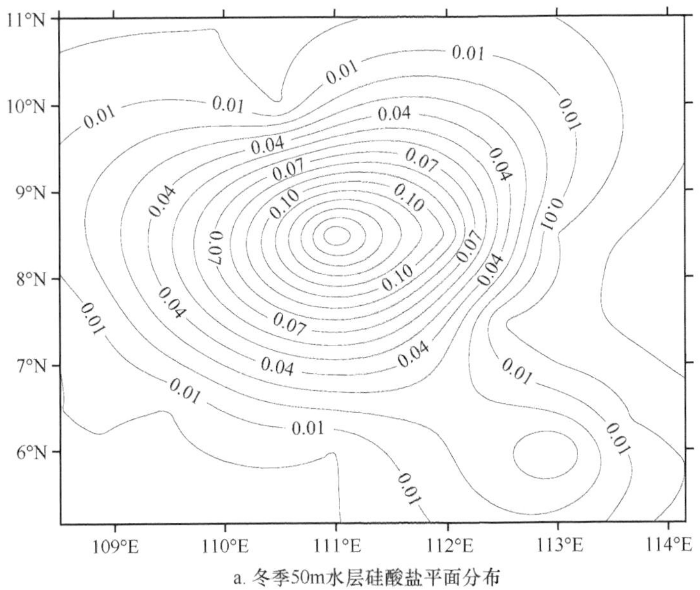

a. 冬季50m水层硅酸盐平面分布

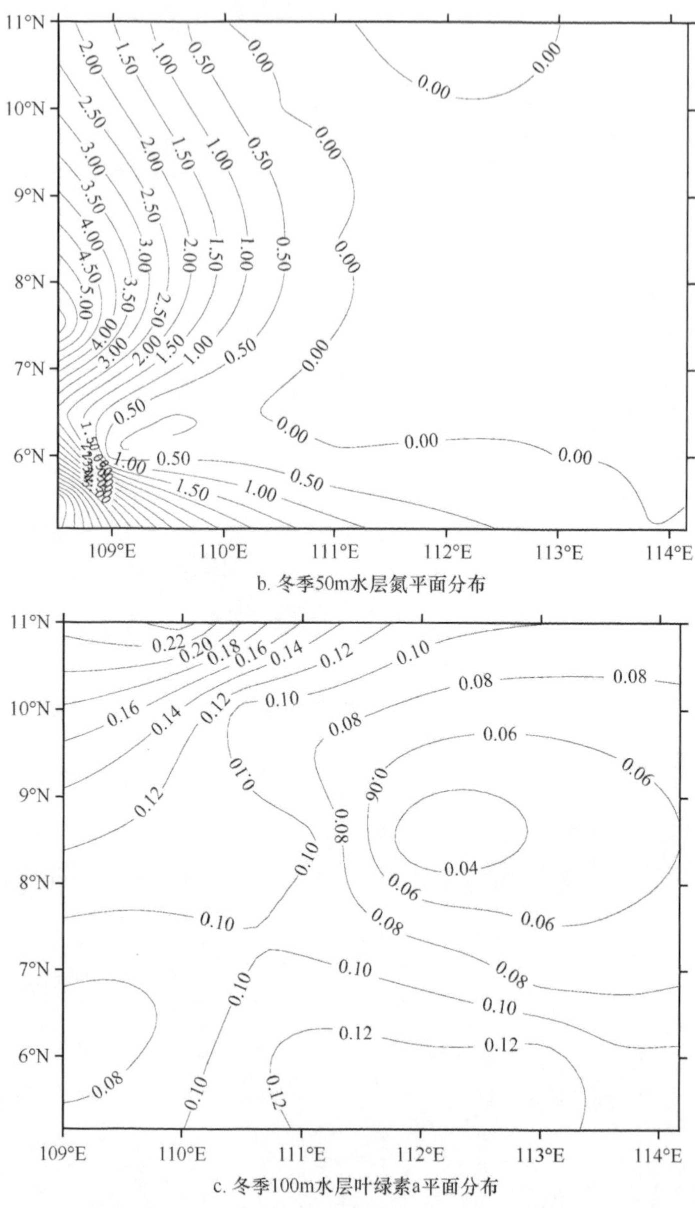

b. 冬季50m水层氮平面分布

c. 冬季100m水层叶绿素a平面分布

图4.20　冬季50m水层硅酸盐、氮和100m水层Chl a平面分布（单位：mg/m^3）

邱章，1994）。100m水层Chl a含量高值出现在南沙群岛海区西北部，低值出现在9°N、112.5°E附近（图4.20c）。表层、50m水层与100m水层的Chl a分布规律相同，也从侧面说明不同层次海流方向各异，水文环境不同。从剖面分布看，Chl a分布特征与水温相似，与盐度的关系不明显。

综上所述，不同季节南沙群岛海区Chl a在不同水层的平面分布与季风、水团性质、海流、中尺度物理过程及地形有密切关系。

4.1.4　Chl a含量的季节变化

南沙群岛海区Chl a含量在春、夏季明显不同。春、夏季各水层Chl a含量的平均值分别为0.107mg/m^3和0.184mg/m^3，夏季平均值为春季的1.72倍（表4.1），这可能与海区陆源营养盐的输入、垂向混合强度和浮游动物的摄食等因素有关。春季，是南沙群岛海区降雨量全年最少的季节，陆源营养盐的输入较少。此时，该海区处于东北季风向西南季风转换的过渡时期，风力较小，表层海流主要是逆时针走向，这些因素的影响使海水混合强度小，次表层的营养盐难以补充到表层，苏禄海的寡营养水团通过巴拉巴克海峡进入南沙群岛海区东中部，而中南半岛的陆源物质则难以进入南沙群岛海区西北部。

表4.1　春、夏季Chl a含量比较

水层（m）	春季平均值C_1（mg/m^3）	夏季平均值C_2（mg/m^3）	C_2/C_1
表层	0.063	0.127	2.02
20	0.080	0.138	1.73
50	0.154	0.267	1.73
75	0.242	0.341	1.41
100	0.099	0.205	2.07
150	0.025	0.041	1.64
平均	0.107	0.184	1.72

夏季，降雨量比春季大，陆源物质的输入增多，此时是西南季风盛行期，风力可达8级，风浪和涌浪大，海水的垂向混合强度较大，特别是南沙群岛海区西北部，上部混合层深度可达60m。受西南季风的影响，夏季表层海流以西南-东北走向为主，湄公河注入的淡水及上升流均可能增加南沙群岛海区西北部表层水体营养盐的含量。此外，春、夏两季浮游动物的数量变化也可能对Chl a的含量产生一定影响。春季表层至100m水层浮游动物总生物量的平均值为34.1mg/m^3，夏季为28.0mg/m^3。春季浮游动物对浮游植物的摄食压力较大，可能是造成春季Chl a含量较低的另一因素。

4.1.5　Chl a含量的周日变化

南沙群岛海区秋、冬季Chl a含量的周日变化分别见图4.21和图4.22。由图4.21可看出，秋季Chl a含量的周日变化有两种类型：①50m及以浅水层，Chl a含量在15:00

左右出现最高值，其余时间的含量较低；②50m以深水层，情况较复杂，Chl a含量在15:00左右出现最低值，峰值出现的时间依次为8:00、17:00、24:00左右。这反映出南沙群岛海区Chl a含量的周日变化规律不明显，其是否与动力环境变化相关，尚待进一步研究。冬季Chl a含量的周日变化也有两种类型：①50m及以浅水层Chl a含量常在18:00～21:00出现峰值；②50m以深则常在5:00～8:00出现峰值（图4.22）。这与黄良民1997年报道的相似。

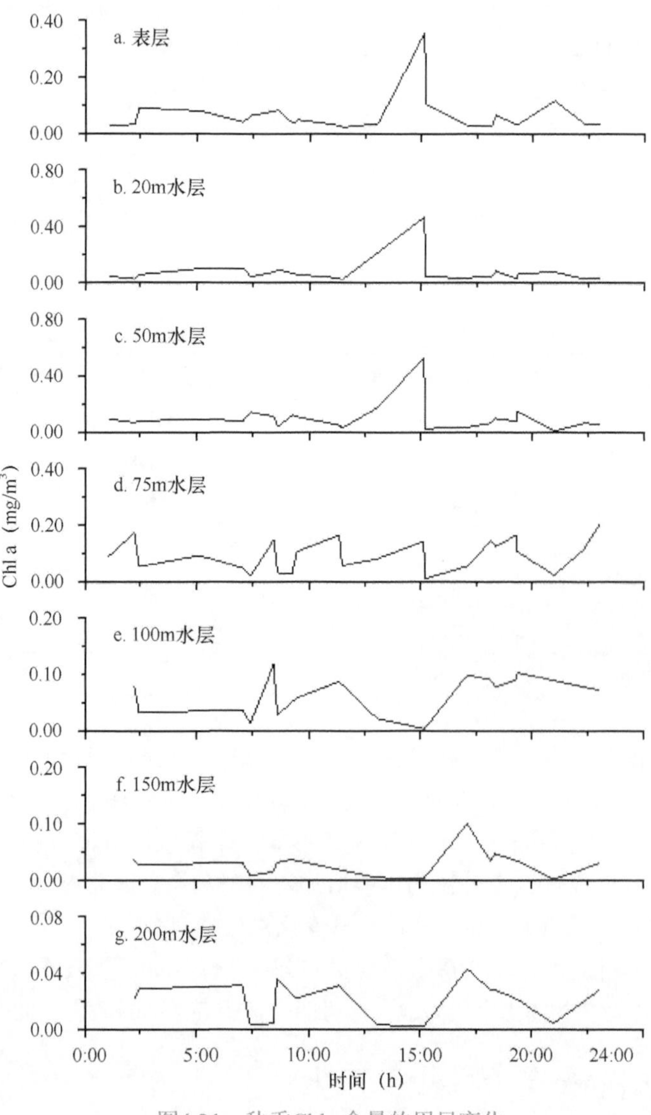

图4.21　秋季Chl a含量的周日变化

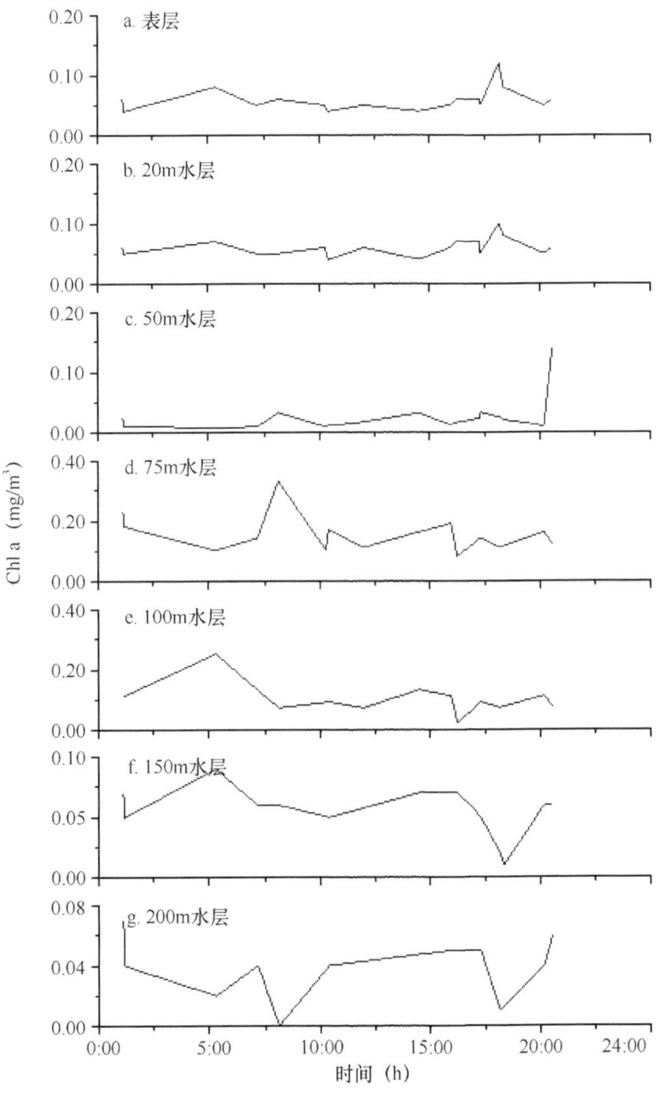

图4.22　冬季Chl a含量的周日变化

由此可见，上准均匀层（50m及以浅水层）和下层Chl a含量的周日变化趋势不同。可以推测，50m及以浅水层Chl a含量受多种因素影响，除光照、水温、海流等物理因子外，还受化学因子（如营养盐含量等）和生物因子（浮游动物摄食）等不同因素的综合影响，所以Chl a含量出现峰值的时间没有规律性。75m水层处于各种跃层的中部，Chl a含量的最大值层、温跃层、盐跃层、密度跃层、溶解氧跃层、营养盐跃层都出现在这个深度，因此周日变化曲线起伏跌宕，极不规则。75m水层以下，光照强度较低（处于真光层中下部），周日变化受光照强度影响较小，海流、营养盐含量、浮游动物摄食和生态习性共同影响该水层的Chl a分布。不同时间影响Chl a分布的主要因素不同，因此变化曲线不规则。

为了深入研究Chl a含量周日变化的特点，通过时滞效应分析，将Chl a含量的数值标准化后，取周期为24h进行傅里叶回归，得出如下方程。

1993年冬季：

$$\text{Chl a}=-9.25\times10^{-3}+0.14\times\cos(0.262x)-0.11\times\sin(0.262x) \qquad (n=20,\ r=0.369)$$

1994年秋季：

$$\text{Chl a}=-0.032-0.203\times\cos(0.262x)-0.273\times\sin(0.262x) \qquad (n=24,\ r=0.280)$$

式中，x为时间。

由以上方程可知，周期为24h，Chl a含量与时间的相关系数小，说明Chl a含量没有明显的周日变化。这主要是因为影响Chl a含量的环境因子对于光合作用有一定的滞后效应，所以在建立Chl a含量和环境因子的关系时要考虑浮游植物本身和环境因子的时滞效应。由于采集水样的间隔时间不同，因此先用三次样条曲线插值法来补插Chl a含量，产生一组时间间隔均为1h的Chl a含量，然后如下建立二阶时滞模式。

1993年冬季：

$$\text{Chl a}(t+1)=-0.132+0.381\times\text{Chl a}(t)+0.288\times\text{Chl a}(t-1)-0.154\times SiO_3(t+1)-0.767\times SiO_3(t)+0.876\times SiO_3(t-1)-0.637\times T(t+1)-1.329\times T(t)+1.174\times T(t-1)-0.224\times CA(t+1)+0.425\times CA(t)-0.394\times CA(t-1) \qquad (n=23,\ r=0.937)$$

1994年秋季：

$$\text{Chl a}(t+1)=0.147+0.908\times\text{Chl a}(t)-0.588\times\text{Chl a}(t-1)+0.188\times T(t+1)-0.228\times T(t)+0.241\times T(t-1)+0.480\times S(t+1)-1.87\times S(t)+0.395\times S(t-1)+0.240\times CO_3(t+1)+0.185\times CO_3(t)+0.159\times CO_3(t-1) \qquad (n=23,\ r=0.908)$$

式中，SiO_3为硅酸盐浓度；CO_3为碳酸盐浓度；CA为总碱度；C为碳酸盐浓度；T为温度；S为盐度。

由拟合公式可知，不同时间同一环境因子的系数不同，通常没有考虑前一段时间对后一段时间的影响，但实际上有时前段时间的系数更大，甚至符号不同，说明滞后效应是不能忽视的。

4.1.6 Chl a含量的年际变化

根据历年来对南沙群岛海区Chl a现场观测的结果可见，表层Chl a含量在不同年份变化较大，即使在相同季节，也存在较明显的年际波动（图4.23）。20世纪80年代南沙群岛海区表层Chl a含量普遍较高，而90年代以后普遍较低。就相同季节而言，1990年以前的春季Chl a含量（≥0.17mg/m^3）明显高于1990年以后。该海区Chl a含量的长期和年际波动是否受长时间尺度气候变化驱动下环境变化的影响，是否由其他因素造成，尚需进一步深入研究。

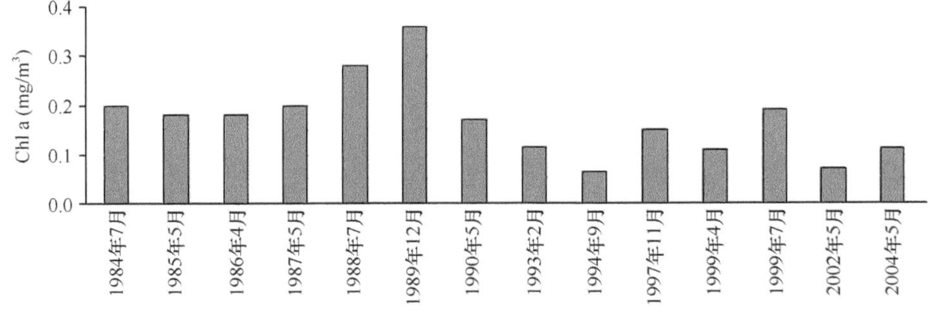

图4.23　南沙群岛海区表层Chl a分布

南沙群岛海区不同水层Chl a含量存在较大的年际变化。除1994年秋季外，1999年以前的Chl a含量明显高于2002年以后。1987～2009年Chl a含量最大值均出现在次表层（75m或50m水层）。其中，75m水层出现的频率最高（占70%），其次是50m水层（占30%）；100m水层的Chl a含量大多比表层高（图4.24）。分析水柱的理化环境与Chl a垂向分布可知，Chl a含量的高值处于上温跃层中部、营养盐含量垂向分

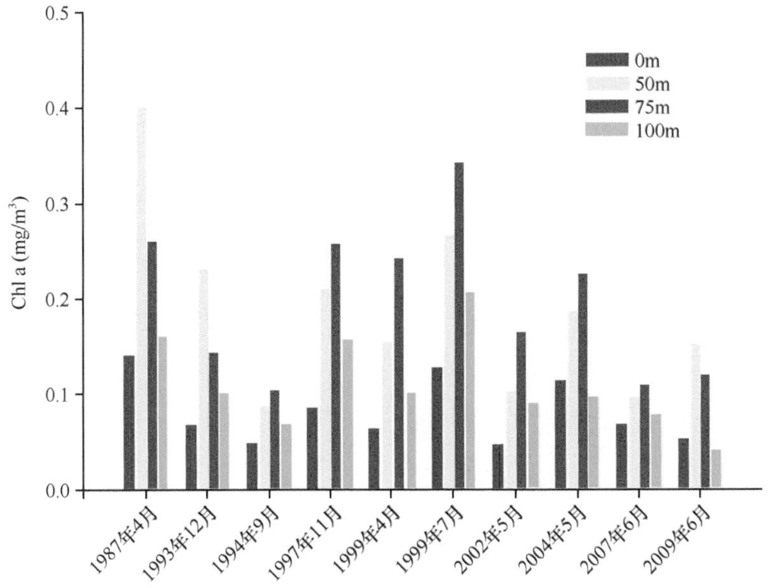

图4.24　南沙群岛海区不同水层Chl a含量的年际变化

1987～2009年最大值均出现在温跃层中部（75m或50m）

布出现拐点以下水层，这表明Chl a垂向分布与温跃层及上升流带来的营养盐补充有密切关系。

通过对2002年与2004年春季水文环境特征及Chl a分布的综合比较，来深入分析Chl a含量年际变化的潜在影响因素。对比图4.25和图4.26可知，2004年南沙群岛海区表层水温明显低于2002年，尤其在加里曼丹岛北部至中南半岛方向，存在大面积的低温区，相应地Chl a含量出现高值区，其普遍高于0.10mg/m^3，在加里曼丹岛北部近岸侧甚至可超过0.40mg/m^3。

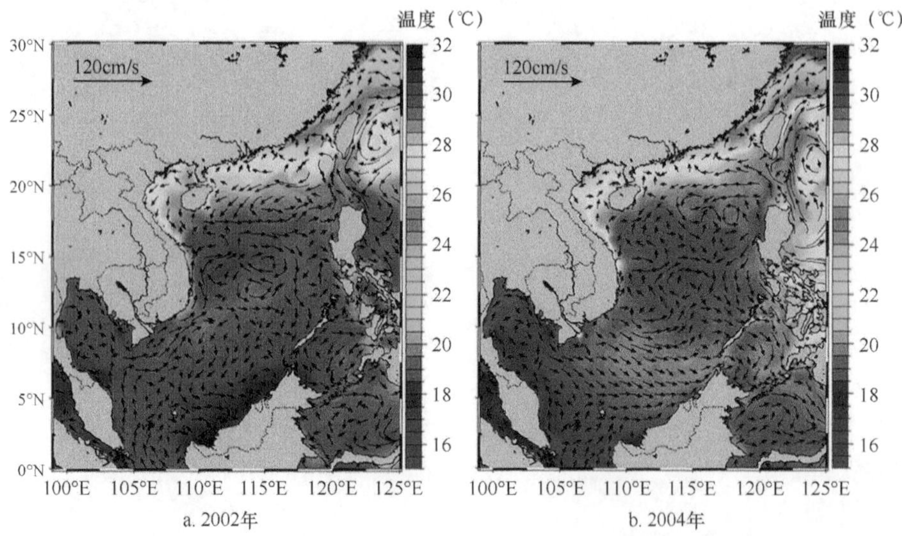

图4.25　不同年份春季南沙群岛海区表层流场及水温的分布特征

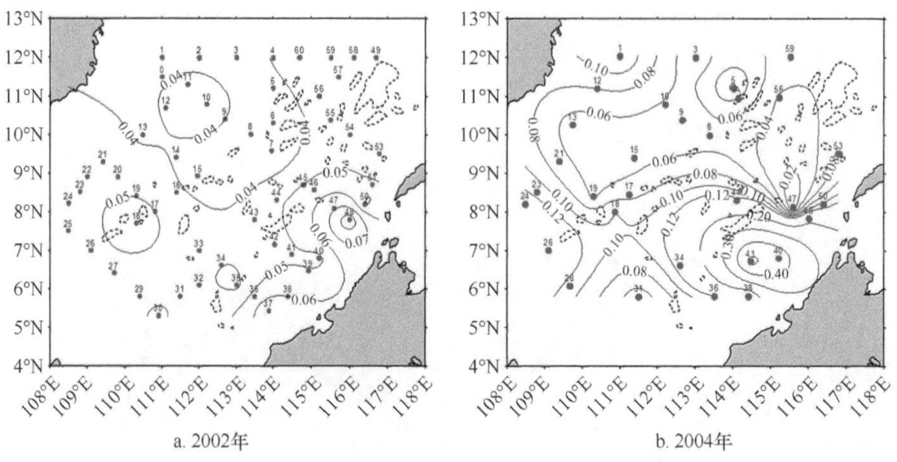

图4.26　不同年份春季南沙群岛海区表层Chl a的分布

结合实测温盐剖面数据（图4.27），南沙群岛海区2004年与2002年春季的观测结果相比，上层水体存在明显的低温高盐特征，也存在明显的垂向混合现象，对应的是该区域Chl a含量较高，这种现象在加里曼丹岛北部近岸区域（如44号站）尤为明显。对比同期Chl a的分布，这种垂向混合现象导致2004年该区域的Chl a含量高值区常分布在60m以浅水层，其中加里曼丹岛北部近岸区域（44号站）在表层出现了Chl a含量最大值，而2002年该区域Chl a含量普遍较低，且Chl a含量最大值均出现在75m水深处（表4.2）。

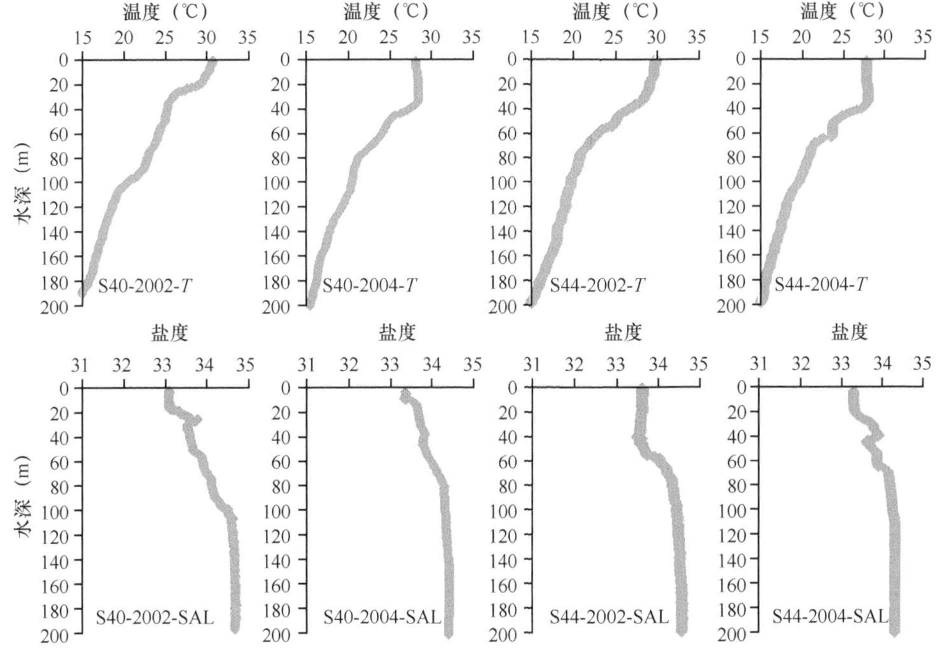

图4.27　不同年份春季南沙群岛海区代表性测站温盐的剖面特征

S40和S44分别为40号站和44号站

表4.2　不同年份春季南沙群岛海区代表性测站Chl a的垂向分布

2002年			2004年		
水深（m）	S40（mg/m³）	S44（mg/m³）	水深（m）	S40（mg/m³）	S44（mg/m³）
0	0.047	0.048	0	0.470	0.127
30	0.115	0.044	25	0.289	0.244
50	0.059	0.069	59	0.350	0.250
75	0.232	0.074	75	0.063	0.120
100	0.066	0.029	100	0.010	0.063
150	0.015	0.007	150	0.011	0.010
200	0.003	0.004	200	0.005	0.002

注：S40和S44分别为40号站和44号站

由于春季是季风转换期，这种现场观测期间春季风场的差异及其相应的水文环境效应，可能是造成不同年份Chl a分布差异的主要原因。上述实例也从某种角度验证了南沙群岛海区长时间尺度的气候变化可能对物理环境的年际变化特征起重要调控作用，进而对该海区生态过程的长期变化造成影响。

4.1.7 Chl a含量的遥感测量估算

遥感法测量海水中Chl a含量的最大优点是可以大面积、全天候进行测量，该方法在国内外得到广泛应用。Hierslev（1980）通过实验和理论分析，阐释了海洋中真光层深度和水色的关系，以及在真光层内浮游植物的现存量，提出可在海洋表面通过水色测定来确定浮游植物现存量和初级生产力。Ronald（1993）利用遥感观测资料推断了大洋生产力的垂向结构及其垂向积聚。Weeks（1996）根据CZCS（Coastal Zone Colour Scanner）数据研究了表层水温和Chl a分布之间的关系。徐瑞松等（1997）采用NOAA-11可见光至热红外波段的资料，对南沙群岛海区Chl a卫星遥感测量的可行性进行了初步探讨。陈楚群等（2001）基于SeaWiFS遥感资料，以1998年4个代表性月份的平均Chl a分布为例（图4.28），分析了南海海域（包括南沙群岛海区）表层Chl a的时空分布特征及其与环境因子的关系。由图4.28可见，南海海域Chl a空间分布的基本特点是近岸海域高、离岸海域低，以及海盆中岛礁周围较高。在南沙群岛海区的西部近岸区，受径流挟带陆源营养物质的影响，形成了以湄公河河口为中心的Chl a含量高值区。通常情况下，湄公河河口西南沿岸水域的Chl a含量高值区比河口东北沿岸水域的Chl a含量高值区的含量更高、范围更大、持续时间更长；Chl a含量高值区的消长与水动力变化及该水域各季节的沿岸流状况有关。在马来西亚近岸海区，也有一Chl a含量高值区，与沿岸各河流挟带的陆源营养物质有关，分布范围随季节而变化，其中心位置从冬季到春季有逐渐向北移动的趋势，可能与冬、春季的南海环流及来自苏禄海的海流有关。

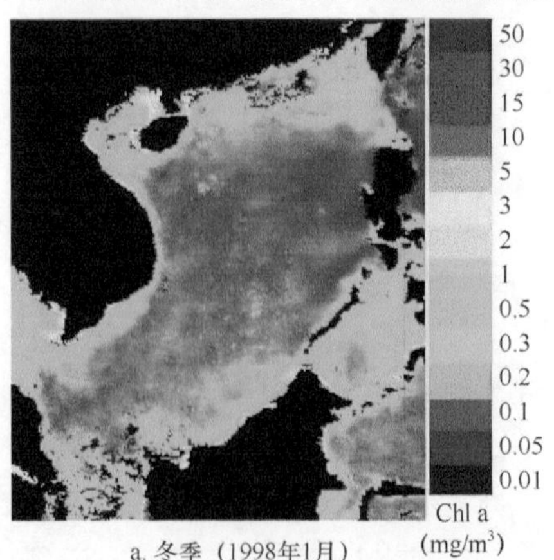

a. 冬季（1998年1月）

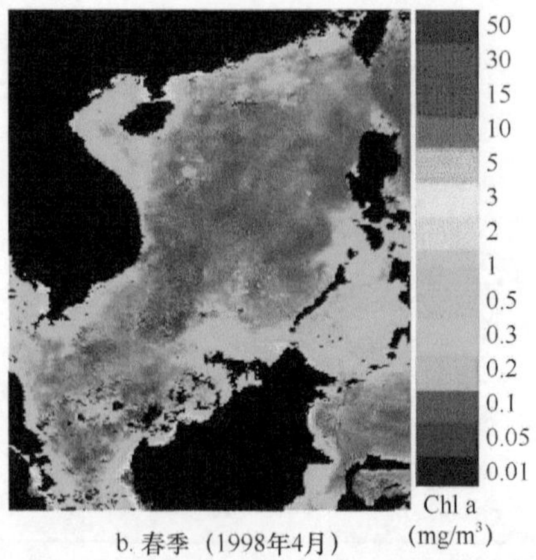

b. 春季（1998年4月）

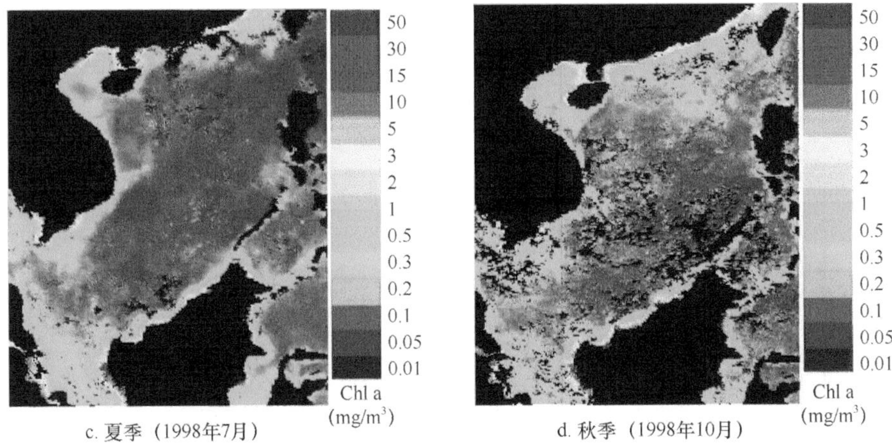

图4.28　南海海域Chl a分布遥感图（陈楚群等，2001）

根据徐锡祯等（1982）对南海环流的描述，结合Chl a的分布规律，分析南海环流对Chl a分布的潜在影响机制。由图4.28a可见，越南沿岸的Chl a含量高值区北部窄、南部宽，而马来西亚加里曼丹岛近岸的Chl a含量高值区南部窄、北部宽，Chl a的这一分布特征与冬季环流作用有关。春季是南海的季风转换期，但表层环流仍然维持着一个较完整的气旋型环流模式（图4.29b）。冬季，南沙群岛海区以巴拉巴克海峡口为界，存在2个小气旋型环流，受其共同作用及大环流的东翼北上流和春季海面偏东风影响，在巴拉巴克海峡以西海域形成纬向延伸、东宽西窄的Chl a含量高值区（图4.28a）。夏季，西南季风盛行，南海表层的环流与冬季的大致相

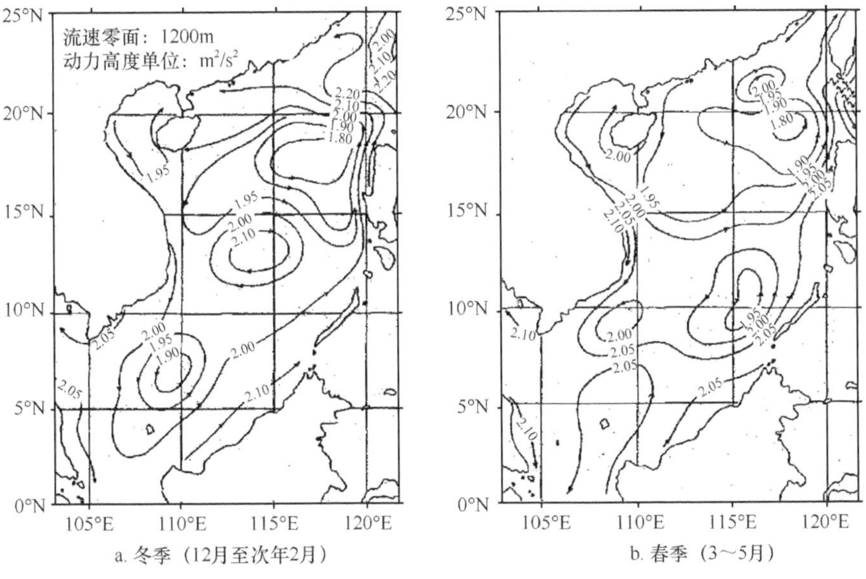

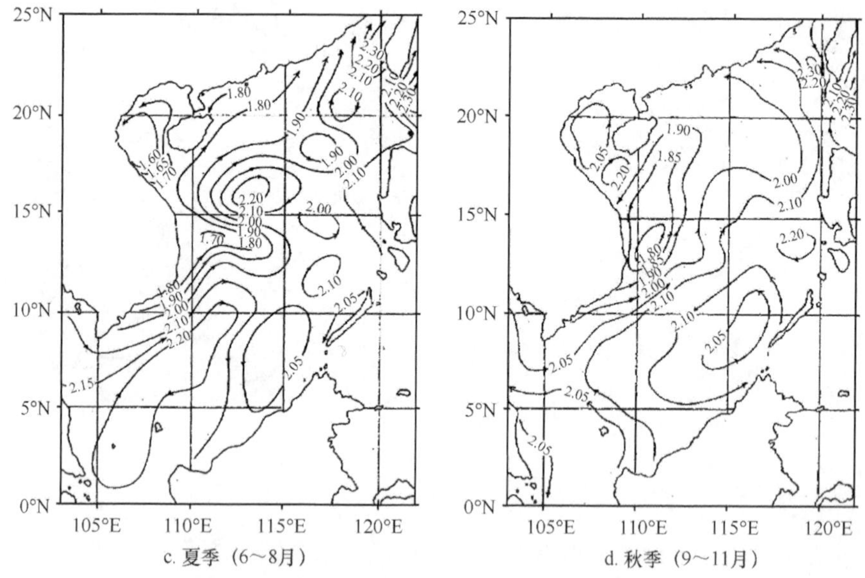

c. 夏季（6～8月）　　d. 秋季（9～11月）

图4.29　南海海域表层地转流特征（引自徐锡祯等，1982）

反，南海北部以东北向流动占绝对优势，同时在中南半岛以南吕宋岛以西及加里曼丹西北部诸海区，均为偏北流动所控制，表层几个较为显著的局部环流均位于南海西侧，在12°～14°N的越南沿岸海区附近呈西南-北东方向展布的Chl a含量高值区（图4.28c），主要与该气旋型环流及该海域的上升流有关。秋季，南海的西南季风自北向南迅速消退，东北向的流动只限于海区中部的范围内，越南沿岸的气旋型环流扩大了范围，12°N以南海域Chl a含量高值区比较宽广（图4.28d），与越南沿岸的气旋型环流的范围扩大相对应。从上述对比分析可以看出，Chl a的分布与南海环流状况具有良好的耦合关系，其分布的基本格局受南海环流结构的控制。

4.1.8　影响Chl a分布的主要因子

国内外学者对全球海区Chl a的时空分布格局进行了大量研究。不同海区Chl a的周日、季节、平面分布规律存在很大差异，但在垂向上，开阔海区次表层水体中一般存在Chl a含量最大值。在热带大洋海区，Chl a含量最大值通常位于50～75m水层。关于Chl a含量最大值层的形成和维持机制，有许多不同的观点和解释，尚无定论。Cullen（1982）指出，每个海区都具有深层Chl a含量最大值，但是它们的形成和维持机制非常不同。有研究认为其位于溶解氧含量最大值下方，亚硝酸盐薄层上方；Riley等1949年首次观察到Chl a含量最大值层在温跃层中、上部，这种现象被解释为缺乏营养的细胞沉降到高密度富含营养盐水层时下沉的速度减慢和低光照强度下单位细胞的Chl a含量较高所致。Longhurst（1976）发现西太平洋浮游动物含量最大值层与初级生产力最大值层紧密相关，这说明次表层Chl a含量最大值形成对次级生产的促进作用。Dandonneau（1983）提出一个模型来表示热带水域Chl a含量的垂向分布，证明了浮游植物含量在一定深度上下波动，Chl a含量最大值层是由营养盐跃层缓慢的生物侵蚀形成的。虽然上层浮游植物的垂向移动不明显，但Chl a的大部分垂向分布能够用水文曲线和浮游植物的生长特性或生理学适应之间的相互影响来解释。陈兴群等（1989）指出，次表层高值是Chl a的分布特征，Chl a的垂向变化与温跃层、盐跃层、营养层及光的分布有关，垂向积分的总量平面分布则与不同水团的消长有关，光合作用随水深的变化说明某些浮游植物适于低光下生长，这些生物的活动也会影响亚硝酸盐和溶解氧的分布。王桂云（1991）指出，热带西太平洋Chl a含量最大值层、亚硝酸盐含量最大值层与密度跃层和营养盐跃层密切相关。黄良民和陈清潮（1989）及黄良民（1992）研究了南海不同海区Chl a与海水荧光值的垂向变化，指出南海开阔海区普遍存在次表层Chl a含量最大值，主要在温跃层中部（50～75m水深处）；并根据实测数据，提出了现场荧光法测量海水中Chl a含量的经验公式。陆赛英（1998）的研究表明，东海北部的水动力环境如锋面涡、海洋锋和上升流等是促成Chl a含量极大值分布变化的重要环境要素，Chl a密集区离锋面远近的位置与锋面流速的跃变程度呈现一元线性负相关关系，可通过此相关关系来估计Chl a含量高值区的位置。

海洋中影响Chl a分布和变化的环境因子随时间推移和空间转换而变化。在不同的海区，不同的季节，甚至在一天中的不同时段，各种环境因子可能会对Chl a的分布和变化产生不同的影响。Koike（1982）对白令海峡北部富含硝酸盐和Chl a的冷水团在40km长的距离上进行了研究，得出在尤尼马克水道附近Chl a含量与硝酸盐含量成反比。蔡子平（1991）通过围隔实验指出，无机氮含量在14μmol/L以上时，对Chl a的影响不大；Chl a与活性磷含量有明显的相关关系；光照是影响Chl a的重要环境因子之一；Chl a与植食性浮游动物丰度变化关系密切。黄良民等（1994）指出，影响大鹏湾盐田海域Chl a含量变化的主要因子是Fe、COD、*S*，Chl a与DO、*T*、Tb、Mn、Si、PO_4^{3-}、NO_2^-也有较好的相关关系。Marra（1997）假设微粒衰减的相应日变化可以描述浮游植物碳的变化，建立了一个简单的、临时的模型进行分析，结果表明，在强光条件下，白天荧光值下降，而Chl a含量仍然增加；在弱光条件下，Chl a含量和荧光值的变化是一致的。

对南沙群岛海区而言，Chl a分布的变化同样受各种环境因子的潜在影响。根据实际测量资料，与Chl a同步测定的环境因子有水温（*T*）、盐度（SAL）、pH、总碱度（ALK）、碳酸盐碱度（CA）、碳酸氢盐（HCO_3^-）、碳酸盐（CO_3^{2-}）、磷酸盐（PO_4^{3-}）、硅酸盐（SiO_3^{2-}）、硝酸盐（NO_3^-）、亚硝酸盐（NO_2^-）、铵盐（NH_4^+）、二氧化碳（CO_2）、二氧化碳分压（pCO_2）、溶解氧（DO）、氧饱和度（O）、表观耗氧量（AOU）、总有机碳（TOC）、总有机氮（TON）、总有机磷（TOP）等。各种环境因子对Chl a分布的影响程度不同，如果用多元回归方法来拟合它们之间的关系将会因公式烦琐而不能体现出主要的影响因子。采用逐步回归方法分析，则可直观地表示出影响Chl a分布的主要因子。为了便于计算、使形式简单清晰和消除量纲的影响，首先将Chl a含量和各环境因子的实测数据标准化；设标准化后Chl a含量为因变量，各环境因子为自变量。从一个变量起，将各变量按其对Chl a贡献大小由大到小地引入到方程中。每引入一个因子，都对原变量进行检验。当新变量引入后造成原已引进的变量不显著时，则将其剔除。最后回归方程中只保留对Chl a有显著作用的因子，而将对Chl a作用不大的因子统统舍去。以冬、秋季为例分析结果如下。

冬季：

（1）显著性水平为0.05时，引入回归方程并保留的环境因子为T、SiO_3^{2-}：

$$\text{Chl a}=-1.39\times10^{-4}-1.13\times T-1.29\times SiO_3^{2-}\ (n=118,\ r=0.52)$$

（2）显著性水平为0.15时，引入回归方程并保留的环境因子为T、SiO_3^{2-}和CA：

$$\text{Chl a}=2.83\times10^{-4}-1.12\times T-1.32\times SiO_3^{2-}+0.13\times \text{CA}\ (n=118,\ r=0.54)$$

秋季：

（1）显著性水平为0.05时，引入回归方程并保留的环境因子为SAL、T和CO_3^{2-}：

$$\text{Chl a}=-0.91\times10^{-3}+0.63\times \text{SAL}+0.54\times T+0.36\times CO_3^{2-}\ (n=150,\ r=0.46)$$

（2）显著性水平为0.25时，引入回归方程并保留的环境因子仍为SAL、T和CO_3^{2-}。

因为环境因子对Chl a的贡献各不相同，所以设置不同显著性水平时，引入回归方程并保留的环境因子有所差异。盐度在秋季对Chl a分布有显著影响，是不可忽视的环境因子。无论是冬季还是秋季，水温都是影响Chl a的重要环境因子之一。

冬季显著性水平为0.05、0.15或秋季显著性水平为0.05时，拟合公式中均未出现磷、氮这两个重要的营养要素。南沙群岛海区上准均匀层属于寡营养海域，在次表层以上水体，可通过上升流或中尺度涡等物理过程，将营养盐含量高的深层水带入而使营养盐得以补充，但对于寡营养海域上层水体整体而言，这种动态的营养盐补充机制很难通过营养盐的现存含量体现出来，从而使定量分析复杂化。此外，水温与Chl a的关联不仅可能体现在水温对浮游植物生长的影响，还可能体现在上升流等物理过程带来的低温高盐水体对浮游植物生长的影响。值得指出的是，在南沙群岛海区这种复杂的环境里，浮游植物的生长受多种生态因子相互影响，其综合影响机制尚需获取更充分的数据来加以分析。

氮磷比（N/P）是影响浮游植物生长的一个重要指标，海洋浮游生物和大洋海水的N/P一般恒定在16，这一比值被称为Redfield比值。N/P高于Redfield比值，初级生产力受P限制；低于Redfield比值，则初级生产力受N限制。赤道以南和以北的水域及热带东北太平洋水域浮游植物生长主要受N限制（赖利和斯基罗，1985），长江口N/P=8.30时浮游植物的生长同时受N和P限制，大于此值时浮游植物的生长受P限制，小于此值时浮游植物的生长受N限制，最适宜浮游植物生长的N/P比为18。

南沙群岛海区水体的N/P存在显著的波动性。由表4.3可知，冬季上准均匀层（0～40m）N、P的平均含量都很低，分别为1.114μmol/L和0.346μmol/L，平均N/P只有3.22，说明上准均匀层N是浮游植物生长的潜在限制因子（赖利和斯基罗，1985）；上温跃层（50～90m）N、P的平均含量分别为7.502μmol/L和0.500μmol/L，N/P为15.00，略低于Redfield比值，整体上营养盐供应充足，所以出现Chl a含量高值；深层（100～200m）N、P的平均含量比较高，分别为10.948μmol/L和1.169μmol/L，但是此层在真光层以下，光照强度过弱，Chl a含量极低。总体上，N/P较低，平均为11.35，小于Redfield比值，所以可以认为冬季南沙群岛海区初级生产力的限制因子是N，这与Thomas（1966）和陈绍勇等（1997）的研究结果一致。

表4.3　冬季N/P的垂向变化

分层	上准均匀层				上温跃层					深层		
水深（m）	0	20	30	40	50	60	75	85	90	100	150	200
N（μmol/L）	0.080	0.180	2.501	1.694	0.917	15.613	2.183	0.349	18.449	6.448	11.651	14.745
P（μmol/L）	0.344	0.353	0.327	0.360	0.411	0.340	0.757	0.570	0.420	0.818	1.171	1.518
N/P	0.23	0.51	7.65	4.71	2.23	45.92	2.74	0.61	43.93	7.88	9.95	9.71
平均N/P	3.22				15.00					9.37		
Chl a	0.057	0.060	0.260	0.230	0.240	0.240	0.156	0.160	0.110	0.102	0.055	0.039
平均Chl a	0.152				0.181					0.065		

用同样的方法研究秋季N/P的垂向变化（表4.4），可见上温跃层（50～90m）平均N/P接近Redfield比值，加上水温、光照强度适宜，所以出现Chl a含量高值；上准均匀层（0～30m）平均N/P略高于Redfield比值，但接近表层的水体仍表现为潜在N限制；深层（100～200m）中200m水层N/P远远大于Redfield比值，但不能说浮游植物生长受P限制，因为200m已在真光层以下，初级生产力主要受光照强度的限制。

表4.4　秋季N/P的垂向变化

层次	上准均匀层			上温跃层				深层		
水深（m）	0	20	30	50	75	85	90	100	150	200
N（μmol/L）	0.605	1.293	4.138	3.750	7.882	3.020	13.237	10.434	15.603	145.728
P（μmol/L）	0.106	0.159	0.080	0.245	0.466	0.370	0.590	0.761	1.110	1.555
N/P	5.71	8.13	51.73	15.31	16.91	8.16	22.44	13.71	14.06	93.72
平均N/P	21.85			15.70				40.49		
Chl a	0.063	0.070	0.037	0.095	0.092	0.133	0.101	0.063	0.029	0.021
平均Chl a	0.057			0.105				0.038		

如果以N/P=16这一Redfield比值来综合评估浮游植物对水体N、P的整体可利用性，可发现在90m以浅水体，冬季在60m水层、秋季在75m水层的整体可利用性最高，这与Chl a含量高值分布的水层基本一致；而90m以深水体的光照强度变弱，其成为限制浮游植物生长更重要的因子。

综上所述，南沙群岛海区属热带寡营养海域，Chl a的影响因子主要体现为营养盐补充的直接或间接的物理与环境过程，如陆源输入、季风和地形驱动的环流、近岸上升流和中尺度涡等物理过程及相应的环境效应，在垂向上，还受光照强度的限制性影响，由此造成其在时空分布上的变化。

4.2 初级生产

海洋初级生产是海洋生态系统物质循环和能量流动的重要环节，对于海洋生物资源的可持续利用、生物地球化学循环、海洋物质通量和海洋生态动力学模型等研究有重要意义。海洋初级生产的基础是初级生产者的光合作用，即海洋中的初级生产者利用太阳光能通过吸收环境中的无机物质来制造有机物并储存能量的过程。光合作用速率与初级生产力的大小有密切关系，因此，测定光合作用速率是研究初级生产力的重要手段之一。

测定初级生产力的方法有^{14}C同位素示踪法（又称放射性碳法，简称^{14}C法）、叶绿素估算法、溶解氧法、光谱遥感法等。其中，最为常用、最为敏感的方法是^{14}C法。该方法由Steemann-Nielsen于1952年首次提出并应用于海洋浮游植物光合固碳的测定，同时Steemann-Nielsen指出水温、光照强度和营养盐含量对于浮游植物的生产速率有决定性的意义，浮游动物对浮游植物的消耗也不可忽视。考虑到水体内微生物、浮游动物等的呼吸作用，利用浮游植物光合作用释放氧并结合其生物量来推断海洋初级生产力的做法会存在较大误差。Steemann-Nielsen（1952）认为^{14}C法可以达到±5%的准确度，但是此法不适于测量较低光照强度条件下的光合作用强度。Berner等（1986）利用一个高速氧化池作为模型系统，比较了^{14}C法和溶解氧法测定水域初级生产力的优缺点。结果表明，在浮游植物种群密度较高时，利用^{14}C法测量的值过低，而利用溶解氧法测得的初级生产力与现场计算机模拟模式的计算值及同一水池在相同条件下获得的实测值十分一致。Berner等（1986）还报道了不同粒级浮游植物光合作用速率的观测结果，特别强调了微型浮游植物在系统总生产量中的重要性。宁修仁（1988）考虑到浮游植物在水体内会随水体混合而上下浮动，设计研制了一种新型的垂直旋转培养系统，用于浮游植物光合作用速率的现场测定，效果良好。Ishimaru（1985）使用荧光技术测定了浮游植物的光合作用速率，以荧光诱导的动力学分析为依据，根据Q（光系统Ⅱ的光反应初级电子受体）的还原作用、水样中现存Q^+至Q的还原速率估算光合作用速率。遥感技术应用于海洋初级生产力的研究也不断走向成熟。Deschamps（1977）利用射线探测仪对赤道上升流区的水色进行了测量，根据测量结果分析了大洋海水中蓝、绿两种波长不同光反射率的航空测量结果与Chl a含量的关系。Hierslev（1980）通过实验和理论方法阐述了海洋中真光层深度与水色的关系，提出在真光层内浮游植物的现存量和初级生产力可以通过水色近似地确定，并认为目前在海洋表面通过卫星技术遥测水色时，其准确度相当高。

对初级生产力测定方法的研究，最终目的是为更准确地测定海洋初级生产力，分析初级生产力的分布和变化规律，探索海洋环境因子与初级生产力的关系，为初级生产力的评价和预测提供可靠的原始数据。彭兴跃和洪华生（1997）利用^{14}C示踪比较了静置培养法、现场悬挂式培养法、旋转式培养法等估测初级生产力的结果，认为培养过程的扰动非常重要，而且培养时间不应超过2h，否则会造成较大的误差，旋转式培养法的稳定性和准确性比静置培养法高。Harding（1982）研究了浮游植物光合作用的昼夜周期性对初级生产力的影响，提出应用光合作用和光照强度之间的相关模式与斜率（a）和渐近线（P_{max}）以提高初级生产力估测模式的准确性。Yentsh（1981）指出，由于太阳辐射的季节变化及间接扰动力——风的作用，混合层深度可加深或变浅，当达到最佳混合深度时，也就达到了对混合水体中浮游植物的生产量有利的最佳条件。近年来，一些学者还发现太阳紫外线辐射对浮游植物固碳兼具促进和抑制效应，且与光照强度（Gao et al.，2007）和浮游植物细胞的大小（Li and Gao，2013）密切相关，证实了光照强度较低的阴天紫外辐射可以提高近岸表层水体的生产力，而抑制外海水体的生产力（Li et al.，2011a）。同时，受外界环境因素季节性变化的影响，冬季南海近岸优势浮游植物的粒径较小，而夏季的较大，虽然冬季阳光辐射比夏季弱，但由于水温低，细胞修复紫外辐射损伤的效率较低，紫外辐射抑制效应较高（Li and Gao，2012）。自然环境中，太阳紫外线可以透射水体真光层深度的60%以上（李刚，2009），因此生活在真光层的浮游植物不可避免地暴露于紫外辐射下，而传统的用于测定初级生产力的培养容器（玻璃或聚碳酸酯材质）均不透或仅透部分紫外线，使用这些容器培养、测定初级生产力会造成超过40%的测量误差（高坤山，2014）。此外，水温影响细胞内系列代谢活动，进而影响初级生产，在水温垂向变化较大的区域（例如，夏季南海海域温跃层深度在50m左右，表层与温跃层底部温差可高达10℃）必须考虑水温对浮游植物初级生产力的影响；据估测，在南海外海区用表层海水控温测定初级生产力，会高估Chl a含量最大值层生产力的5%～40%（李刚等，2018）。Matsumura（1990）定义了初级生产力函数，并指出与Chl a含量相比，初级生产力的垂向分布受有效光合辐射的影响，这意味着海面光学资料适用于估算真光层水体内的初级生产力。Colijn和de Jonge（1984）在研究埃姆斯-多拉德河口微型底栖藻类的初级生产力时发现，在沉积物表层（0.5cm），Chl a含量与初级生产力关系明显，并提出一个解释限制微型藻初级生产力的假说。雷鹏飞（1984）指出，在高氮低氧的上升流核心区，初级生产力不高，次级生产力也很低。朱明远等（1993）研究了黄海海区的初级生产力，指出黄海的初级生产力有明显的季节变化，春季最高，冬季最低，高生产力区位于长江口外海及黄海北部，该海区初级生产力平均值为200～500mg C/(m^2 • d)。珠江口及大亚湾的Chl a和初级生产力也明显存在季节变化，其分布变化与N、P等营养盐含量密切相关（Huang et al.，1989，1997）。近年来的研究发现，大亚湾海域浮游植物生长由N限制逐渐转变为P限制（Wang et al.，2008；Li et al.，2011b）。然而最新的研究结果显示，大亚湾海域N是控制其浮游植物生长的最关键营养元素（Song et al.，2019）。吕瑞华等（1995）测定了廉州湾及其邻近水域的初级生产力，并分析了其分布和变化规律，指出初级生产力最大值并不在表层，而是在表面光照强度30%～50%的深度上，这是由于表层光照强度过大，抑制了浮游植物的光合作用。这一现象在亚热带和夏季温带水域普遍存在。热带西太平洋开阔海域的Chl a分布存在次表最大值层，由于营养盐缺乏，初级生产力普遍较低（陈兴群和陈其焕，2000；黄良民和陈清潮，1989）。而南海北部海区由于受沿岸流和上升流的影响，初级生产力较高，初级与次级生产的转化效率为11%，夏季大于冬季（黄良民等，1997）。焦念志等（1998）测定了东海海区春季的初级生产力，结果表明，初级生产力与水团和海流有密切的关系，高生产力区出现在锋面区和沿岸上升流区，低生产力区出现在河口浑浊区和外海寡营养区，并且东海初级生产力的限制因子是营养盐可获得性和光照条件。David等（1998）指出，寡营养开放海区甚至整个海洋的初级生产力可能比过去几十年野外考察估算的量大得多。经12h ^{14}C现场培养测得的颗粒性有机碳（POC）的日间产量，平均达到472mg C/(m^2 • d)，比1980年之前估算的结果高2～3倍。由于^{14}C标记的溶解有机碳会被滤膜吸附，颗粒性有机碳估算值可能过高，最高可达30%。但是，如果考虑已生产的^{14}C标记的溶解有机碳未被滤膜吸收，则北太平洋亚热带海区的总初级生产力可达1g C/(m^2 • d)。颗粒性有机碳与溶解有机碳之间的平衡将对食物网的结构产生重大影响，特别是对浮游植物与异养细菌群落间的相互作用及该碳被海洋生物泵和微生物碳泵吸收的过程与速率（Jiao et al.，2010a，2010b）。Yvonne和David（1998）指出，溶解无机碳来源于上层水体、间隙水体或二者皆有，对利用^{14}C法进行硅藻初级生产力的估算有明显的影响。此外，他们还估计了增加^{14}C的量和光培养时间对测量结果的影响及光合作用吸收对^{14}C最终分布的影响，认为预培养时间和光合作用吸收都会影响^{14}C的最终分布，但光合作用吸收的影响较大。

海洋初级生产力是预测海洋生态系统动态变化的重要基础。研究海洋初级生产力的组成、分布、结构及其与海洋环境因子和浮游动物之间的动态关系，建立海洋初级生产力模型，既可以定量地、动态地了解海洋初级生产力的数量和分布，又能够模拟并预测海洋物理、化学等环境因子的变动对海洋生物生产力和海洋生态平衡的影响，揭示海洋生态系统的变化机制。Jackson（1983）提出了一个描述^{14}C标记培养实验中浮游植物生长的碳量变化模型，并给出在利用该模型确定比生长速率和生产速率时浮游动物摄食造成的误差范围；同时指出，随着比生长速率和培养时间的增加，测量误差也在增加，误差范围是比生长速率的函数。类似的证据表明，在低生产速率的寡营养区，排泄有机物被细菌吸收不会造成很大误差。Behrenfeld和Falkowski（1997）提出一个光－深度－碳固定模型，该模型将影响初级生产力的环境因子分为影响初级生产力的相对垂向分布和控制生产速率剖面最佳同化效率两种类型，认为计算浮游植物碳固定速率的准确性主要取决于对生产力剖面变化描述的准确性，在建立生产力模型时，应该重视时空分布规律，而不是垂向变化；他们比较了不同初级生产力模型，指出在所有初级生产力模型中水体初级生产力都可以用表层浮游植物生物量（C_{Surf}）、光适应变量（$\mathrm{Pb}_{\mathrm{op}}$）、真光层深度（$Z_{\mathrm{eu}}$）、光依赖函数（$F$）和昼长（DL）的函数来表示，各模型的主要差异在于对光依赖函数的描述。他们还指出，如果表层浮游植物生物量和光适应变量取相同的参数，各模型之间或模型内部各种对水体初级生产力的估算值都有高出10%的趋势；全球初级生产力估算的差异主要取决于输入生物量和光适应变量估计的差异，而不是模型结构的差异。Richard等（1998）提出了一个新的调整模型，描述了浮游植物生长速率和Chl a：C、N：C与光照强度、水温和营养盐之间的关系，该调整模型使用了浮游植物生物量的3个参数——浮游植物C、N和Chl a的含量。Lévy等（1998）发展了生物模型（BIOMELL），用于模拟主要N源的库存量和流通量随时间的变化，结果表明，生物化学模型中经常被忽略的多个过程必须要考虑，如垂向混合深度对浮游植物生长的限制，以及光照、硝化作用和半溶性有机物质在表层的积累过程对C：Chl a的影响。Lucas等（1998）利用多个包含生物－水动力学过程的模型研究了河口水域水华发生的基本规律，指出虽然持久性的层化现象大大增加了水华发生的可能性，但在未层化水体中半日周期的层化并不增加浮游植物水华的可能性。因此，对于水华来说，短期层化的物理作用与完全混合相似，不同于持久性的层化。而且，了解持久性层化的细节很重要：表层混合深度、密度跃层及其厚度、垂向密度差异及潮流流速都将对水华发生条件的形成过程产生重大影响。Kühn和Radach（1997）发展了大洋生态系统一元模型，应用于研究春季水华，成功地预测了水华的发生和持续过程、净初级生产力及其日变化、颗粒有机氮输出到海底的通量、细菌的生产力和水体内氮的再生，并指出植食性动物的摄食延迟了水华的发生。

海洋初级生产力结构是海洋初级生产力研究的新热点之一。焦念志等（1993）指出，这一概念能够表达初级生产力的内涵，有助于加深对初级生产过程的认识和理解，以及阐明初级生产力在生态系统中的作用和功能；并提出海洋初级生产力结构包括组分结构、粒径结构、产品结构和功能结构。Malone（1980）、Li和Gao（2013）讨论了不同粒级海洋浮游植物的初级生产力。Ortner（1983）提出了一种测定初级生产力在各组分之间分配关系的方法：对^{14}C标记和未标记的浮游植物进行培养后，用密度离心分离法将其分为若干平行的亚种群，然后测定各个亚种群的生物量。高亚辉等（1994）研究了厦门港浮游植物Chl a的分布，指出微型（3～20μm）浮游植物是初级生产者的最主要组成者，其次才是小型（20～200μm）和微微型（＜3μm）浮游植物，所以在定量研究浮游植物时，用采水的方法采集浮游植物比网采方法更客观。Li等（2012a）研究南海表层浮游植物初级生产力的空间变化时发现，该海域微微型（＜3μm）浮游植物对总Chl a的贡献率约为80%，其对总初级生产力的贡献率超过60%，小型（＞20μm）和微型（3～20μm）浮游植物对生产力的贡献率分别约为15%和10%。Iriarte等（1993）测定了微微型（＜3μm）浮游植物、微型（＜25μm）浮游植物和网采浮游植物（＞25μm）的Chl a含量，结果表明，春末网采浮游植物的生物量占浮游植物群落生物量的68%；而初春微微型和微型浮游植物占比较高，占浮游植物群落生物量的67%。焦念志和王荣（1994）研究了胶州湾浮游植物初级生产力的光动力学特征和产品结构，指出浮游植物细胞越小，对光的竞争力越强，光合过程中溶解有机碳的释放主要受光的控制，在一定光照范围内溶解有机碳的绝对释放量随光照强度的增强而增加。

4.2.1 潜在初级生产速率的垂向分布

潜在初级生产速率是指单位体积水体内的初级生产者在单位时间内同化的有机碳的量。根据现场观测试验，对南沙群岛海区潜在初级生产速率的垂向分布规律进行分析。

春季，南沙群岛海区潜在初级生产速率的最大值可达0.81mg C/(m^3·h)，多出现在20m水层，在5个测站中有4个出现在该深度；次大值比较分散，表层和50m水层各出现2次；最小值都出现在150m水层，100m水层的潜在初级生产速率也较小（图4.30）。各水层平均潜在初级生产速率的最大值在20m水层，约为0.58mg C/(m^3·h)，次大值在表层，从20m至150m呈递减趋势。夏季，潜在初级生产速率的变化比春季复杂，致使其垂向分布趋势的规律性不明显（图4.31），最大值在表层、20m水层、50m水层和75m水层都有出现，但仍以20m水层为主，各水层平均潜在初级生产速率的最大值约为0.59mg C/(m^3·h)；次大值多出现在20～50m水层，100m和150m水层潜在初级生产速率仍然很低。夏季初级生产力较高的水层比春季深，这与Chl a的垂向分布一致（见表4.1，0.2mg/m^{3}以上的高Chl a平均值在春季仅出现于75m水层，而在夏季可达100m）。潜在初级生产速率的最大值大多分布在20m水层而不是表层，这除了与表层营养盐含量较低有关（黄良民，1991；中国科学院南沙综合科学考察队，1989b），热带或亚热带海区较强的光照对表层浮游植物的光合作用也有一定程度的抑制作用（Li et al.，2011a；Li and Gao，2013）。虽然75m水层存在Chl a含量的最大值，营养盐含量也远高于表层，但由于光照强度较低，其潜在平均初级生产速率只有表层的50%左右；同样在100m和150m水层，营养盐含量比75m水层更高，但随着光照强度的迅速衰减，潜在初级生产速率明显下降（图4.30，图4.31，表4.5）。这也充分说明光照强度是影响潜在初级生产速率的关键因素，与营养盐可获得性一样是初级生产力的重要限制因子（焦念志等，1998；Li et al.，2013b）。

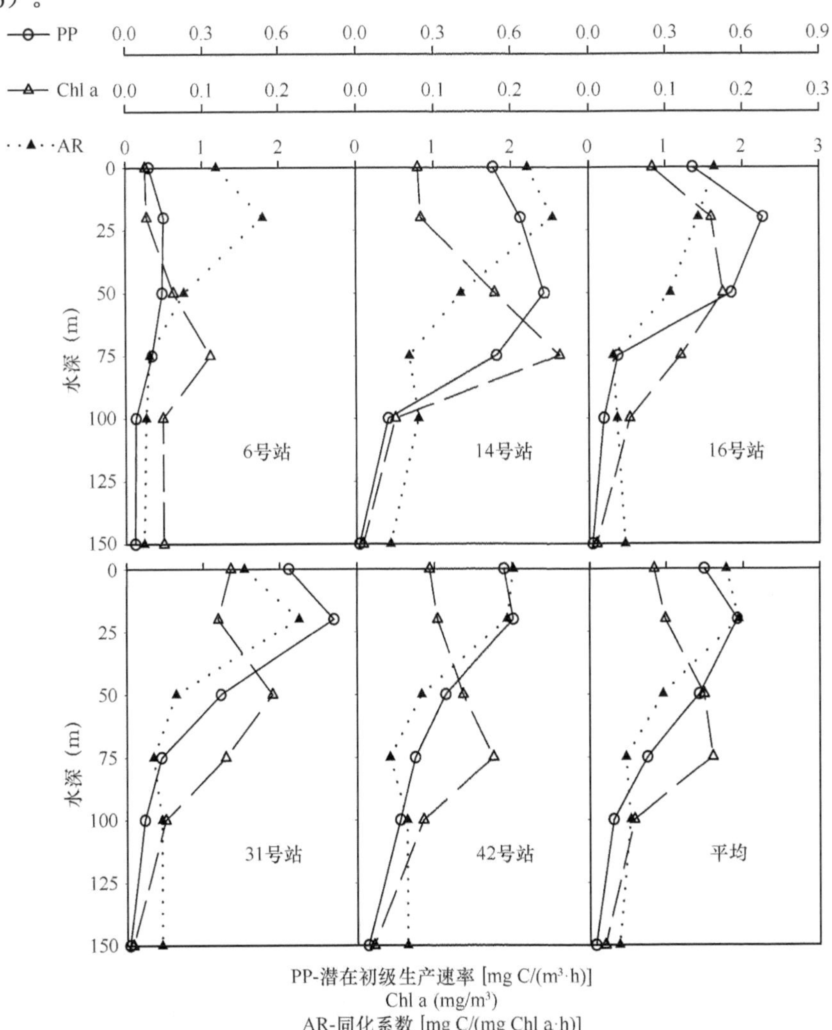

图4.30　春季潜在初级生产速率、Chl a和同化系数的垂向分布

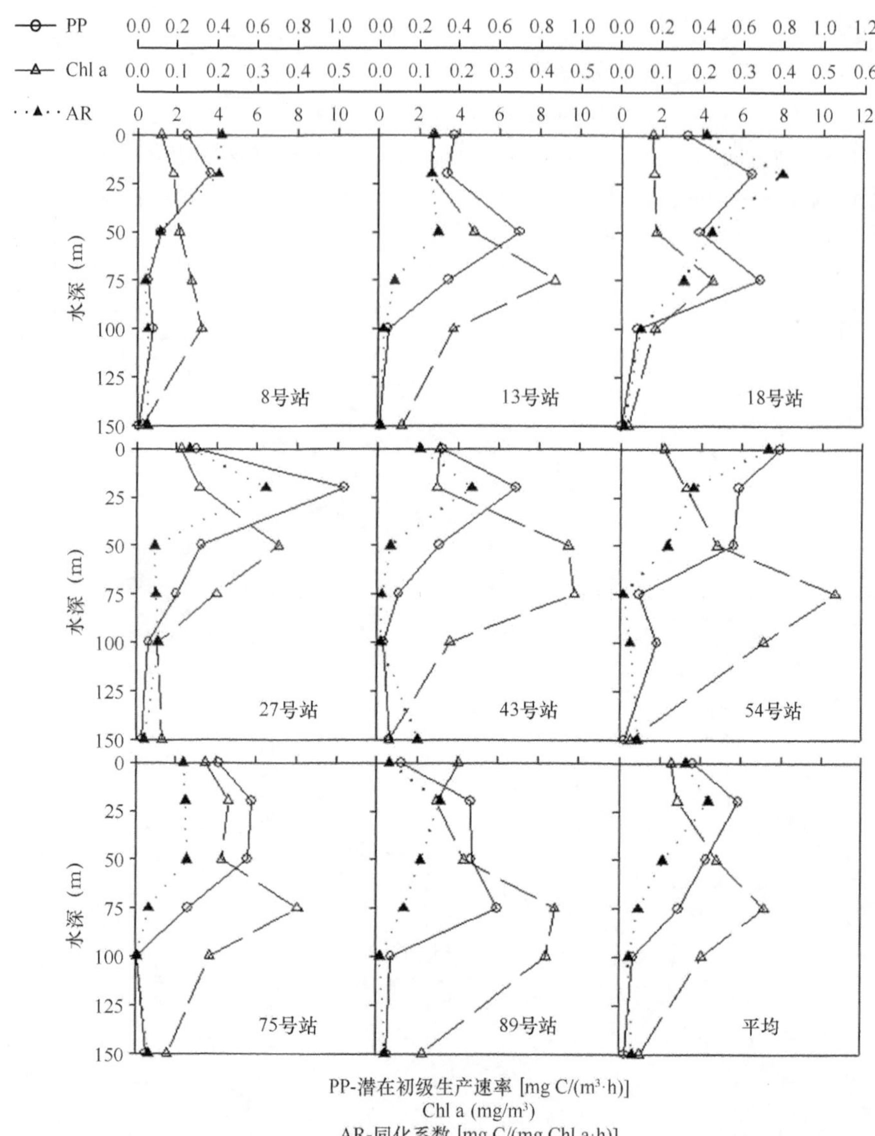

图4.31　夏季潜在初级生产速率、Chl a和同化系数的垂向分布

表4.5　春、夏季潜在初级生产速率的比较

水层（m）	春季平均值P_1[mg C/(m^3・h)]	夏季平均值P_2[mg C/(m^3・h)]	P_2/P_1
0	0.447	0.408	0.91
20	0.577	0.662	1.15
50	0.428	0.482	1.13
75	0.225	0.330	1.47

续表

水层（m）	春季平均值P_1[mg C/(m^3・h)]	夏季平均值P_2[mg C/(m^3・h)]	P_2/P_1
100	0.092	0.080	0.87
150	0.023	0.033	1.43
平均	0.272	0.306	1.13

4.2.2　同化系数的垂向变化

同化系数是指初级生产者单位质量的Chl a在单位时间内同化的无机碳的量，以mg C/(mg Chl a・h)为单位。同化系数不仅与初级生产速率和Chl a含量有直接关系，还因海区、季节、水层、天气等因素的变化而变化。

南沙群岛海区春、夏季同化系数的垂向分布特征很相似（图4.30，图4.31）。同化系数的最大值和次大值大多出现在20m水层或表层；在20～75m水层，Chl a含量呈递增趋势，但光照强度减弱导致初级生产速率下降，二者共同作用使同化系数随水深的增大而迅速降低；在75～150m水层，同化系数及其变化幅度较小，在该水层内，Chl a含量急剧下降，特别是100～150m水层，Chl a含量和光合作用速率都很低，水体内复杂的环境因素对试验结果的影响较大，使同化系数的垂向分布显得没有规律性。珊瑚礁潟湖表层的同化系数普遍较大，平均值约为10mg C/(mg Chl a・h)。受珊瑚礁潟湖内外水体交换的影响，越靠近珊瑚礁的海区，表层的同化系数越大，反映出珊瑚礁潟湖内的同化效率高、物质循环快，也进一步证明了潟湖内初级生产速率大于开阔海域，因而其被誉为“大洋中的绿洲”（黄良民等，1997；吴林兴和林洪瑛，1991）。

4.2.3　海区初级生产力的平面分布

利用各水层的同化系数和Chl a含量，估算海区各测站的真光层水体内初级生产力的日累积量，得出海区内水体初级生产力的平面分布。春季，水体初级生产力的高值出现在9°～10°N、114°～115°E，达700mg C/(m^2・d)，并沿周边方向逐渐递减，在九章群礁与巴拉巴克海峡之间梯度变化较大（图4.32a）；中部和西南部海区变化缓慢，初级生产力为450～600mg C/(m^2・d)；低值区出现在西北部靠近中南半岛的海区，初级生产力低于300mg C/(m^2・d)。夏季，初级生产力的平面分布与春季相差很大，高值区出现在西北部海区，最高值超过1000mg C/(m^2・d)（图4.32b）；高值区和低值区之间梯度变化很大，在中部和西南部海区初级生产力分布仍然较均匀，为500～700mg C/(m^2・d)，与春季相近。比较Chl a与初级生产力的平面分布可以看出，虽然夏季初级生产力的平面分布与表层和75m水层Chl a的平面分布相似，但春季初

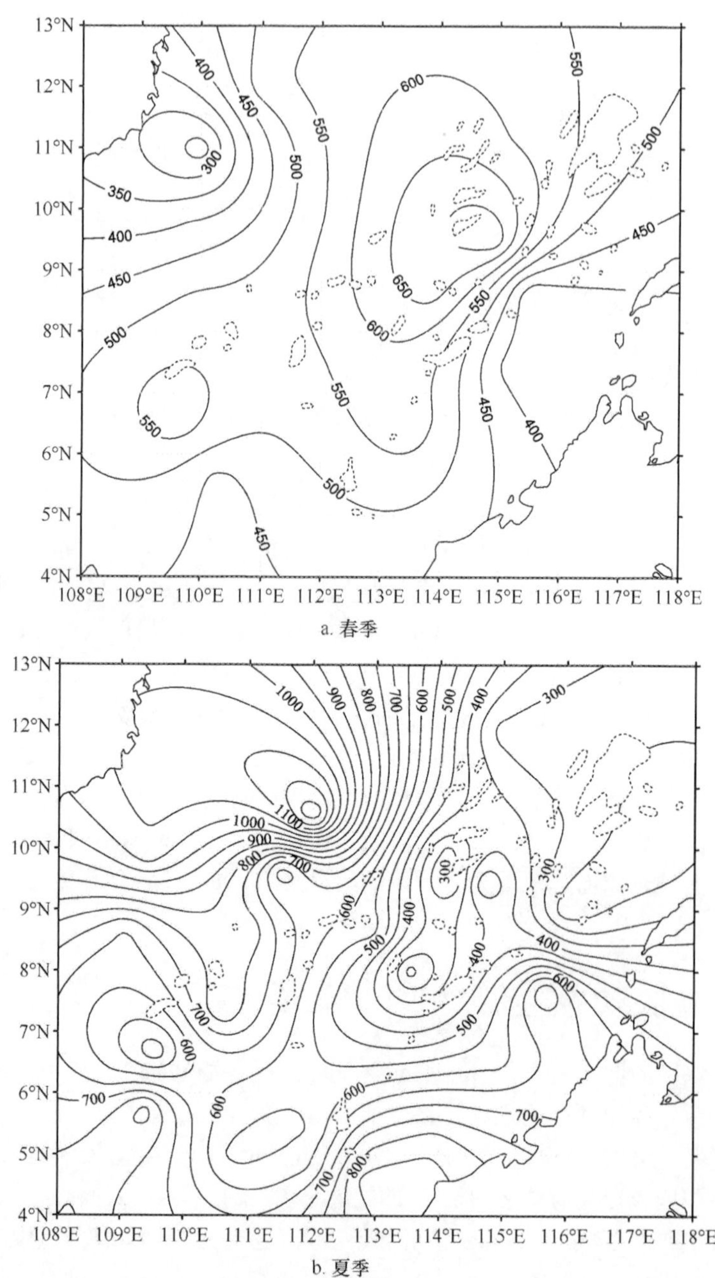

a. 春季

b. 夏季

图4.32　初级生产力的平面分布［单位：mg C/(m^2·d)］

级生产力的平面分布却与表层的Chl a分布有较大的差异，因此，仅通过测定表层Chl a来估算水柱的初级生产力可能会造成较大的误差。利用真光层内各水层Chl a含量和相应的同化系数，可估算各水层的初级生产速率，再算出水柱初级生产力，是一种较可靠的估算方法。

4.2.4　海区和潟湖初级生产比较

珊瑚礁潟湖初级生产速率、Chl a含量和同化系数的平均值均比外海区高。珊瑚礁潟湖具有特殊的生态环境，其浮游植物的种类多、丰度高（中国科学院南沙综合科学考察队，1989a）。潟湖海水水层之间的交换作用较强，化学要素的稳定性较低，时空变化较明显，潟湖海水的无机氮较贫乏，表层水中普遍监测不出NO_3^--N。由此可见，对于珊瑚礁潟湖生态系统来说，它的物质循环是相当快速的，营养物质主要存在于生物体内，而不是环境中，这可能是珊瑚礁潟湖Chl a含量较高的主要原因之一。虽然珊瑚礁潟湖营养盐较为贫乏，但溶解氧含量较高。过去对珊瑚礁潟湖初级生产力水平高低变化存在不同的观点。然而，从本试验分析的结果来看，在潟湖内单位水体的初级生产速率、Chl a含量和同化系数分别是海区真光层积分平均值的6倍、3倍和2倍（表4.6）。若仅比较表层和20m水层，潟湖内单位水体的初级生产速率和Chl a含量也比海区相应水层高2～4倍，虽然二者同化系数比较接近（表4.7）。珊瑚礁潟湖能够在营养盐较缺乏的环境下保持较高的初级生产力和生物生产力，可能原因是潟湖具有特殊的生态环境、丰富的物种和高效的食物网，加速了营养盐在无机环境与生物链之间的循环和重新利用，缩短了营养物质的循环周期。利用^{14}C法测定珊瑚礁潟湖的初级生产力，有利于了解珊瑚礁生态系统的基础环节，如果能对更多的岛礁进行长期的研究，可为揭开珊瑚礁潟湖的神秘面纱、认知珊瑚礁生态过程与功能的维持机制、合理开发和保护珊瑚礁资源提供理论依据。

表4.6　春季珊瑚礁潟湖与海区真光层初级生产力的比较

测站	初级生产速率［mg C/(m^3・h)］	Chl a（mg/m^3）	同化系数［mg C/(mg Chl a・h)］
永暑2	0.760	0.203	3.74
赤瓜3	1.857	0.254	7.31
南薰3	0.810	0.184	4.40
渚碧3	2.623	0.423	6.20
平均	1.513	0.266	5.41
6	0.091	0.057	1.60
14	0.406	0.110	3.69
16	0.377	0.113	3.34
31	0.292	0.100	2.92
42	0.288	0.091	3.16
平均	0.272	0.094	2.94

表4.7 珊瑚礁和海区0～20m水层浮游植物生物量和生产力的比较

		水深（m）	初级生产速率［mg C/(m³·h)］	Chl a（mg/m³）	同化系数［mg C/(mg Chl a·h)］
岛礁	春季	0	1.401	0.184	7.61
		20	1.679	0.394	4.26
海区	春季	0	0.447	0.084	5.32
		20	0.577	0.099	5.83
	夏季	0	0.363	0.128	3.28
		20	0.588	0.144	4.38

4.3 新生产力

海洋新生产力（new productivity）是评估海洋生物资源的重要指标，过去对其研究较少。Dugdale和Goering（1967）利用^{15}N标记的化合物测定了浮游植物对不同来源氮的吸收率，从而得出有多少初级生产力是由新固定的氮而不是利用循环降解的氮支撑的，并提出了新生产力的概念。浮游植物所吸收的氮源可划分为新生氮源和再生氮源，在真光层中再循环的氮为再生氮，它所支持的那部分初级生产力称为再生生产力（regenerated productivity）；由真光层以外输入的氮为新生氮，它所支持的那部分初级生产力称为新生产力。因此，新生产力是初级生产力的一部分。由于外源输入的氮主要为NO_3^--N，再生氮源主要为NH_4^+-N，因此一般也把由NO_3^--N支持的那部分初级生产力称为新生产力，而由NH_4^+-N支持的那部分初级生产力称为再生生产力。

新生产力的提出，把海洋初级生产力划分为两部分，即新生产力和再生生产力，从而使海洋水层生态系统的物质迁移、能量传递、营养元素再循环的研究进入一个更深的层次，对生态系统理论研究和生物资源评估都具有重要的意义。海洋是地球上最大的碳库，在全球碳循环过程中起着举足轻重的作用，而海-气界面碳的净通量很大程度上由新生产力决定，可用于估计海洋真光层从大气中吸收二氧化碳的能力（焦念志等，1993）。新生产力的概念更准确地反映了海洋生态系统中初级生产者和消费者之间的关系，是海洋初级生产力理论的重要补充，为研究海洋生态系统的营养结构和功能、建立海洋生态系统动力学模型提供了新的理论依据，对解决温室效应等全球性问题具有重要的参考价值。新生产力的研究已引起国内外海洋科学界的重视，并作为了解生源要素生物地球化学循环过程和海洋对全球气候调节与全球变化反应的重要手段而被纳入一些重大的国际性研究计划，在全球范围内开展研究（焦念志等，1993，1998）。

关于新生产力的研究，国外经过30多年发展，在理论上和技术上都已逐渐成熟，并提出了一些新的概念。Eppley和Peterson（1979）将新生产力与真光层的输出生产力联系起来，并提出“将比”（即新生产力与总初级生产力的比值）和“即值”（即颗粒态营养元素沉降出真光层之前的循环次数）的概念。Harrison等（1983）研究了夏季大西洋新月湾的营养动力学，指出在整个海湾的真光层中，浮游植物对NO_3^-和NH_4^+的吸收速率在大小与垂向结构上十分相似，而且微型浮游生物的NH_4^+再生率表现出比较稳定的垂向结构。氮盐是浮游植物进行光合作用所需的重要营养盐之一，氮也是浮游植物体内含量较稳定的元素之一，而且N/C和N/P通常较固定，因此氮同位素示踪法是研究新生产力的主要手段。Furnas（1983）采用^{15}N法对罗得岛Narragansett湾氮的动力学进行了研究，结果表明，整个浮游植物群落对氨的吸收占总氮吸收的50%～67%。Platt和Harrison（1985）重新定义新生产力为真光层群落净生产力，即真光层有机物质的累积率和输出率之和，阐明了新生产力和输出生产力的量值关系。Dugdale和Wilkerson（1986）探讨了应用^{15}N法测量新生产力的方法，为减少实验误差对该法进行了一些改进，他们指出培养2～6h可克服同位素稀释和初期高吸收率带来的误差，至于一部分氮化合物的消失可能是因为生成了溶解有机氮氧化合物。Harrison等（1987）认为f比与环境氮含量之间呈近似线性关系，可通过f比来计算新生产力。

国内关于新生产力的研究工作开展得较晚，研究的海区范围也较小，仅在胶州湾和东海等海区做过少量的工作。黄庆文等（1989）提出了一种新的产生二次离子的质谱学方法，可直接测定NH_4^+中^{15}N的丰度，根据这一原理研制的ST-IMS-88型离子质谱计可以有效地测定NH_4^+中^{15}N的丰度。焦念志等（1993）应用^{15}N法研究了胶州湾浮游生物对NH_4^+-N的吸收与再生通量，结果表明，NH_4^+-N吸收与再生通量的变化为夏季＞春季、秋季＞冬季，其吸收具有光依赖性，白天的吸收通量大于夜间，而再生通量则是夜间大于白天；不同粒径的光依赖顺序为网采浮游生物＞微型浮游生物＞微微型浮游生物。由于环境因子的影响和种群结构变化，胶州湾浮游生物对NO_3^-和NH_4^+的吸收夏、秋季高于冬、春季，NH_4^+-N比NO_3^--N更易被吸收。东海新生产力的变动范围较大，是否产生剧烈波动取决于氧化态和还原态氮的供给比例（焦念志等，1998）。Chen（2006）的研究发现，我国南海新生产力和初级生产力存在明显的季节变化，但二者比值（f比）的季节变化不明显。Lin等（2003）发现极端环境变化如台风经过在提高表层海水初级生产力的同时也提高了新生产力，初步估测结果显示，每年经过南海的台风可提高其新生产力的20%～30%。

4.3.1　f比

f比是指浮游植物对NO_3^--N的吸收速率与对NO_3^--N和NH_4^+-N的吸收速率之和的比值。夏季，f比的垂向分布与Chl a和初级生产速率的垂向分布有较大差异

（图4.4，图4.33）。南沙群岛海区表层*f*比很小，通常是垂向上的最小值，平均值仅为0.06。在50～75m水层出现一个峰值，最大值常出现在75m水层。在100m水层，*f*比通常降低至接近最小值，而150m水层又可能出现高值，在27号站和43号站甚至高于75m水层的测值。*f*比与氧化态氮和还原态氮的供给比例密切相关，还可能与光照强度及浮游植物的种类等因子有关。因此，*f*比的变化较复杂，在南海海域新生产力季节变化较大，但*f*比的季节变化不明显（Chen，2006）。在不同的水层，不同形态的氮盐含量差别较大，浮游植物对不同氮盐的吸收速率也不同，因此，*f*比的垂向波动较大。从图4.33可以看出，南沙群岛海区*f*比的垂向分布曲线与初级生产速率的分布曲线有较大的差异，但其*f*比的分布曲线与$NO_3^-/(NO_3^-+NH_4^+)$曲线的特征相似，特别是在表层至75m水层之间，这与Harrison等（1987）的结论基本一致。

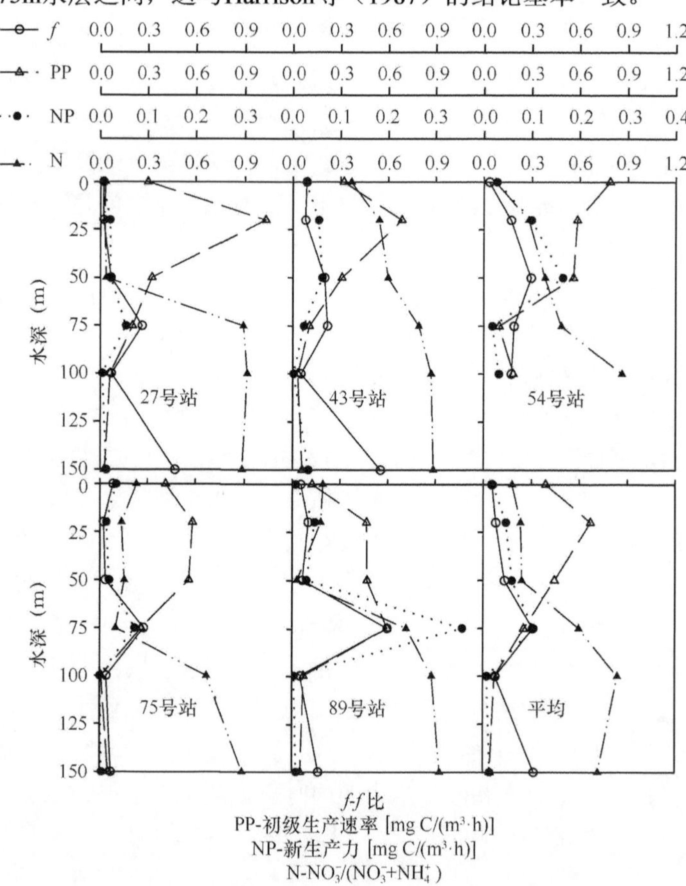

图4.33　夏季新生产力的垂向分布

4.3.2　新生产力的平面分布

南沙群岛海区新生产力是在初级生产力的基础上进行计算而得到的，所以新生产力的平面分布与初级生产力的平面分布非常相似。夏季，新生产力的变化幅度达130mg C/(m^2 • d)以上，最小值低于30mg C/(m^2 • d)，分布于巴拉望岛与礼乐滩之间的海区，中部礁群区也存在一个低值区，其值低于60mg C/(m^2 • d)，最大值分布于西北部海区，达160mg C/(m^2 • d)。高值区和低值区之间变化梯度很大。另一高值区位于北康暗沙东南部加里曼丹岛沿岸，达120mg C/(m^2 • d)。在中部和西南部海区，新生产力的分布较均匀，其值为70～90mg C/(m^2 • d)（图4.34）。新生产力的大小主要取决于海区的无机氮可获得性及还原态氮和氧化态氮的供给比例（焦念志等，1998）。在热带大洋海区，表层和近表层硝态氮的测值极低，其来源主要是大气沉降，而在近岸和上升流区，除了大气沉降，还包括陆源淡水注入和底层营养盐的补充。南沙群岛海区夏季新生产力的平面分布反映了南沙中部礁群区新生氮源较少，而夏季大量的降水为近岸海区提供了较丰富的新生氮源。此外，西南季风的影响形成了东北向的表层海流，将湄公河输入的淡水带到南沙群岛海区西北部，增加了该海区的外源营养盐的输入，这是该海区出现较高新生产力的主要原因之一。此外，在越南东部海域由于夏季常存在较强的上升流及中尺度冷涡，有利于真光层以下营养盐丰富的深层水涌升，给真光层水体提供营养补充，为微型浮游植物的生长与繁

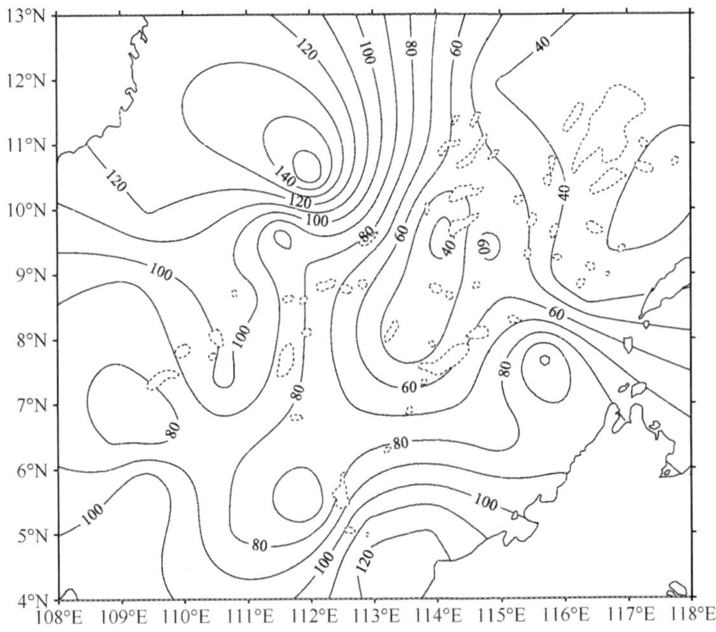

图4.34　夏季新生产力的平面分布［单位：mg C/(m^2 • d)］

殖提供有利条件，因此，新生产力常在此区域出现高值。

综上所述，南沙群岛海区Chl a和基础生产分布呈以下特点。

（1）南沙群岛海区Chl a的垂向分布主要受混合层深度和混合强度、营养盐、光照强度等环境因子的影响，通常在50～75m水层出现Chl a含量的最大值。Chl a的平面分布与海流和水团的性质密切相关，同时还受季风和海区地形的影响。在不同的季节和水层，Chl a的平面分布有较大的差异。夏季南沙群岛海区Chl a含量和微型浮游植物所占比例均大于春季，这可能是由于该海区夏季陆源物质输入量和降雨量较大，夏季盛行西南季风期间该区域常存在上升流与中尺度冷涡等物理过程，使上层海水营养盐含量增加，从而促进了浮游植物的生长与繁殖。此外，浮游动物的摄食也可能是Chl a含量和浮游植物粒径变化的重要影响因子，尚待进一步研究证实。

（2）南沙群岛海区春季各水层平均初级生产速率在20m水层出现最大值，约为0.58mg C/(m^3・h)；夏季初级生产力较高，高值水层分布比春季的深，与Chl a的垂向分布趋势一致。这一分布特点除了受表层营养盐含量较低的影响，还与海区较强的光照对表层浮游植物光合作用抑制有一定关系。春季水体初级生产力的高值出现在海区中部，达700mg C/(m^2・d)，并沿周边方向逐渐递减；低值区出现在西北部靠近中南半岛的海区，初级生产力低于300mg C/(m^2・d)。夏季初级生产力的高值区出现在南沙群岛海区西北部，最高值超过1000mg C/(m^2・d)；在海区中部和西南部，初级生产力分布较均匀，为500～700mg C/(m^2・d)，与春季估算值相近。初级生产力的平面分布与水团的性质和分布密切相关，而垂向变化主要受辐射强度和上升流作用的影响。

（3）春季珊瑚礁潟湖的初级生产速率、Chl a含量和同化系数都比周围海区的高，可能与潟湖内生态环境特殊、浮游植物多样和食物网高效有关。潟湖内营养盐在无机环境与生物链之间的循环和重新利用效率高，循环周期比海区短，浮游植物具有较高的光合作用效率。

（4）夏季f比的垂向变化较明显，与$NO_3^-/(NO_3^-+NH_4^+)$曲线有较相似的垂向分布特征，与氧化态氮和还原态氮的供给比例密切相关，可能还与光照强度及浮游植物的种类组成等因子有关，需进一步试验加以验证。夏季新生产力的平面分布反映出南沙群岛海区中部珊瑚礁群区新生氮源较少，而夏季陆源输入、上升流、中尺度涡及降雨量均可为南沙近岸海区提供较丰富的新生氮源。总体而言，该海区出现较高的新生产力与西南季风驱动的物理过程有较大的关系。

第5章　南沙群岛海区微型生物

本章阐述的微型生物主要是指海洋中的微型和微微型浮游生物，包括自养和异养生物，其充当海洋微食物环（网）的主要角色。按粒径大小，将个体大小为0.2～2μm的称为微微型浮游生物（picoplankton），将个体大小≤5μm的称为超微型浮游生物（Davis et al.，1985；宁修仁，1997），将个体大小为2～20μm的称为微型浮游生物（nanoplankton）。微型生物广泛分布于各类海区，是海洋生物地球化学循环的主要驱动者和生态系统能量代谢的主要参与者，在海洋生态系统物质循环与能量传递中发挥着举足轻重的作用，日益引起海洋生态学界的广泛关注。

5.1　微型生物的组成与分布

海洋中微型生物种类繁多，其中微微型浮游生物主要包括原绿球藻（*Prochlorococcus*）、聚球藻（*Synechococcus*）、微微型真核生物（eukaryote）和异养细菌（heterotrophic bacteria）；微型浮游生物包括微型原生动物（nanoprotozoan）、微型光合真核生物（photosynthetic nanoeukaryote）和微型光合原核生物（photosynthestic nanoprokaryote），如微型鞭毛藻（nanoflagellate）、腰鞭毛藻（dinoflagellate）、微型硅藻（nanodiatom）及纤毛虫（ciliate）等。微型和微微型自养浮游生物对初级生产力的贡献超过传统概念的浮游植物，尤其是在寡营养海域，可占初级生产力的80%以上。微型浮游生物大部分为鞭毛藻，在各海域均有存在。异养微型鞭毛藻（heterotrophic nanoflagellate）和纤毛虫是异养微型浮游生物（heterotrophic nanoplankton）的主要组成部分，是聚球藻和其他海洋浮游细菌的初级摄食者。海洋异养浮游细菌是海洋有机物质的分解者，是微型原生动物的重要食物源，在营养盐的再生和碳、氮、磷、硫等生源元素的循环中发挥着重要的调节作用，是海洋微食物环的基础环节。

微型和微微型浮游生物的分布极其广泛，几乎存在于所有的海洋生态系统中，个体微小但丰度极高，从大洋到沿岸，从贫营养海域到富营养海域，从极地海域到赤道海域都有其存在（Cho et al.，2000；Xiao et al.，2003）。随着检测技术的进步和研究工作的不断深入，微型和微微型浮游生物在海洋生态系统中的重要地位已被证实，并引起了海洋生态学家的高度重视。

微微型浮游生物中，原绿球藻是贫营养海域自养微微型浮游生物的优势类群，其丰度远远大于聚球藻。聚球藻、微微型真核生物和异养细菌主要出现在营养盐丰富的海域，在热带、亚热带和温带的富营养海域其丰度大于原绿球藻。水温、盐度、光照强度、营养盐含量、水体稳定性和摄食压力是影响微型和微微型浮游生物的主要因子。水温因子的控制作用主要在寒带、温带、上升流区和季节性明显的海区得以体现，盐度的差异是制约河口和内湾微型、微微型浮游生物丰度及分布的重要因子之一；光照强度主要影响微型、微微型浮游生物的垂向分布，氨氮的吸收对其也有一定的影响；营养盐的限制作用在热带、亚热带和温带的贫营养海域较明显；水体稳定性在上升流区和寒带海域尤为重要；摄食压力对各海区的微型和微微型浮游生物丰度都有较大影响。

由表5.1可见，南沙群岛海区属低营养海域，微微型浮游生物以原绿球藻为主，其丰度达17.1×10^3cells/mL；聚球藻（1.50×10^3cells/mL）和超微型真核藻类（0.13×10^3cells/mL）丰度明显低于原绿球藻（王军星等，2016），与南海东北部陆坡区（姜歆等，2017）相似。

表5.1　南海不同海区微微型浮游生物比较　（单位：×10^3cells/mL）

海区	原绿球藻	聚球藻	超微型真核藻类	参考文献
南沙群岛海区	17.1 + 4.7	1.50+0.72	0.13+0.05	王军星等，2016
北部湾		4.84 ± 4.59（夏季）	0.28 ± 0.14（夏季）	宁修仁等，2003
南海东北部陆架区	9.37 ± 7.81（春季） 5.43 ± 3.47（冬季）	24.46 ± 17.74（春季） 28.13 ± 15.12（冬季）	3.14 ± 2.50（春季） 3.53 ± 2.32（冬季）	姜歆等，2017
南海东北部陆坡区	12.86 ± 4.02（春季） 5.01 ± 2.67（冬季）	3.08 ± 2.11（春季） 14.41 ± 5.66（冬季）	1.18 ± 0.63（春季） 1.77 ± 0.72（冬季）	姜歆等，2017
南海北部陆架区	46（夏季）	50（夏季）	1.8（夏季）	宁修仁等，2003
广东近岸海区		57.40 ± 5.00（夏季） 15.70 ± 21.70（冬季）	2.33 ± 1.82（夏季） 4.17 ± 4.40（冬季）	钟瑜等，2009
珠江口		54.70（夏季）、 0.78（冬季）	4.03（夏季） 0.35（冬季）	Zhang et al.，2013
大亚湾		44.56 ± 46.26（夏季） 12.48 ± 3.96（冬季）	3.00 ± 4.50（夏季） 0.78 ± 0.71（冬季）	姜歆等，2018
台湾海峡中部		8.87（夏季） 0.82（冬季）	0.23（夏季） 0.02（冬季）	黄邦钦等，2003

5.1.1 微型浮游生物对碳输出的贡献

海洋中碳的存在形式主要有3种，包括溶解无机碳（DIC）、溶解有机碳（DOC）和颗粒有机碳（POC），其比例大致为2000：38：1。生物体产生和持有的碳主要为DOC和POC，主要通过初级生产过程实现。基于海洋对大气CO_2的调节能力，海洋碳循环主要受两种机制调控：溶解泵（solubility pump，SP）和生物泵（biological pump，BP）。溶解泵是生物地球化学概念，即将溶解无机碳从海洋表层传输到海洋体系中的过程。生物泵是以一系列生物为介质，通过光合作用将大气中的无机碳转化为有机碳，再通过食物网内转化、物理混合、输送及沉降将碳从真光层传输到深层的过程。还有一种不依赖于颗粒碳沉降的储碳机制——微型生物碳泵，即通过微型生物生态过程将无机碳转化成惰性溶解有机碳（RDOC），并长期存储于水层中（焦念志，2010）。

在早期碳循环研究中，溶解泵受到极大的重视，但随着大气CO_2分压的持续增高，海洋表层的溶解泵趋于饱和。此时，生物泵过程却在持续不断地运作，因此，海洋生物泵日益成为科学家的研究热点。有学者提出设想，通过提高某些海区的新生产力，加速生物泵的运转以提高海-气界面碳通量。全球范围的估算表明，地球的初级生产（primary production，PP）约有一半发生在海洋中（Field et al.，1998）。吸收速率的年际变化主要由海洋生物泵决定（Riebesell et al.，2009），被海洋初级生产者固定下来的大气CO_2，大部分通过呼吸作用（如浮游动物的捕食、细菌的降解等）重新回到大气中；而一小部分则通过颗粒沉降向下输出真光层（euphotic zone），这一小部分向下沉降的碳对海洋的固碳十分重要（De Goeij et al.，2007）。因为一旦有碳沉降离开真光层（南海一般为1～100m，北大西洋为1～150m），至少在100年时间尺度内不会再返回到大气中，从而起到降低温室效应的效果。开展海洋在全球碳循环中的作用研究，必须确定生物泵对大气CO_2年际变化的贡献。全球联合海洋通量研究（Joint Global Ocean Flux Study，JGOFS）表明，大概有90%的向下输入通量是由颗粒性有机碳（POC）贡献的，而溶解有机碳的贡献只占10%左右。

由海洋浮游植物衍生而来的碎屑是沉降POC的主要组成部分。过去一般认为，小型浮游植物如硅藻是上层海洋碳通量的主导者，它们对碳输出的贡献，常常与其对总初级生产力的贡献不成比例，明显大于其对总初级生产力的贡献。自养微微型浮游生物（＜2μm）由于体积小，不能单独下沉或被大多数中型浮游动物有效利用，在很大程度上被原生动物利用再通过呼吸消耗在真光层中。以往的研究认为微微型光合生物在微食物环中循环，而将碳从海洋表层输出到真光层以外的相对较少，但后来的研究证实并非如此。赤道太平洋和阿拉伯海的研究结果显示，虽然超微型浮游生物个体较小，但其对碳输出的直接或间接贡献与其净生产力成正比（Richardson and Jackson，2007）。潜在碳输出途径包括直接聚集和融入沉降的碎屑，以及通过高营养级生物对微微型浮游生物聚集体的摄食利用而间接输出。通过EqPac模型估计不同粒级浮游植物的新生产力（new productivity，NPP）对总颗粒性有机碳（POC）通量的贡献，结果表明，超微型浮游生物的新生产力占总新生产力的70%以上，分别通过碎屑途径占POC输出的87%和通过浮游动物途径占碳输出的76%。同样，在阿拉伯海东北季风期间，超微型浮游生物的新生产力占新生产力的86%，分别占以POC

形式从真光层输出碳的97%和以浮游动物的途径输出总碳的75%。超微型浮游生物的新生产力占总新生产力的相当大一部分（60%～90%）（Richardson and Jackson，2007）。在受西南季风影响的营养丰富的上升流区（Jackson et al.，2005），超微型浮游生物的新生产力也可占总新生产力的30%～50%。研究表明，超微型浮游生物在水体分层的低营养条件下占主导地位（Klut and Stockner，1991；Gomes et al.，1992），在高营养状态下同样也占主导地位（Beaugrand et al.，2010）。虽然超微型浮游生物因个体太小而无法下沉，但是当超微型浮游生物细胞聚集成较大的碎屑颗粒时，可直接下沉，在将有机碳转运到深海中发挥着意想不到的巨大作用（Barber，2007）。一方面，超微型浮游生物细胞聚集成较大的碎屑颗粒（Albertano et al.，1997；Olli and Heiskanen，1999），增强了垂向沉降速率，使输出通量加大（Jackson，1990，2001；Jackson et al.，2005）。另一方面，在营养耗尽时，这种细胞聚集增强，如果与矿物质结合，则会加速沉降。还有研究表明，海洋微型浮游生物是海雪（marine snow）的组成部分。在高营养低Chl a的新西兰海域短期（48h）投放沉积物捕集器，捕获到了超微型浮游生物聚集体（Waite et al.，2000；Amacher et al.，2009）。此外，超微型浮游生物虽然因个体小而无法有效地被较大的植食性动物捕捉到，但其聚集体被浮游动物摄食后，可通过颗粒沉降加速向下输出真光层（Stukel and Landry，2010）。许多生物学家认为，有些细菌如好氧不产氧光合异养细菌（AAPB），能把海洋中一些新鲜的容易降解的溶解有机碳转变为难以降解的有机碳，从而增加这些碳在海洋中的停留时间，而不是释放到大气中去，这就转变成了海洋生物泵的另一种形式（不是通过沉降的方式，而是通过转化为活性较钝的碳形式）——微型生物碳泵（Jiao et al.，2010b），在海洋碳循环和沉降过程中发挥作用。

自养超微型光合生物主要包括原绿球藻和聚球藻，以及不同类群的真核生物。超微型光合生物在热带和亚热带海洋广泛分布。在近岸海域，真核生物生长速度最快，年均净生产力和碳生物量在超微型浮游植物中占主导地位（Worden et al.，2004），在赤道贫营养海区原绿球藻的生产力可占初级生产力的82%（Lomas et al.，2009）。有研究表明，马尾藻海海域碳输出持续增加，但浮游植物群落并没有向大细胞藻类如硅藻转变；相反，超微型聚球藻丰度大幅增加（Lomas et al.，2010）。Grob等（2007）发现，东南太平洋海域原绿球藻虽然在丰度上占优势，但超微型真核生物在碳输出中的贡献占总浮游植物（包括小型浮游植物）的38%。所以在不同营养状况的海区，不同超微型生物类群在碳输出中的贡献有差异，不能根据丰度大小判断其对碳输出的贡献。从海洋表层沉降的颗粒碳通量受海区浮游生物群落大小、种类组成和营养条件相互作用的影响（Beaugrand et al.，2010），但浮游食物网中发生的生物转化被认为是关键控制因子。

根据采获样品分析得出，在南海300m深处pico级颗粒物对总POC的贡献为55%，但这并不能说明这些颗粒物中有超微型光合生物。为了说明pico级颗粒中有超微型光合生物，采用了高通量测序方法作进一步检测分析（姜歆等，2017），首先对海水进行分级过滤，获得粒径为0.2～3μm的微型颗粒物（也就是pico级颗粒物）；然后对18S rDNA的V4高变区进行高通量测序（18S rDNA是真核生物的核糖体小亚基），得到pico级真核生物的所有运算分类单元（operational taxonomic units，OTUs）（近似相当于生物类群），这其中有自养的（包括混合营养）类群，也有异养的、寄生的类群。分析结果显示，在300m水深处检测到多个门类的超微型真核藻类，包括绿藻门（Chlorophyta）、定鞭藻门（Haptophyta）、隐藻门（Cryptophyta）、红藻门（Rhodophyta）、自养的甲藻门（Dinophyta）及不等鞭毛类（原生藻菌，Stramenopile）。自养类群的OTUs数目为总OTUs数目的12%。

5.1.2 超微型光合生物对初级生产的贡献

边缘海对碳的沉积与固定起重要作用，对自然的扰动很敏感。南海是具有准大洋特征、半封闭型的典型边缘海，可分为陆架区、海盆区和岛礁区三大部分。整个南海有近一半海域处于印度-太平洋暖池区域，南沙群岛海区超微型生物的丰度变化及其对初级生产的贡献如何，过去研究甚少，资料匮乏。以下主要根据近十多年来的一些研究资料，着重阐述超微型光合生物在南海包括南沙群岛海区对初级生产的贡献及其影响因子。

南海受季风影响形成了复杂的上层海洋环流结构和多种物理过程，除南海暖流、沿岸流外，珠江冲淡水、上升流、锋面、中尺度涡、黑潮入侵等引起的温、盐及营养盐分布格局变化，是影响南海超微型光合生物时空分布的重要因子。由图5.1可以看出，在南海北部海区，聚球藻（Syn）在河口区、陆架区都是优势类群，而在陆坡区则是原绿球藻（Pro）占优势，超微型真核生物（Euk）在不同区域丰度都较小。从近岸到外海，Syn和Euk丰度逐渐减小，Pro丰度则逐渐增大。

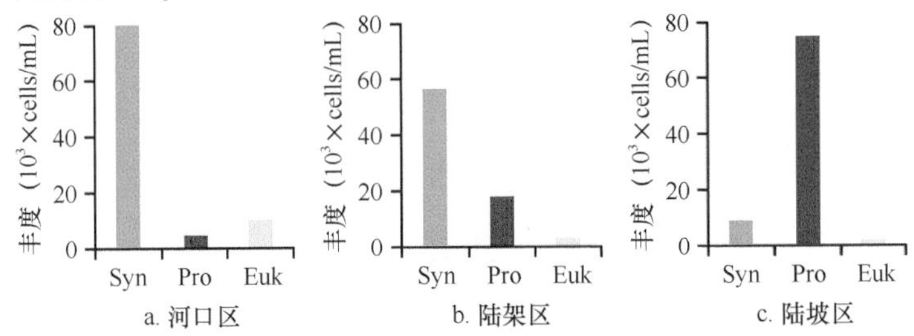

图5.1 南海北部海区微型生物的水平变化（姜歆等，2017）

Syn-聚球藻；Pro-原绿球藻；Euk-超微型真核生物

超微型光合生物对南海初级生产的贡献在整个初级生产者中占极其重要的地位，在珠江口海域平均贡献为48.4%，在南海北部海区为56.5%。春季和夏季，珠江口外形成低盐冲淡羽，为南海补充了丰富的营养盐，促进Syn和Euk的生长，使河口外Syn丰度达近10^5cells/mL。在南海东北部海区10月至翌年3月，强度较大的东北季风盛行，引起海表面水温下降，风生混合加强，混合层加深，导致真光层的营养盐含量升高（实测海区表层N含量升高了3.3倍），Syn和Euk丰度都增加，Pro丰度则减小。在吕宋海峡附近受高温寡营养水的影响，次表层Pro丰度最大值显著升高（1.4倍）。已有研究表明，西太平洋Pro的丰度和碳生物量都占优势（Blanchot and Rodier，1996），推测黑潮可能挟带大量Pro进入南海。吕宋海峡以西海域氮和磷含量相对于南海海盆区没有升高，但Syn和Euk增加（2～3倍），这可能是受锋面（黑潮和南海水相遇形成）的影响。冷涡使深层低温高营养盐的海水涌升，导致Chl a含量的最大值层（DCM）抬升（图5.2），海区初级生产力提高（29.5%），促进Syn和Euk生长；而暖涡使表层海水下沉，造成Chl a含量的最大值层（DCM）变深，可利用的营养盐减少，海区初级生产力下降（16.6%），使超微型光合生物各类群丰度降低，Pro丰度的最大值深度变深（Hu et al.，2014；Wang et al.，2016）。在上升流区，丰富的营养盐从深层涌升至真光层，促进Syn和Euk的生长；春季，南海东北部陆架坡折上升流区0～25m的Syn和Euk丰度为外海区的2～16倍；但Pro丰度没有明显变化（图5.3，图5.4）。

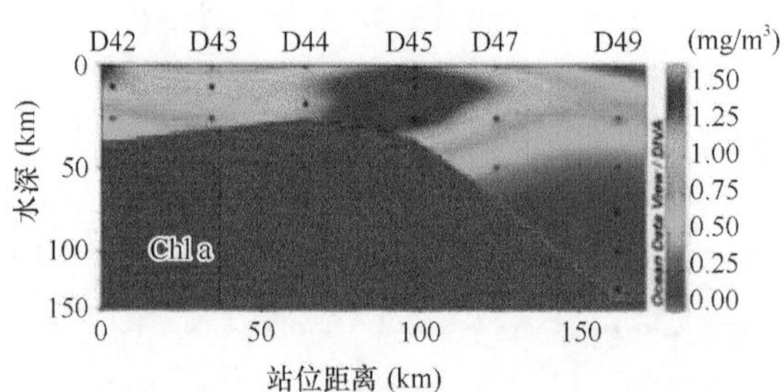

图5.2　南海北部海区锋面区高生产力分布

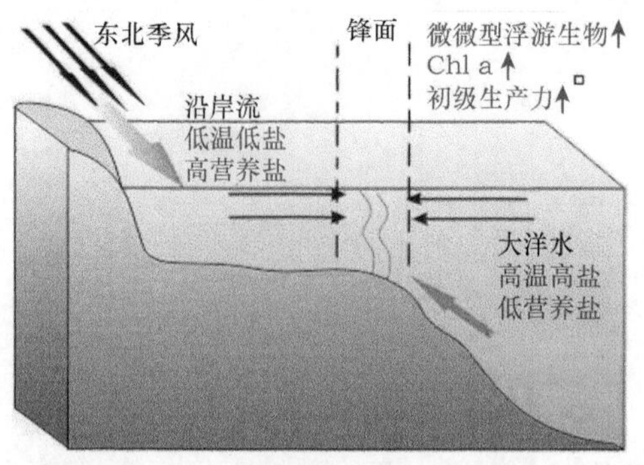

图5.3　季风影响下沿岸流与洋流形成的锋面

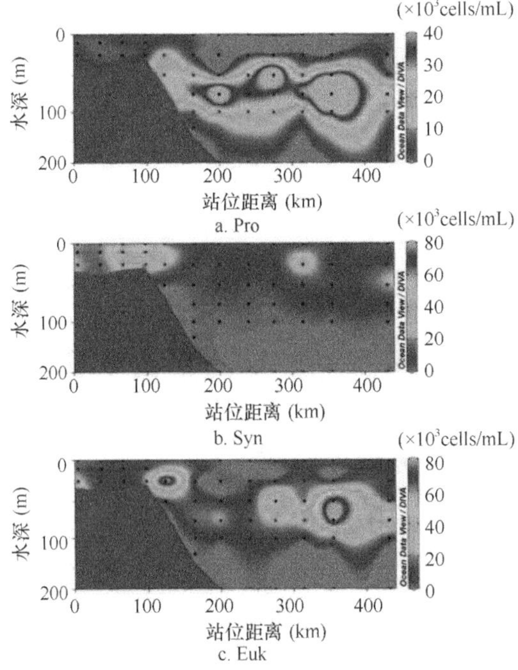

图5.4　南海北部海区上升流影响下微型生物的分布（姜歆等，2017）

超微型光合生物对南海浮游植物生物量的贡献平均为65%。其贡献从近岸至外海逐渐增大，寡营养海区可达80%以上（姜歆等，2017）。超微型光合生物3个类群中，微微型真核生物丰度虽然较低，但为超微型光合生物总生物量的主要贡献者，平均为50%（最高的测站可达90%）。

南海超微型光合生物为何具有高贡献？究其原因，南海大部分海区表现为寡营养，pico级生物比表面积大，对寡营养环境有竞争优势。但是，除了营养盐的“上行控制”，摄食的调控也非常重要，南海微型浮游动物消耗77.8%±2.3%的初级生产力，从“下行控制”的角度解释了“南海超微型光合生物高贡献”的机制。冬季，东亚季风脉冲式到达南沙群岛海区，形成较强的锋面降雨，盐度等环境因子发生变化，使微型浮游动物对包括超微型光合生物在内的初级生产者的摄食压力较低（<50%），潜在更高比例的初级生产可沉降输出到深海，一定程度上解释了季风盛行期寡营养的南沙群岛海区碳沉降速率较高的原因。摄食减少，则通过摄食间接输出也减少，相应地，直接沉降输出就增多。微型浮游动物对大粒径级浮游植物初级生产具有更高的摄食压力，表明其选择性摄食有利于南海超微型光合生物形成优势（Zhou et al.，2015a，2015b；Liu et al.，2013，2015）。

在南沙群岛海区，真光层内超微型浮游植物始终是总的浮游植物生物量和初级生产者的主要贡献者，其中原绿球藻是优势类群（Yang and Jiao，2004），但各粒级浮游植物在不同深度所占比例基本保持一致。海区初级生产过程受光照及营养盐调控作用明显，海域初级生产者生物量及生产力的分布特征与水团分布、跃层强度、中尺度涡等物理过程有密切的关系（黄良民，1992，1997）。南沙群岛海区不同水层浮游植物粒级组成分析结果表明，近岸水体多以小型（micro）或微型（nano）浮游植物为主要生产者；离岸深水区各水层则以微微型浮游植物对Chl a及初级生产力的贡献为最大（图5.5）；初级生产力和Chl a的粒级结构明显存在垂向差异，证明了次表层高初级生产力对应微微型浮游植物聚集的论点。

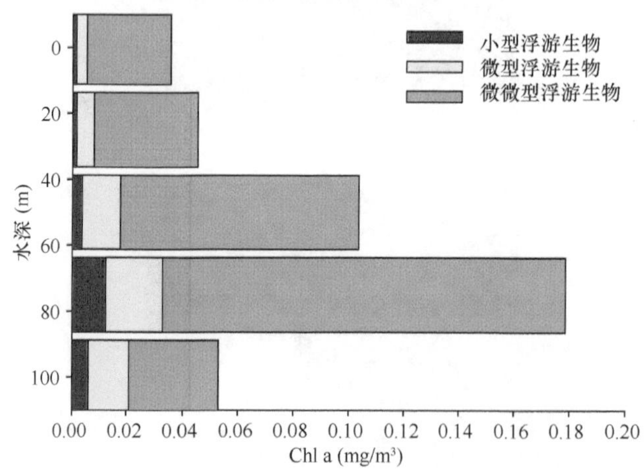

图5.5 南沙群岛海区离岸深水区不同水层浮游植物粒级组成

近期有研究指出，分级过滤可能会导致部分浮游植物大细胞的破碎，使采用分级过滤方法测定的初级生产力高估超微型光合生物对总初级生产力的贡献（1～4倍）。如通过分级过滤方法估算，平均意义上的超微型浮游植物对初级生产的贡献率为70%，但通过显微镜和流式细胞技术评估的超微型浮游植物只占总浮游植物碳量的35%。因此，超微型光合生物对海洋初级生产的贡献目前仍存在很大争论，特别是在小型和微型浮游植物丰度较高的近岸海域，如何进行准确估算，尚需进一步开展方法学上的比较研究。

5.1.3 超微型生物的空间格局与环境调控

南海的各种物理过程，包括中尺度涡、上升流和内波等，影响水体营养盐的供给和温、盐环境，使初级生产和各种超微型光合生物的分布随不同水团和环境梯度而出现明显的空间异质性。在季风转换期，南海冷涡和暖涡，可分别提高和降低初级生产力的29.5%和16.6%（Hu et al.，2014）；在暖涡中心，各类超微型光合生物（包括聚球藻、原绿球藻、微微型真核生物）的丰度都相对降低，但暖涡边缘的聚球藻丰度高于暖涡中心（Wang et al.，2016；王军星等，2016）；上升流和沿岸涡旋是南海西北部夏季形成高生产力的重要原因（宋星宇等，2012）；东北季风到达南沙群岛海区可形成锋面雨，降低表层海水盐度，可能导致超微型光合生物生长速率降低，影响超微型光合生物与微型浮游动物之间的耦合关系（Zhou et al.，2015a）。

南海陆架及海盆区微型浮游动物对不同粒径级浮游植物的摄食率及不同粒径级浮游植物生长率的差异，共同导致南海表层寡营养海域超微型光合生物形成优势；尤其是微型浮游动物对大粒径级浮游植物初级生产的高摄食压力和对超微型光合生物初级生产的低摄食压力，表明超微型光合生物对南海碳泵具有较高的贡献（Zhou et al.，2015a）。Zhou等（2015b）通过对南沙群岛海区微型浮游动物摄食的分析，发现微型浮游动物摄食与浮游植物生长存在明显的季节变化，与东亚季风影响下的环境变化有关；南沙群岛海区微型浮游动物的选择性摄食和对微微型浮游植物的摄食压力较低（＜50%），反映出该海区具有较高比例的初级生产不被摄食消耗，从另一角度解释了季风盛行期南沙群岛海区垂向沉降速率较高的原因；两个季节都观察到微型浮游动物对较大粒径浮游植物的选择性摄食，再次表明微型浮游动物摄食有利于超微型光合生物在该海区形成优势。台风过后，在南海东北部浮游植物负生长的情况下，微型浮游动物对包括超微型光合生物在内的浮游植物的摄食仍然存在，有利于更多的初级生产在食物网中继续传递（Zhou et al.，2011）。根据相关数据估算得知，整个南海微型浮游动物可消耗77.8%的初级生产者，微型浮游动物对中型浮游动物的能量贡献为18.1%～34%（周林滨，2012）。

微型浮游动物在南海的分布极为丰富。近年来，Liu等（2015）的研究发现，大量浮游类纤毛虫原生动物未知种中，已经确认了肥胖平游虫（*Parallelostrombidium obesum*）、椭圆平游虫（*Parallelostrombidium ellipticum*）和热带急游虫（*Strombidium tropicum*）3个新种；Yin等（2014，2017）发现了浮游动物介形虫的2个新种（*Bathyconchoecia liui*和*B. incisa*）。还有一些研究解释了多种浮游动物（caldocerans，appendicularians，copepods，siphonophore和chaetognaths等）在南海的时空分布规律及其与物理海洋过程的关系（Xiong et al.，2012；Li et al.，2012d，2013c，2014；尹健强等，2013；连喜平等，2013；吴新军等，2014）。Qiu等（2016）的研究发现，海洋中隐藻（*Teleaulax amphioxeia*）能以完整的细胞形式在红色中缢虫体内进行内共生，宿主帮助共生体从环境中吸收营养物质，为共生细胞增殖所用，同时宿主也从共生体的光合产物中获益，因此他们提出了“红色中缢虫培育隐藻”的新共生模式。这从另一角度解释了热带寡营养海域为何具有丰富的超微型生物及其竞争优势和生存策略。

2011年12月至2012年1月（冬季）利用“实验3”号科考船对南沙群岛海区（5°～15°N、110°～118°E）进行了现场采样和实验分析，微微型光合生物细胞计数采用流式细胞仪测量。现场同步测量资料分析表明，冬季南沙群岛海区受东北季风影响，温跃层、盐跃层在25～100m水深处变化剧烈，在调查海区的整个断面上温跃层、盐跃层由南至北呈现逐渐变浅的变化趋势。由水温剖面分布来看，表层（25m以上）水温基本在27.5℃以上，25～100m水层水温迅速降低（出现温跃层），直至100m水层水温降到20℃。在9°～11°N，等温线有明显向上位移现象，观测断面水温明显比周围水体要低，在近表层5m比附近海区约低1℃，真光层底部200m水温降低近2℃。在11°～13°N，100m以浅等温线向上位移，100m以深等温线向下位移，反映出该海区存在中尺度冷涡，上升流使深层海水涌升至表层，导致水温比周围的低（王军星等，2016）。盐度分布基本上与水温一致，即在9°～11°N及11°～13°N，等盐度线向上位移，不同的是在11°～13°N区域内以100m水层为界，并没有出现主密度跃层和季节性密度跃层分离现象，而是一致向上位移。该海区表层硝酸盐、磷酸盐和硅酸盐含量较低，温跃层营养盐含量明显增大，硝酸盐的含量在75m水层迅速增大，磷酸盐和硅酸盐的含量增加约2倍。在9°～11°N，100～200m水层硝酸盐含量（12.5～15.0μmol/L）比周围水体（7.5μmol/L）要高得多，这可能是涡旋引起底层水涌升带来营养盐所致。同样，在11°～13°N，100m以浅硝酸盐含量明显高于周围水体；100m以深硝酸盐含量低于周围水体，磷酸盐和硅酸盐在9°～11°N及11°～13°N区域的分布与硝酸盐相似，也与水温、盐度的垂向分布相吻合。

南沙群岛海区原绿球藻丰度均值最大，微微型真核生物丰度均值最小；聚球藻主要分布在上层，丰度最大值出现在岛礁区，最小值出现在深海区；原绿球藻在寡营养的深海区丰度较高，在近岸或岛礁浅水区丰度较低，聚球藻和微微型真核生物的分布则相反。从垂向分布看，聚球藻主要分布在75m以浅水层，75m以深水层其丰度急剧下降，刚好与硝酸盐跃层相吻合。在9°～11°N断面的上升流区，聚球藻丰度最大值层向上位移，且向北偏移，最大值相对于周围水体明显降低，尤其是在深水区域，其分布大致遵循营养盐跃层的变化趋势。

冬季南沙群岛海区营养盐含量和Chl a含量与水温及盐度的垂向分布密切相关，尤其是在9°～11°N。原绿球藻（$\times 10^4$cells/mL）丰度远大于聚球藻（$\times 10^3$cells/mL）和微微型真核生物（$\times 10^2$cells/mL），尤其是在寡营养的深水测站原绿球藻碳生物量处于绝对优势，占总碳生物量的59%；但在整个研究海区，原绿球藻占总碳生物量的比例（34%）略低于聚球藻（41%），二者表现出明显的区域分布特征。聚球藻分布与水温、盐度关系密切，微微型真核生物的分布与硝酸盐、磷酸盐的含量呈显著负相关关系，而原绿球藻的分布可能主要受冷涡上升流搬运的影响。在深海盆区原绿球藻丰度最高的测站，聚球藻丰度出现最低值，表明原绿球藻和聚球藻在生态位上具有互补性（王军星等，2016）。

从聚球藻的断面分布来看（图5.6），秋季（2010年11月），南沙群岛海区10°N断面大部分测站聚球藻的丰度普遍不足10^4cells/mL，仅在112°E附近出现高值区；6°N断面的聚球藻丰度出现东高西低的差异极其明显（高达2×10^4cells/mL，最低不足10^3cells/mL）；由113°E断面的纬向分布可以看出，北部14°～18°N出现高值区（达

4×10^4cells/mL），而在9°～14°N聚球藻分布极其稀少，南部6°～8°N出现较大值层（1×10^4cells/mL），这一分布特征与纬向的分布相吻合。南海中部18°N断面聚球藻主要分布在100m以浅水层，在近岸出现丰度最大值（高达7×10^4cells/mL），随着断面向外海延伸其丰度明显降低（<10^4cells/mL）。夏季（2012年8月），10°N断面聚球藻丰度普遍较低（<10^4cells/mL），但在114°E附近出现极大值（图5.6），其丰度高达7×10^4cells/mL，这一特征可能与中尺度涡有关；6°N断面与秋季相似，表现为东高西低，但其最大值相对要小（1×10^4cells/mL）。南海中部18°N断面聚球藻丰度最大值层分布类似于秋季，从近岸向远海逐渐降低。

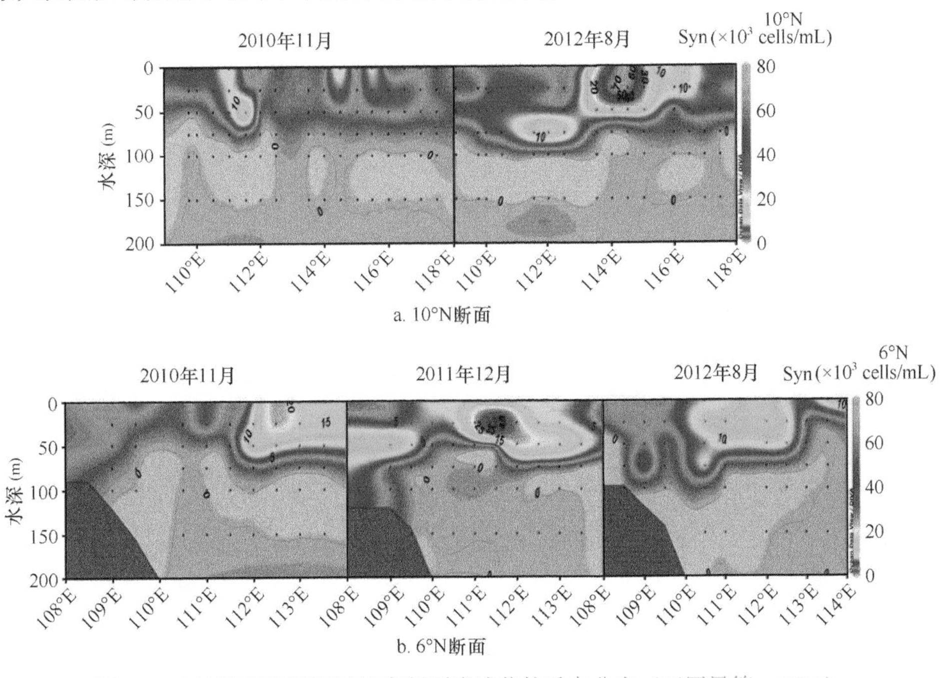

图5.6　南沙群岛海区不同纬度断面聚球藻的垂向分布（王军星等，2016）

由表5.2可见，表层聚球藻丰度夏季最高，秋、冬季较低，相差一个数量级；DCM层聚球藻丰度秋季最高，夏季最低，但均在一个数量级上。不同季节各水层聚球藻分布正好与冬季水层混合加强、夏季分层相吻合。

表5.2　聚球藻丰度季节变化比较　（单位：×10^3cells/mL）

聚球藻	秋季（2010年11月）	冬季（2011年12月）	夏季（2012年8月）
表层	8.95	8.06	11.01
DCM层	7.09	6.53	6.36
总体平均	8.02	7.30	8.69
范围	0.08～79.23	0.08～22.78	0.00～78.66

10°N断面原绿球藻的垂向分布见图5.7。秋季（2010年11月）南沙群岛海区表层原绿球藻丰度的变化范围为（0.02～17.60）$\times10^4$cells/mL，均值为5.61×10^4cells/mL。不同断面均值相差不大，但10°N与113°E交汇处及附近测站原绿球藻的丰度相对较高（两个断面原绿球藻的丰度均值分别为6.28×10^4cells/mL和5.60×10^4cells/mL）；6°N断面原绿球藻的丰度均值最低，为5.19×10^4cells/mL。DCM层（50m）原绿球藻丰度整体上略高于表层，均值为6.65×10^4cells/mL。10°N断面DCM层的原绿球藻丰度（接近1×10^5cells/mL）比表层高，而18°N断面DCM层的丰度最低（4.20×10^4cells/mL），与表层相吻合，10°N与113°E交汇处及附近测站丰度相对较高。冬季（2011年12月至2012年1月）南沙群岛海区表层原绿球藻的丰度普遍较低，均值为3.23×10^4cells/mL，其高值测站主要集中在113°E断面的中间纬度区域，南部的6°N断面丰度相对较低。DCM层（50m）丰度比表层略高，但没有明显差异。夏季（2012年8月）南沙群岛海区表层原绿球藻的丰度较高，均值为3.73×10^4cells/mL；较高丰度主要集中在10°N（3.79×10^4cells/mL）、6°N（4.97×10^4cells/mL）和12°N以南113°E断面（4.36×10^4cells/mL），南海中部18°N断面表层丰度均值最低（2.51×10^4cells/mL）。DCM层（50m）丰度比表层要高，均值为5.90×10^4cells/mL；各个断面的丰度值比表层的高，18°N断面出现最大值（6.51×10^4cells/mL）。从各个纬度断面的分布来看，原绿球藻丰度由北向南升高，113°E断面纬向分布趋势进一步证明了原绿球藻丰度的南北变化规律。

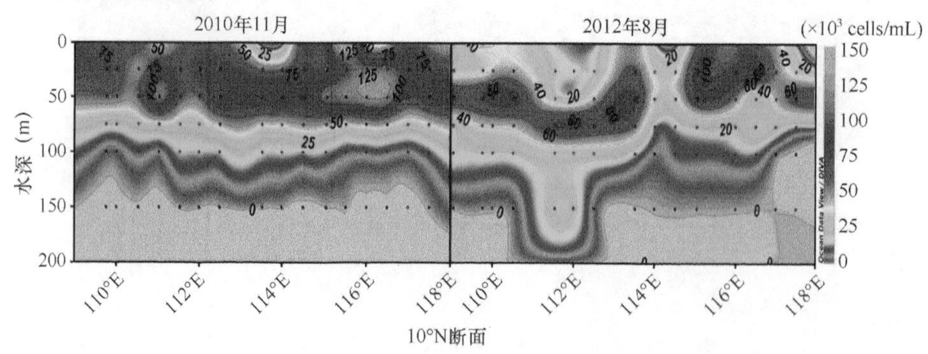

图5.7　10°N断面原绿球藻的垂向分布（王军星等，2016）

从原绿球藻的垂向分布来看，秋季南海中部18°N断面原绿球藻丰度最大值层主要分布在水柱上层100m，且呈现近岸低、深海高的分布趋势；112°E与114°E之间出现丰度低值区。南沙群岛海区10°N断面最大值层分布与18°N断面类似，其上层丰度的分布比较均匀。6°N断面的111°E和113°E之间出现了丰度极大值（高达1×10^5cells/mL），与水平分布相符；113°E断面纬向丰度主要集中在上层50m，在18°N、10°N和6°N处出现高值，与各个断面分布一致。冬季6°N断面原绿球藻丰度较低，没有形成次表层最大值层，这与南沙群岛海区地形和水文条件有关；113°E断面的8°N和10°N之间的DCM形成丰度高值区（高达8×10^{4}cells/mL），而南海中部断面丰度较低（1×10^{4}cells/mL）。夏季南海中部18°N断面原绿球藻丰度最大值层主要分布在上层100m，同秋季类似，其丰度最大值达1×10^{5}cells/mL，但其最大值层丰度分布并不均匀，这充分体现了该断面受地形、水文条件等的影响。南沙群岛海区6°N断面东部测站的最大值层丰度高达1×10^{5}cells/mL，这一分布趋势与秋季相似，但其丰度明显高于冬季；113°E断面6°N和12°N之间形成丰度高值区，可达1.5×10^{5}cells/mL。

原绿球藻丰度季节变化规律为：秋季＞夏季＞冬季，丰度最高的秋季均值为6.13×10^{4}cells/mL，冬季最低，均值为3.30×10^{4}cells/mL。由表5.3可见，秋季的表层和DCM层原绿球藻丰度均最高，在5.00×10^{4}cells/mL以上；而冬季的表层和DCM层丰度均最低，不足3.50×10^{4}cells/mL。另外，DCM层的原绿球藻丰度均比表层的高，这与微微型真核浮游植物类似；夏、秋季的原绿球藻丰度最高可达10^{5}cells/mL，比聚球藻最大值要高一个数量级，更是比后面分析的微微型真核生物高两个数量级。原绿球藻季节分布规律与聚球藻不同，前者是秋季最高、冬季最低，而后者是夏季最高、冬季最低，这可能与二者对水温适宜范围不同有关。

表5.3　原绿球藻丰度季节变化比较　（单位：×10^{4}cells/mL）

原绿球藻	秋季（2010年11月）	冬季（2011年12月）	夏季（2012年8月）
表层	5.61	3.23	3.73
DCM层	6.65	3.38	5.90
总体平均	6.13	3.30	4.81
范围	0.02～17.63	1.31～8.87	0.03～15.56

5.2　异养细菌的数量与分布

海洋细菌是海洋生物群落的一个重要组成部分，其个体微小，细胞直径大多在1μm以下，细胞呈球状、杆状、螺旋状和分枝丝状等；根据其细胞的生理功能和习性可分为自养细菌和异养细菌、光能细菌和化能细菌、好氧细菌和厌氧细菌、寄生细菌和腐生细菌、浮游细菌和附生细菌等不同类型。海洋细菌多数是分解者，有一部分是生产者，因而具有双重性，其参与海洋物质分解和转化的全过程，在海洋生物地球化学和生态系统物质循环中起着重要作用。

海洋环境中，细菌的分布极为广泛，并具有很高的多样性。海水中以革兰氏阴性杆菌为主，大洋底部沉积物中以革兰氏阳性细菌居多，大陆架沉积物中以芽孢杆菌属最为常见。无论在何种环境下，当海洋生态系统的动态平衡遭受某种破坏时，海洋细菌都会以其敏感的适应能力和极快的繁殖速度，迅速形成异常微生物区系，积极参与氧化、还原活动，调整和促进新动态平衡的形成与发展。在海洋生物地球化学循环中，海洋细菌参与了氮循环、硫循环和磷循环等过程。海洋氮循环是海洋生物地球化学循环中最为重要的一环，其基本途径与陆地相仿，细菌在其中起着重要的作用，不同类群的海洋细菌分别参与海洋环境中的固氮作用、氨化作用、硝化作用、反硝化作用等氮循环过程。

对南沙群岛海区异养细菌的数量及其种类组成已做了不少的研究，对异养细菌及其与环境的关系也做过一些探讨。1997年11月初，中国科学院南海洋研究所“实验3”号科考船在南沙群岛海区进行了综合调查，根据所获数据和相关资料，综合分析海区异养细菌的数量与分布特点，并对海区异养细菌的数量及其与环境因子进行多元回归分析，进一步阐明海区生态系统中异养细菌与环境的关系。

在“实验3”号科考船上用ZoBell击开式采水器分5个水层（0m、25m、50m、75m和100m）采集水样。水样采集后立即进行减压过滤，过滤后滤膜背靠平板培养基置于22℃培养5～7天后计算平板上的菌落数。每个水样做2个平行样。滤膜为直径45mm、孔径0.45μm的醋酸酯纤维滤膜。海洋细菌培养基为2216E培养基。操作过程按微生物学要求进行，物品和用具都经事先灭菌。

5.2.1 异养细菌的数量变化（可培养）

根据调查资料，南沙群岛海区秋末冬初异养细菌的数量范围为3.0～112.5CFU/mL，均值为30.1CFU/mL，各水层均值变化幅度大于夏季、秋季及冬季的调查结果（沈鹤琴等，1991；蔡创华等，1994）。

图5.8为代表性测站异养细菌的垂向分布，由此可见，海区表层异养细菌平均数量最高（52.4CFU/mL）。在调查的21个测站中，表层数量最高的测站有14个，占总测站数的66.7%；25m水层有3个，占总测站数的14.3%；50m水层有2个，占总测站数的9.5%；75m水层和100m水层各有1个，均占总测站数的4.8%。各水层异养细菌的平均数量，随着水层深度的增大而减少。从图5.8还可以看到，从0m水层到25m水层，

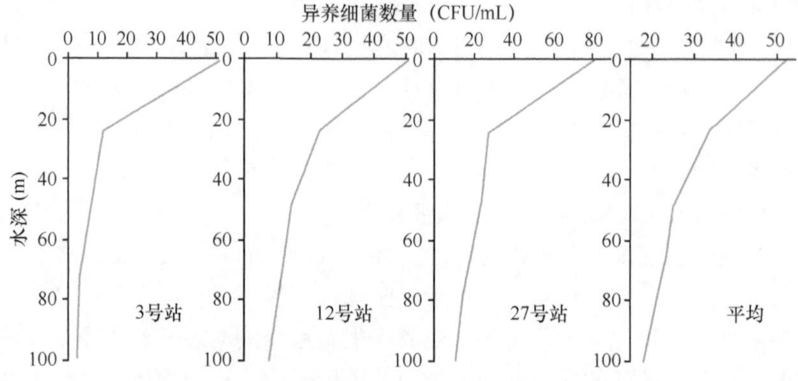

图5.8　代表性测站异养细菌的垂向分布（1997年11月）

异养细菌数量的降幅最大，其次是25m水层到50m水层，50m水层到100m水层降幅较小，变化平缓，这可以从一定程度上反映南沙群岛海区海洋环境的垂向变化。

图5.9为南沙群岛海区3个断面异养细菌的垂向分布，a断面位于南沙南部海区，东-西走向，从43号站到27号站；b断面从27号站向东北沿着南沙海槽伸展；c断面从南部27号站向西北方向伸展。从图5.9可看到，a断面各测站异养细菌垂向分布比较一致，整个断面异养细菌垂向分布与平均数量垂向分布基本相同，代表了大部分测站的分布特征；b断面西南端测站垂向分布与a断面各测站相似，东北端测站上层与西南端测站相同，但中层到下层比西南端测站高，12号站到10号站，从50m到100m水层异养细菌的数量有增高趋势，10号站尤为明显。c断面从南部向西北跨过调查海区中部，其异养细菌的垂向分布比较复杂，可能受外海水团影响复杂，呈现水团交织混合，常在断面出现异养细菌数量或高或低的水团，但总体趋势与其他两断面基本一致，从50m到100m水层异养细菌的数量略高于a断面同深度水层。

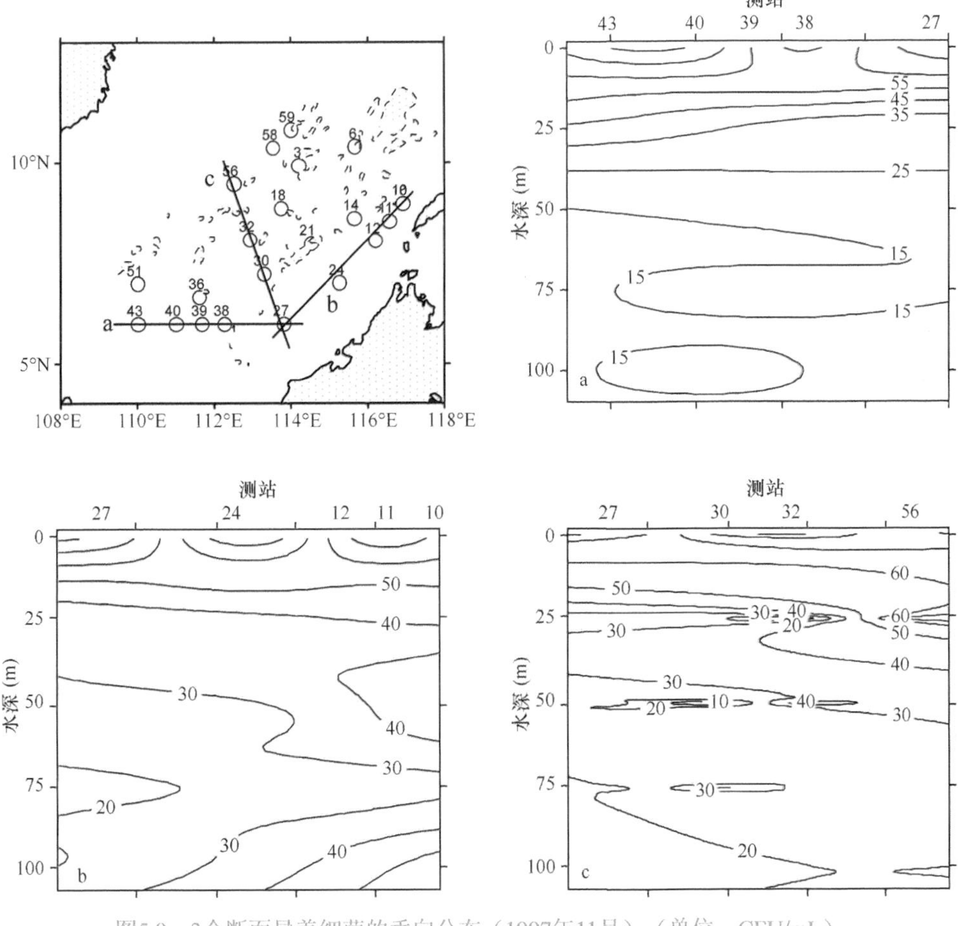

图5.9　3个断面异养细菌的垂向分布（1997年11月）（单位：CFU/mL）

南沙群岛海区不同水层异养细菌的平面分布略有不同。表层异养细菌的数量范围为24.0～102.5CFU/mL，平均为52.4CFU/mL。高数量出现在西南浅滩4°～6°N、108°～116°E海区，其次是巴拉望岛西面海区，两处海区都受外来海水交汇的影响；万安滩和北部海区异养细菌的数量最低（图5.10）。25m水层异养细菌的数量范围为5.0～112.5CFU/mL，平均为33.3CFU/mL。与表层相比，25m水层异养细菌高数量区从0m水层高数量区向北偏东方向移动到6°～11°N、110°～112°E海区，即移向南薇滩南面并向北延伸，其次是加里曼丹岛北部附近海域到巴拉巴克海峡口一带，在北康暗沙周围和安渡滩西北岛礁密集海区，异养细菌的数量最低（＜10CFU/mL）。50m水层异养细菌的数量范围为5.0～71.0CFU/mL，平均为25.0CFU/mL，高数量区再向北偏东方向移动到8°～12°N以北、117～118°E以东，即位于巴拉望岛西面海区，异养细菌的数量＞70.0CFU/mL；其次是西部中南半岛东南面海区，异养细菌的数量＞40.0CFU/mL，中部与南部海区异养细菌的数量较低（图5.11）。75m水层异养细菌的数量范围为3.5～62.0CFU/mL，平均为22.7CFU/mL。该水层异养细菌分布与表层相似，但范围较小，在北康暗沙西面和巴拉望岛西面海区有两个异养细菌高数量区，巴拉望岛西面海区异养细菌高数量区与50m水层高数量区可能同属一个水团，但位置往西偏移，数量不及50m水层高。另外，万安滩西至西北部也出现一个高数量区，低

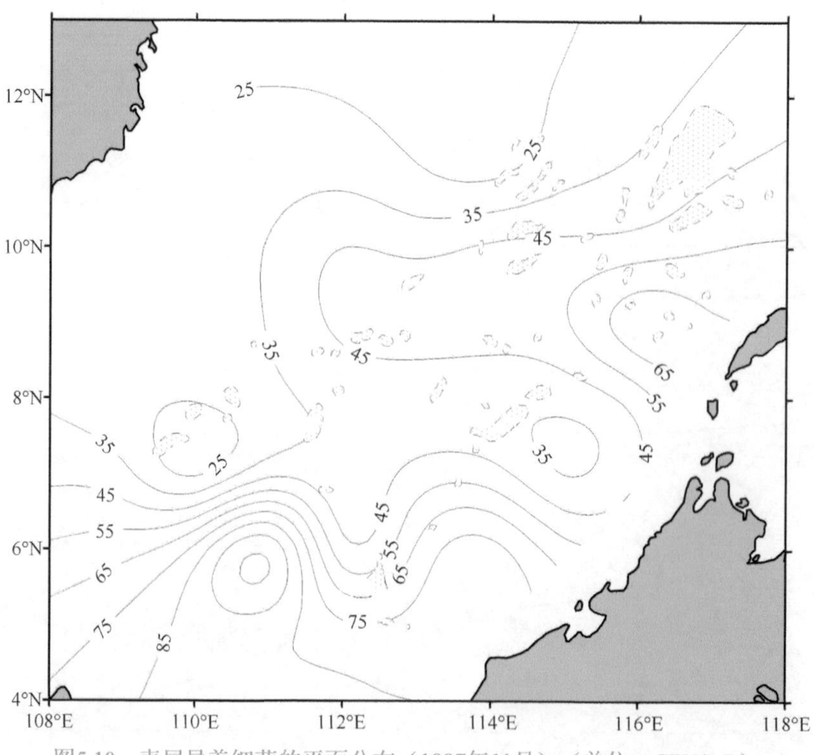

图5.10　表层异养细菌的平面分布（1997年11月）（单位：CFU/mL）

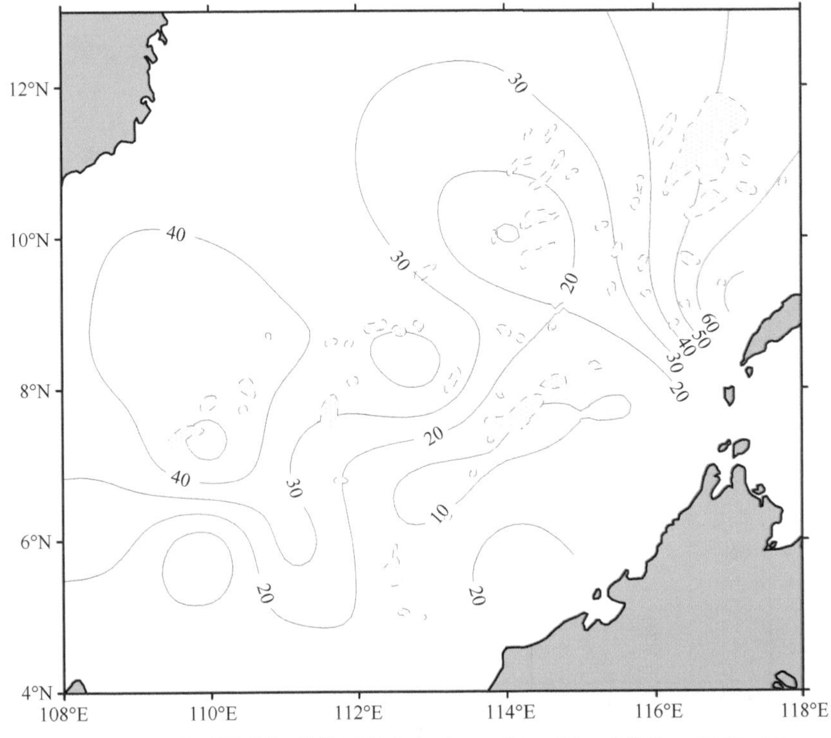

图5.11　50m水层异养细菌的平面分布（1997年11月）（单位：CFU/mL）

数量区出现在九章群礁与西南部海区（图5.12）。100m水层异养细菌的数量范围为3.0～98.5CFU/mL，平均为17.6CFU/mL。高数量区在巴拉望岛西面海区，异养细菌的数量＞80.0CFU/mL，其他海区异养细菌的数量都较低（图5.13）。

各水层异养细菌数量的高值区位于巴拉望岛西面和海区西南部，北康暗沙西面、南薇滩南面海区也较高，中部海区异养细菌的数量较低。

综上所述，南沙群岛海区秋末冬初异养细菌的垂向峰值出现在表层，并随水层深度加大而减少，表层到25m水层降幅最大，其次是25m水层到50m水层，50m到100m水层降幅平缓；不同水层数量非常接近，就有机营养物对异养细菌数量的影响而言，符合Lindblom（1963）、Carlucci（1974）等提出的表面海水与沉积物比中层海水总是有更多的可利用的有机物这一规律。在海区南部东西断面，各测站100m以浅水层异养细菌的垂向分布比较一致，在南部27号站沿南沙海槽往东北断面，东北端25m水层到100m水层异养细菌的数量高于西南端同水层异养细菌的数量，中、下水层异养细菌的数量比较接近，这可能与巴拉巴克海峡口海水的影响有关。中部断面异养细菌的垂向分布比较复杂，可能是受外来水团影响复杂所致，但总体趋势与其他断面基本相同。平面分布主要有两处异养细菌高数量海区：一处是巴拉望岛附

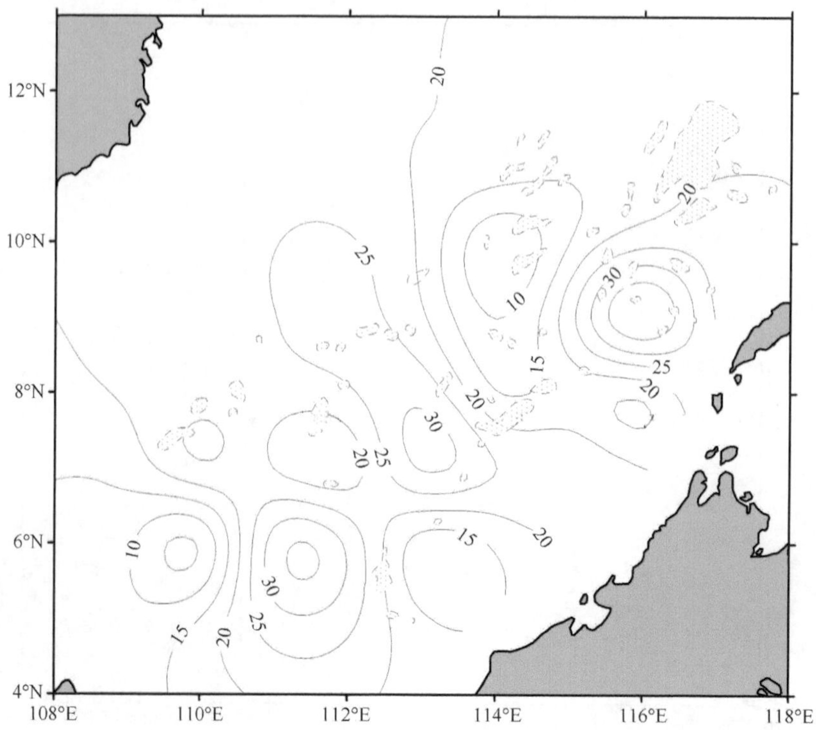

图5.12　75m水层异养细菌的平面分布（1997年11月）（单位：CFU/mL）

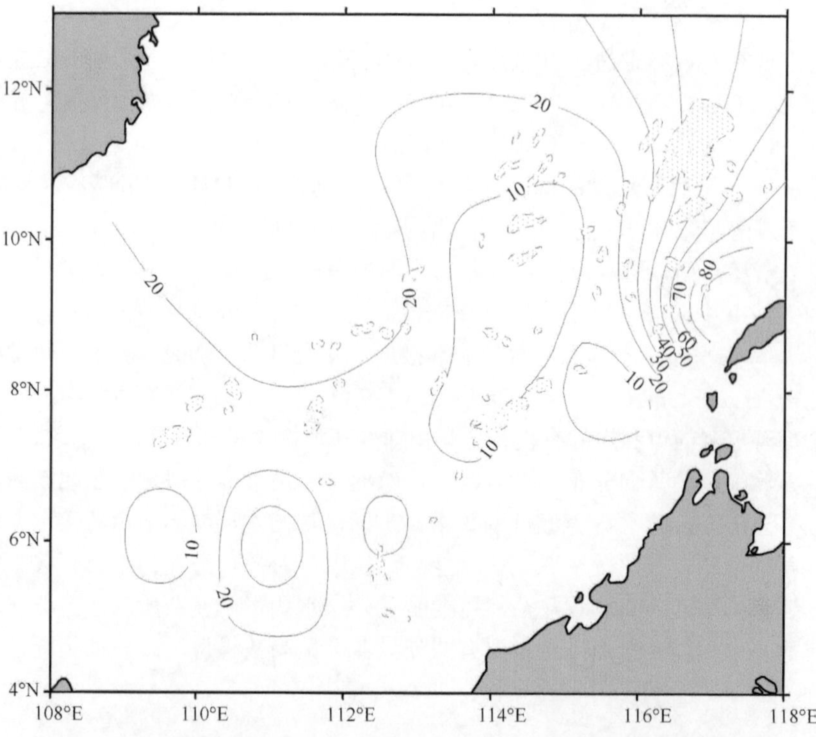

图5.13　100m水层异养细菌的平面分布（1997年11月）（单位：CFU/mL）

近海区，异养细菌的数量由沿岸向外海逐渐递减，其原因可能与巴拉望岛陆源物质输入有关，该海区的陆源有机物输入促进了异养细菌的增殖，此外，该海区位于巴拉巴克海峡口附近，交汇水可能也对该海区产生较大影响；另一处是6°N、111°E附近海区，根据以往资料，该海区异养细菌的数量变化较大，Chl a历史资料表明该海区Chl a含量高于邻近测站，该海区异养细菌的数量是其他海区的2～3倍，这可能与万安滩南部的冷涡有关（柯佩辉，1994），深层水的涌升把营养物质挟带到表层，给异养细菌的生长与繁殖提供了有利条件，引起异养细菌数量的增高，也可能与西南的混合水有关（南沙海域环境质量研究专题组，1996）。异养细菌数量的整体分布趋势呈东、西部海区较高，中部海区较低，这可能是由于中部海区受陆源物质影响较小，有机营养物质较为贫乏，影响了异养细菌的增殖。

5.2.2 影响异养细菌分布的主要因子

海洋中影响细菌分布的因子比较复杂，科学家早就指出，支配海洋细菌分布的重要因子之一是可利用的有机物（ZoBell，1968a；Carlucci，1974），对于异养细菌，有机营养物是必不可少的，但其他环境因子对异养细菌的影响怎样？为研究环境因子对异养细菌的影响，或是异养细菌对环境的影响，我们对异养细菌的数量及多项环境因子作多元回归分析，确定海区环境因子与异养细菌的相关性，分析与异养细菌密切相关的因子，为进一步研究海区环境生态特征提供依据。

根据已获得的资料，引入8个环境因子，包括T（℃）、S、DO（mL/L）、pH、NO_2^--N（μmol/L）、NH_4^+-N（μmol/L）、NO_3^--N（μmol/L）、PO_4^{3-}-P（μmol/L），对其与异养细菌的数量进行回归分析。分析水层为表层、50m水层、100m水层。设异养细菌的数量为Y、T为X_1、S为X_2、DO为X_3、pH为X_4、NO_2^--N为X_5、NH_4^+-N为X_6、NO_3^--N为X_7、PO_4^{3-}-P为X_8。分析结果如下。

对表层异养细菌的数量Y与各环境因子进行多元回归分析得到以下回归方程：

$$Y=4235.595+14.261X_1-37.766X_2-141.036X_3-332.687X_4+43.998X_5$$
$$-42.991X_6-10.825X_7+143.903X_8$$

方差分析见表5.4。

表5.4　表层多元线性回归方差分析表

变差来源	平方和	自由度	均方差	F
回归	2 978.156	8	372.269 4	0.451 926
剩余	4 118.702	5	S^2=823.740 4	
总计	7 096.857			

注：R=0.647 799 57，R^2=0.419 644 28，S=28.700 87（剩余标准差）

$$F_{8,5}^{0.10}=3.34$$

对50m水层异养细菌的数量Y与各环境因子进行多元回归分析得到以下回归方程：

$$Y=-8005.15+24.87X_1+114.94X_2-29.05X_3+437.67X_4+59.71X_5$$
$$+23.64X_6+12.40X_7+33.88X_8$$

方差分析见表5.5。

表5.5　50m水层多元线性回归方差分析表

变差来源	平方和	自由度	均方差	F
回归	2 408.187	8	301.023 4	11.782 51**
剩余	127.741	5	S^2=25.548 3	
总计	2 535.928			

注：R=0.974 488 21，R^2=0.949 627 28，S=5.054 5（剩余标准差）

** 表示在α=0.01水平上显著

$$F_{8,5}^{0.01}=10.29$$

对100m水层异养细菌的数量Y与各环境因子进行多元回归分析得到以下回归方程：

$$Y=-31346.9+97.6X_1+842.0X_2+27.3X_3+10.7X_4+134.6X_5-3.5X_6+5.7X_7+87.4X_8$$

方差分析见表5.6。

表5.6　100m水层多元线性回归方差分析表

变差来源	平方和	自由度	均方差	F
回归	507.612 9	8	63.451 61	1.126 002
剩余	169.653 7	3	S^2=56.351 25	
总计	677.2666			

注：R=0.866 121 75，R^2=0.750 166 89，S=7.506 75（剩余标准差）

$$F_{8,3}^{0.10}=5.25$$

经F检验，异养细菌的数量与8项环境因子只有50m水层相关性密切，呈非常显著水平，其余两水层相关性均不显著。

从全部变量的回归方程中逐步剔除不显著因子后，各水层所得到如下只包含显著相关因子的回归方程。

表层：$Y=69.5109-31.0313X_6$

方差分析结果见表5.7。

表5.7　去除不显著因子后表层线性回归方差分析表

变差来源	平方和	自由度	均方差	F
回归	1 219.752	1	1 219.752	2.490 517
剩余	5 877.105	12	S^2=489.759	
总计	7 096.857			

注：R=0.414 574 69，R^2=0.171 872 17，S=22.130 50

$$F_{1,12}^{0.10}=3.18$$

50m水层：$Y=-2480.22+12.05X_6+309.43X_4$

方差分析结果见表5.8。

表5.8　去除不显著因子后50m水层线性回归方差分析表

变差来源	平方和	自由度	均方差	F
回归	903.840	2	451.919 9	3.045 863*
剩余	1 632.089	11	S^2=148.371 7	
总计	2 535.929			

注：R=0.597 00，R^2=0.356 413 73，S=12.180 79

* 表示在α=0.10水平上显著

$$F_{2,11}^{0.10}=2.86$$

100m水层：$Y=-2552.14+309.79X_4+37.31X_5+2.83X_1$

方差分析结果见表5.9。

表5.9　去除不显著因子后100m水层线性回归方差分析表

变差来源	平方和	自由度	均方差	F
回归	401.216 6	3	133.738 8	3.884 227*
剩余	275.450 1	8	S^2=34.431 3	
总计	676.666 7			

注：R=0.770 020 05，R^2=0.592 930 88，S=5.867 819

* 表示在α=0.10水平上显著

$$F_{3,8}^{0.10}=2.92$$

从回归分析结果看到，异养细菌的数量与8个环境因子的线性关系密切的只有50m水层，呈显著相关（在α=0.01水平上显著），其余两水层均不显著，表明50m水层异养细菌的数量受上述环境因子的影响较大，其余两水层受影响较小。从全部变量的回归方程中逐步剔除不显著因子后，表层只包含NH_4^+-N一个因子，50m水层包含NH_4^+-N和pH两个因子，100m水层包含pH、NO_2^--N和水温三个因子。回归方程和F检验结果表明，0m水层异养细菌的数量与NH_4^+-N有较好的相关性。50m水层异养细菌的数量与NH_4^+-N和pH的相关性在α=0.10水平上显著。100m水层异养细菌的数量与pH、NO_2^--N和水温的相关性在α=0.10水平上显著。由此可见，表层NH_4^+-N对异养细菌的数量有较大影响，50m水层NH_4^+-N和pH对异养细菌的数量有制约影响，100m水层pH、NO_2^--N和水温对异养细菌的数量有制约影响。Carlucci（1974）指出，影响海洋细菌分布的重要因子是磷酸盐和硝酸盐，但回归分析结果表明南沙群岛海区异养细菌的分布与磷酸盐和硝酸盐的关系并不密切，只在100m水层异养细菌的数量与亚硝酸盐有较为密切的关系。另外，回归分析结果也表明盐度和DO对异养细菌分布的影响不大。Ingraham（1962）和Rose（1967）研究了水温对微生物的影响，他们指出大部分海洋细菌在22～30℃时生长良好。回归分析结果表明，南沙群岛海区表层和50m水层水温对异养细菌分布的影响不大，但100m水层相关性密切，这可能是由于表层和50m水层水温基本都在细菌良好生长范围内（只有一个测站表层水温为30.06℃），同一水层水温的波动对大部分细菌的生长与繁殖并不产生大的影响，而100m水层水温较低，低于细菌最适生长水温，这时水温的微弱变化，都可能对细菌的生长与繁殖产生较大影响。由此看来，南沙群岛海区异养细菌的分布受NH_4^+-N、pH、NO_2^--N和水温等环境因子的制约，盐度、DO和PO_4^{3-}-P对异养细菌的影响不大，而且不同水层影响因子不同，同一环境因子对不同水层也可能产生相反的影响结果，这也说明不同的时空，各环境因子的重要性可能由于环境的改变而改变。

以上分析了南沙群岛海区秋季可培养异养细菌的分布特征，并探索了可培养异养细菌与其他生物、水文和化学等环境因子的关系。分析结果表明，不同水层异养细菌的高数量区域有所不同，垂向异养细菌的数量大小为表层＞25m水层＞100m水层。可培养异养细菌的数量与Chl a之间的分布趋势相似。

根据1997年11月航次的观测资料，南沙群岛海区秋末冬初异养细菌的垂向分布与1988年夏季、1990年春末夏初和1994年分布相似，丰度最高值通常出现于表层，并随水层深度加大而降低，海区水体异养细菌的分布并未受东北季风显著影响。异养细菌的平面分布高值主要出现于巴拉望岛西面和海区西南部，海区中部异养细菌的数量较低。多元回归分析结果表明，50m水层异养细菌的数量与环境因子线性关系密切，在α=0.01水平上显著。进一步的回归分析还表明，表层对异养细菌数量影响较大的只有NH_4^+-N；50m水层影响较大的是NH_4^+-N和pH；100m水层影响较大的是pH、NO_2^--N和水温。

第6章　南沙群岛海区浮游生物及生产效率

海洋浮游生物是指游泳能力较弱，主要在海水运动作用下被动漂浮于水层中的生物，广泛分布于各海区，按营养方式可分为浮游植物和浮游动物，其特点是多数个体很小，缺乏发达的运动器官，运动能力差，主要分布于海洋上层或表层。浮游植物是海洋初级生产者，一般分布于海洋的真光层，包括硅藻、甲藻、蓝藻、金藻、绿藻等，它们通过光合作用将海水中的无机物转化为有机物并放出氧气，在海洋生态系统能量流动和物质循环中起着关键作用。浮游动物是海洋中的次级生产者，包括桡足类、枝角类、介形类、磷虾类、毛颚类、被囊类、水母类、原生动物、浮游幼虫等，主要以海洋中的有机颗粒物为营养来源，多为滤食性；浮游动物是海洋生态系统中的消费者，同时又是其他动物的饵料生物，在海洋物质循环与能量传递中处于承上启下的关键环节。由初级生产向次级生产转化的效率，称为生产效率，本章主要指初级生产者向次级生产者转化的生产效率。

6.1　浮游植物的组成与分布

南沙群岛海区宽阔，浮游植物多样性丰富，在南沙群岛海区的综合考察中进行了浮游植物多样性调查分析，这对南沙群岛海区乃至我国生物多样性研究均具有重要意义。20世纪80年代至90年代，中国科学院南沙综合科学考察队就南沙群岛海区（图6.1～图6.3）浮游植物的分布与组成进行了初步调查（林秋艳和林永水，1991；林永水和林秋艳，1991；中国科学院南沙综合科学考察队，1996），证实了该海区丰富的浮游植物物种多样性，还对该海区网采浮游植物的丰度、种类组成与分布特点进行了分析。本节主要根据1997年秋季（李开枝等，2005）、1999年春季和夏季航次的调查资料，分析春、夏、秋三个季节南沙群岛海区网采浮游植物数量、分布、种类组成的特点，并对春季岛礁（渚碧礁）潟湖的浮游植物多样性进行研究。在2009年、2010年、2011年和2012年分别执行了南海春季、秋季、冬季和夏季航次，采集了水样（图6.4），进行浮游植物分析。结合海区营养盐及浮游动物等因子分析，探讨浮游植物多样性与环境的关系，为深入研究南沙群岛海区生态系统结构与生物多样性提供基础资料。

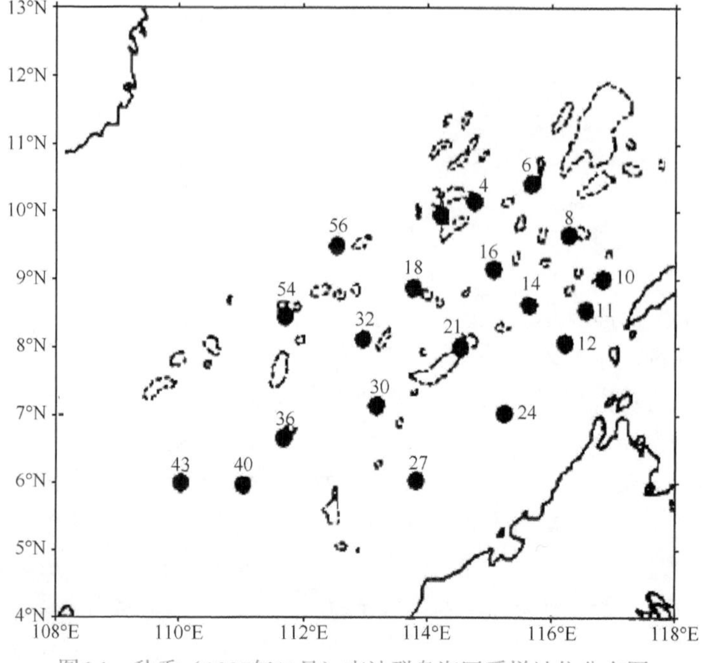

图6.1　秋季（1997年11月）南沙群岛海区采样站位分布图

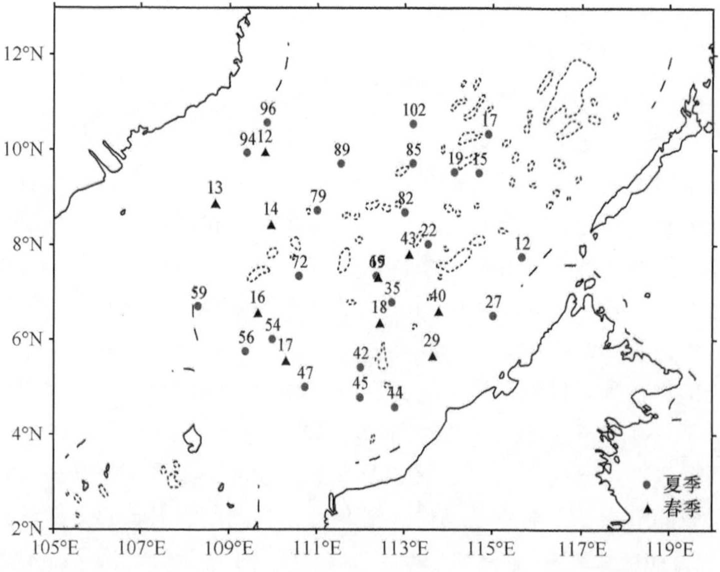

图6.2　春季（1999年4月）及夏季（7月）南沙群岛海区采样站位分布图

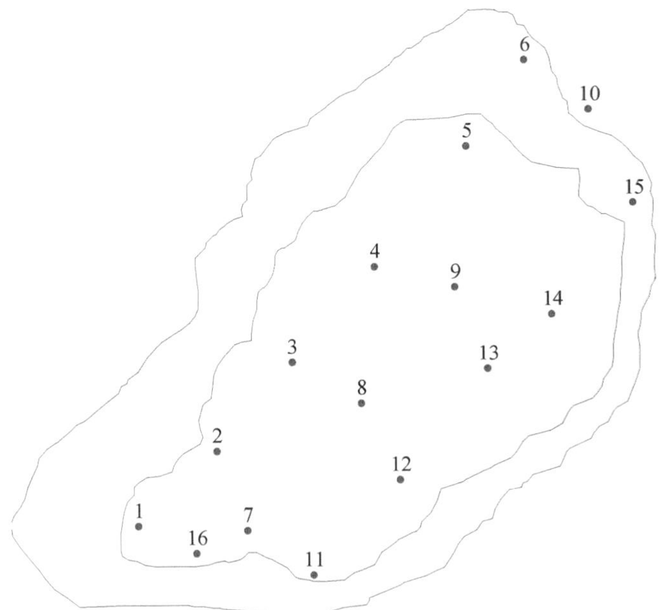

图6.3　南沙群岛海区渚碧礁及潟湖内浮游植物采样站位分布图

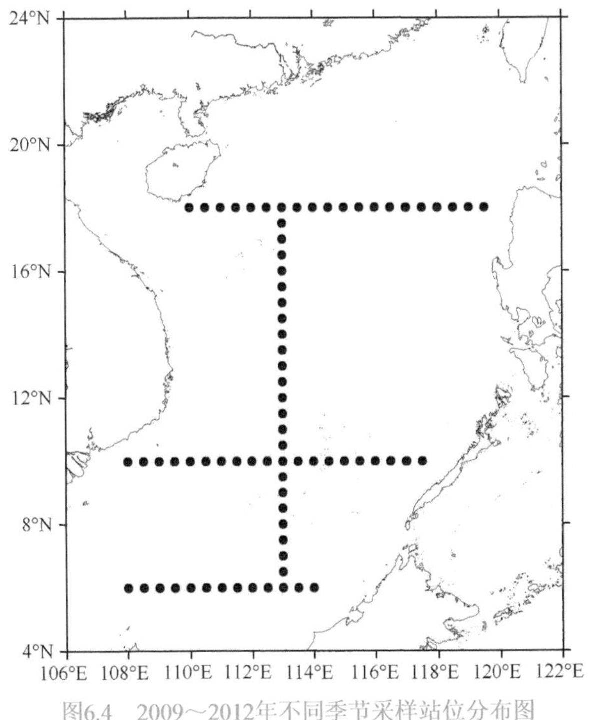

图6.4　2009～2012年不同季节采样站位分布图

1997年秋季航次采样站位位于5°59'～10°25'N、110°00'～116°48'E，共设20个采样站位（图6.1）。1999年夏季航次的采样站位位于南沙群岛海区4.79°～10.54°N、108.33°～115.65°E，共23个采样站位（图6.2）。1999年春季采样站位分为大面站和渚碧礁潟湖测站，其中大面站共10个，分布于南沙群岛海区西南部（5.58°～9.96°N，108.68°～113.75°E）（图6.2）；渚碧礁位于南沙群岛海区中北部，在潟湖水域共16个站位进行取样（图6.3）。浮游植物采样使用小型浮游生物网，其孔径为76μm，网口面积为0.1m^2，网身长270cm。采样时采用垂直拖网；在大面站深水海区，拖网水深为75m，而在渚碧礁浅水站位采样时，采样水深为离底2m至表层。样品现场固定，运回实验室，在生物显微镜下鉴定、分析，浮游植物丰度按海洋调查规范规定的公式计算。浮游植物多样性指数的统计分析采用如下公式。

Shannon-wiener指数（H'）：

$$H' = \sum_{i=1}^{S} P_i \log 2P_i \quad (P_i = N_i/N，S=\text{总种数})$$

均匀度（J）：

$$J = \frac{H'}{\log 2S}$$

优势度（Y）：

$$Y = \frac{N_i}{N} \cdot f_i$$

式中，N_i为第i种的个体数；f_i为该种在各采样站位中出现的频率；N为每种出现的总个体数。

6.1.1 浮游植物的丰度

1997年秋季、1999年夏季和春季海区大面站的网采浮游植物的丰度平均值分别为2.31×10^{4}cells/m^3、1.03×10^{4}cells/m^3、0.73×10^{4}cells/m^3，春季渚碧礁潟湖测站丰度平均值为2.49×10^{4}cells/m^3。海区浮游植物的丰度秋季明显高于春、夏季，且渚碧礁潟湖测站的浮游植物丰度明显高于南沙群岛海区大面站。从平面分布来看，秋季，0～75m水层浮游植物的丰度最大值出现在安渡滩附近的21号站（0.16×10^{4}cells/m^3），其次是43号站（0.14×10^{4}cells/m^3），3号站最低，仅为0.02×10^{4}cells/m^3，浮游植物的丰度高值区集中在南沙群岛海区的东部和东南部；75～150m水层浮游植物的丰度高值区位于南沙群岛海区中部的32号、18号、16号站，由此向海区的西南部和东北部逐渐降低（图6.5）。夏季，浮游植物的丰度出现了3个高值区：一个位于巴拉巴克海峡与安渡滩之间（1.91×10^{4}cells/m^3），一个位于南康暗沙和曾母暗沙之间的西南海区（2.94×10^{4}cells/m^3），还有一个高值区位于中南半岛东南部

（1.63×10^4cells/m^3）（图6.6）。春季，浮游植物的丰度分别在南沙群岛海区南部的17号站（0.11×10^4cells/m^3）及安渡滩和南薇滩之间（0.16×10^4cells/m^3）出现低值，并由两个低值区向西北方向逐渐递增，在中南半岛附近达到最大值（2.39×10^4cells/m^3）（图6.7）；渚碧礁潟湖浮游植物的丰度为0.8×10^4～6.0×10^4cells/m^3。在渚碧礁的西南部和东北部共出现3个高值区，在西南部两个高值区与其中间的低值区紧连，并与东北部的高值区共同向潟湖中心偏北部递减，形成四周高、中间低的分布格局（图6.8）。

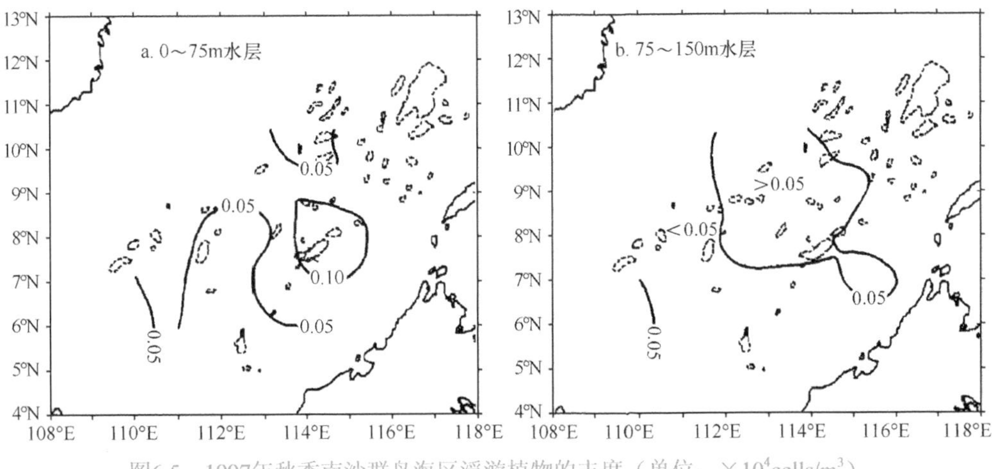

图6.5　1997年秋季南沙群岛海区浮游植物的丰度（单位：$\times10^4$cells/m^3）

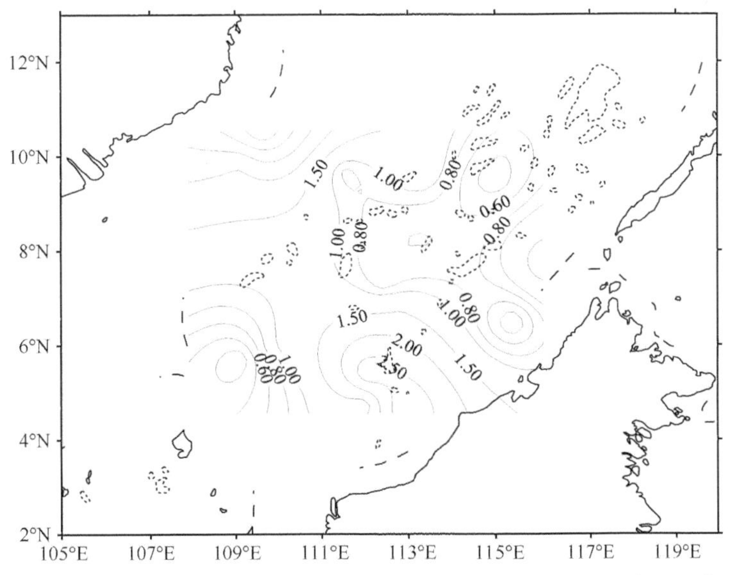

图6.6　1999年夏季南沙群岛海区浮游植物的丰度（单位：$\times10^4$cells/m^3）

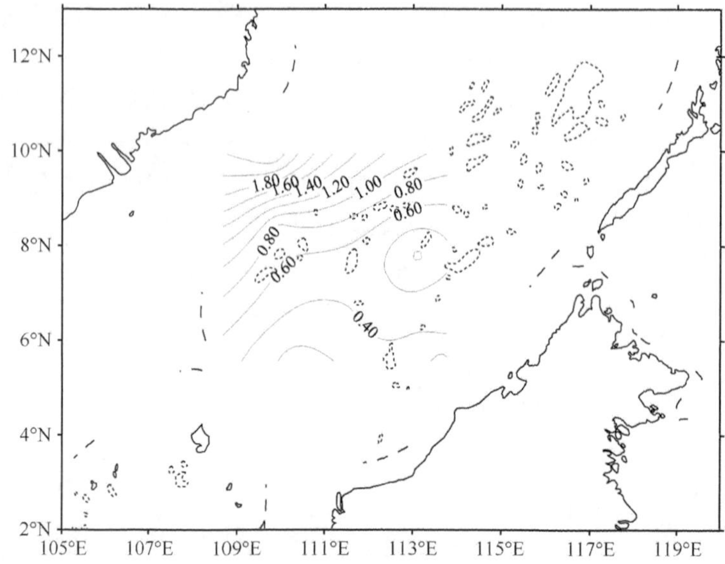

图6.7　1999年春季南沙群岛海区浮游植物的丰度（单位：$\times 10^4$cells/m^3）

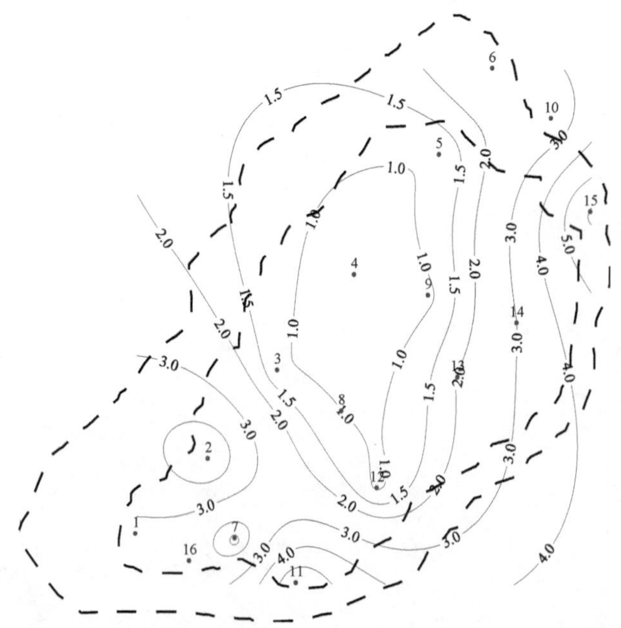

图6.8　1999年春季渚碧礁浮游植物的丰度（单位：$\times 10^4$cells/m^3）

根据2009～2012年采获样品的分析结果，水采表层浮游植物丰度存在较大的季节和空间变化（图6.9）。在季节尺度上，冬季浮游植物丰度最高，为（3061±1314）cells/L；春、秋季次之，其丰度分别为（1852±1049）cells/L和（1660±913）cells/L；夏季丰度最低，为（1008±1161）cells/L。在空间尺度上，近岸海域浮游植物丰度高于外海，特别是春季在越南东部海域浮游植物丰度较高，这可能与湄公河营养盐输入的影响有关。此外，夏季不同测站浮游植物丰度的差别较大，这可能与该海域夏季出现较多中尺度涡有关。

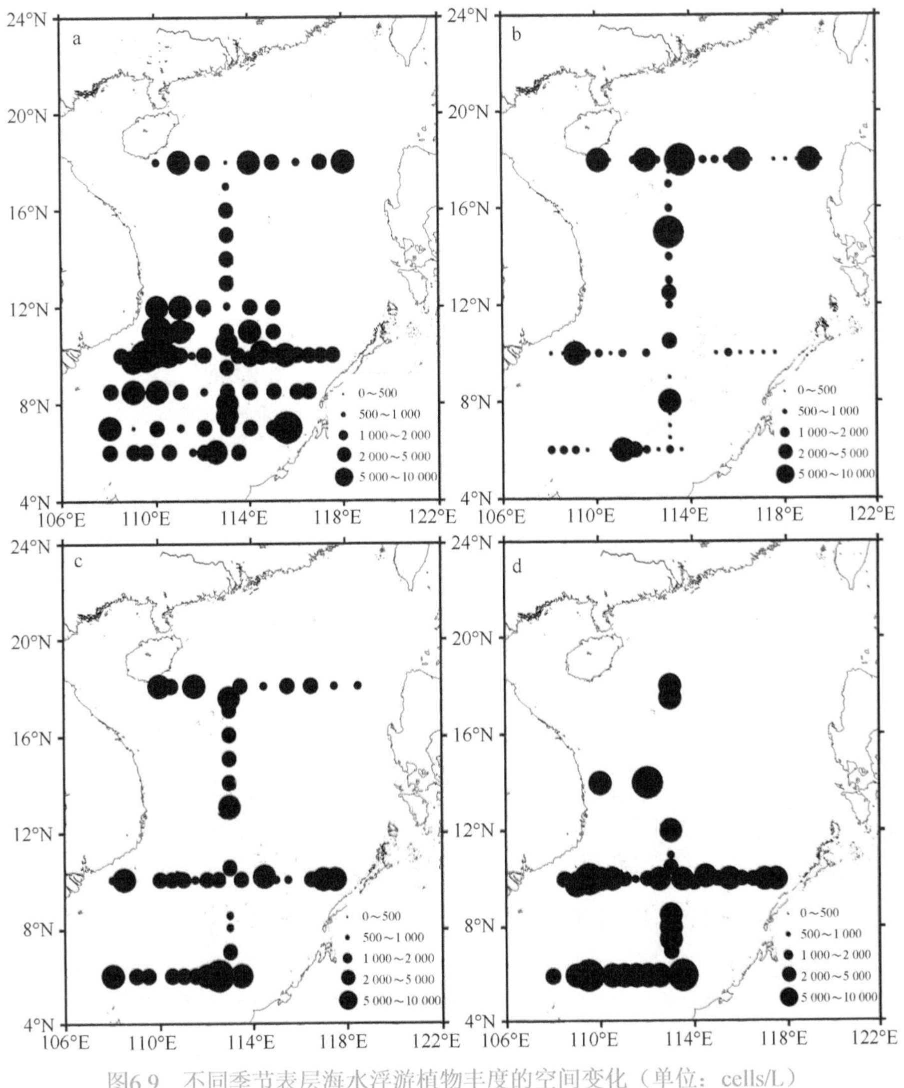

图6.9　不同季节表层海水浮游植物丰度的空间变化（单位：cells/L）

a. 春季（2009年5～6月）；b. 夏季（2012年8月）；c. 秋季（2010年10～11月）；d. 冬季（2011年12至2012年1月）

6.1.2 浮游植物种类组成和区域分布

1997年秋季，南沙群岛海区大面站共检出浮游植物33属121种（含14个变种、2个变型、1个变种变型、23个不确定种），甲藻种类最多（63种），硅藻次之（35种）。0～75m水层的21号站浮游植物的种类最多（29种），36号站最少（9种）。75～150m水层18号站浮游植物的种类最多，共26种。分布较广的种类有三叉角藻（*Ceratium trichoceros*）、拟夜光梨甲藻（*Pyrocystis noctiluca*）、短角藻（*Ceratium breve*）及梭梨甲藻（*Pyrocystis fusiformis*）等。

1999年春季，海区大面站共检出浮游植物31属110种，包括硅藻门的23属58种（含2个变种、5个不确定种和3个变型）、甲藻门的8属52种（含7个变种、1个不确定种和5个变型）。其中，13号站浮游植物的种类最多，共58种，17号站仅检出13种。分布最广的种类为二齿双管藻（*Amphisolenia bidentata*），每个测站都有其分布。此外，拟夜光梨甲藻、三叉角藻、距端根管藻（*Rhizosolenia calcar-avis*）等种类亦分布较广。

1999年夏季，海区大面站共检出浮游植物39属172种，包括甲藻门的10属88种（含12个变种、6个不确定种和4个变型）、硅藻门的29属84种（含4个变种、7个不确定种和4个变型）。其中，以42号和44号站的浮游植物种类为最多，均为66种；56号站最少，仅4种。距端根管藻和梭梨甲藻分布最广，在26个站位中均有出现。此外，分布较广的种类还包括密聚角刺藻、二齿双管藻、三叉角藻等。

1999年春季，在渚碧礁水域共检出浮游植物26属51种，包括硅藻门的21属38种（含1个变种、9个不确定种和2个变型）、甲藻门的5属13种（含1个变种和1个变型）。以10号、13号和14号站检出的浮游植物种类为最多，均为18种；而11号站最少，仅5种。菱形藻（*Nitzschia* spp.）和距端根管藻的分布最广，在潟湖各测站都有出现。

海区中梨甲藻属（*Pyrocystis*）在春、夏季分别出现35种和56种，分别占总种数的31.8%和32.6%，是南沙群岛海区种类分布最多的属。角毛藻属（*Chaetoceros*）和根管藻属（*Rhizosolenia*）在春、夏季也有较多的种类分布。

总体来看，南沙群岛海区秋季甲藻种类数明显高于硅藻，而春、夏季硅藻与甲藻的种类数大体持平，但在丰度上却存在显著差别（图6.10，图6.11）。硅藻与甲藻的丰度分别在春季和夏季占据明显的优势。在夏季，28个测站中仅7个测站硅藻丰度高于甲藻；而在春季，硅藻占优势的测站数占总测站数的比例高达70%。在渚碧礁潟湖水域，硅藻无论是在种类数还是在丰度上均占据了主导地位（图6.11a）。

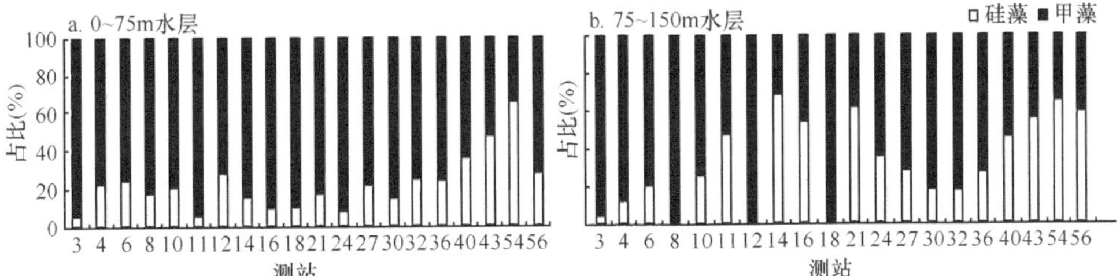

图6.10 1997年秋季南沙群岛海区硅藻与甲藻的占比

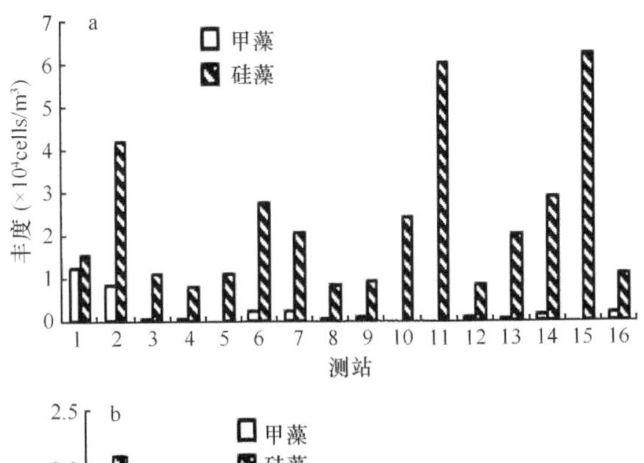

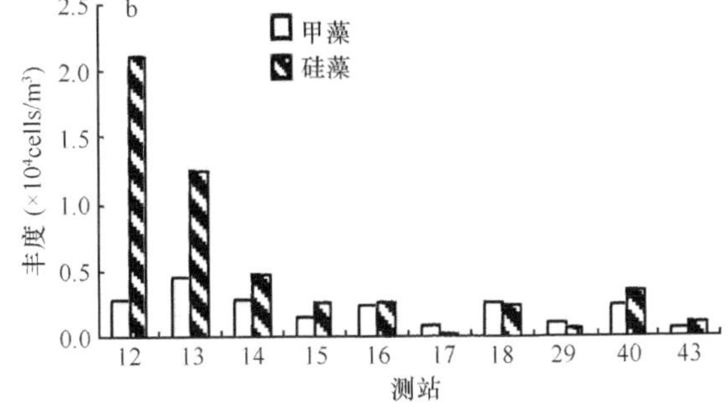

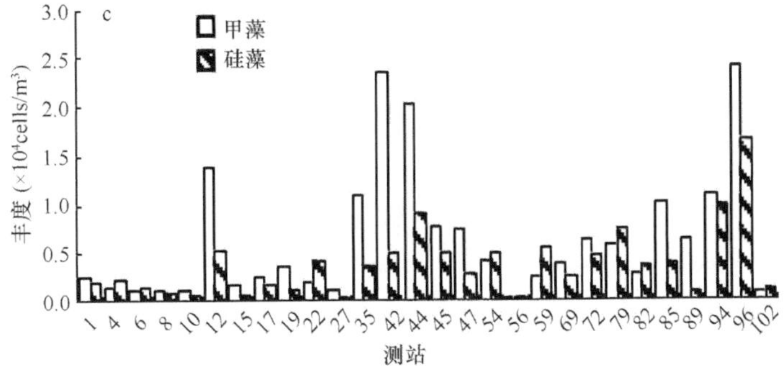

图6.11 南沙群岛海区硅藻与甲藻的丰度

a. 春季渚碧礁航次；b. 春季大面站航次；c. 夏季大面站航次

根据4个航次各测站浮游植物种类的出现频率和丰度，得出各个航次的优势种，见表6.1～表6.4。

表6.1 1997年秋季海区浮游植物优势种

水层	优势种	平均细胞丰度（$\times 10^2$cells/m^3）	占比（%）	出现频率	优势度
0～75m	三叉角藻*Ceratium trichoceros*	1.47	20.98	0.96	0.201
	拟夜光梨甲藻*Pyrocystis noctiluca*	0.75	10.76	0.88	0.094
	短角藻*Ceratium breve*	0.28	4.02	0.71	0.028
	纺锤梨甲藻*Pyrocystis fusiformis*	0.18	2.66	0.71	0.018
	美丽鸟尾藻*Ornithocercus splendidus*	0.20	2.97	0.58	0.017
75～150m	太阳漂流藻*Planktoniella sol*	0.33	7.72	0.55	0.042
	拟夜光梨甲藻*Pyrocystis noctiluca*	0.31	7.08	0.55	0.039
	三叉角藻*Ceratium trichoceros*	0.28	6.46	0.40	0.026
	具尾鳍藻*Dinophysis caudata*	0.24	5.39	0.30	0.016

表6.2 1999年夏季海区浮游植物优势种

优势种	各站丰度（$\times 10^4$cells/m^3）	占比（%）	出现频率	优势度
距端根管藻*Rhizosolenia calcar-avis*	2.543	8.8	0.929	0.089
紧挤角毛藻*Chaetoceros coarctatus*	2.095	7.3	0.893	0.054
尖根管藻*Rhizosolenia acuminata*	1.858	6.4	0.536	0.041
二齿双管藻*Amphisolenia bidentata*	1.060	3.7	0.857	0.031
笔尖形根管藻粗径变种*Rhizosolenia styliformis* var. *latissima*	0.978	3.4	0.536	0.015
三叉角藻*Ceratium trichoceros*	0.936	3.2	0.821	0.026
笔尖形根管藻*Rhizosolenia styliformis* var. *styliformis*	0.888	3.1	0.679	0.021
梭梨甲藻*Pyrocystis fusiformis*	0.458	1.6	0.929	0.015

表6.3 1999年春季海区浮游植物优势种

优势种	各站丰度（$\times 10^4$cells/m^3）	占比（%）	出现频率	优势度
菱形海线藻*Thalassionema nitzschioides*	0.676	9.3	0.700	0.064
角毛藻*Chaetoceros* sp.	0.582	8.0	0.500	0.042
二齿双管藻*Amphisolenia bidentata*	0.468	6.4	1.000	0.063
紧挤角毛藻*Chaetoceros coarctatus*	0.354	4.8	0.800	0.039
距端根管藻*Rhizosolenia calcar-avis*	0.254	3.5	0.900	0.031
Tripos biceps	0.216	3.0	0.800	0.022
三叉角藻*Ceratium trichoceros*	0.214	2.9	0.900	0.026

表6.4　1999年春季渚碧礁潟湖浮游植物优势种

优势种	各站丰度（$\times 10^4$cells/m^3）	占比（%）	出现频率	优势度
日本星杆藻*Asterionella japonica*	7.960	20.0	0.750	0.172
短纹楔形藻*Licmophora abbreviata*	4.564	11.5	0.500	0.026
距端根管藻*Rhizosolenia calcar-avis*	2.836	7.1	0.938	0.094
菱形藻*Nitzschia* sp.	2.779	7.0	0.938	0.042
劳氏角毛藻*Chaetoceros lorenzianus*	2.583	6.5	0.438	0.017
角毛藻*Chaetoceros* sp.	2.541	6.4	0.563	0.048
串珠梯楔藻*Climacosphenia moniligera*	1.922	4.8	0.563	0.035
膜状舟形藻*Navicula membranacea*	1.153	2.9	0.313	0.023
中沙角管藻*Cerataulina zhongshaensis*	1.145	2.9	0.625	0.019

在春季渚碧礁潟湖水域采获的样品中，优势种全部为硅藻种类。日本星杆藻（*Asterionella japonica*）在潟湖水域占据了明显的种群优势，优势度高达0.172，而该种在1993年5月的调查中优势度很低（中国科学院南沙综合科学考察队，1996）。

在大面站海区的优势种组成上，1997年秋季调查海区0～75m水层和75～150m水层优势种以甲藻为主（表6.1）；而1999年春季、夏季海区甲藻与硅藻的种类数比例大体相同（表6.2，表6.3）。1999年春季海区以硅藻门的菱形海线藻和甲藻门的二齿双管藻等为主要优势种，而1999年夏季距端根管藻等为主要优势种。根管藻属在夏季占据优势地位，在8个优势种中，根管藻属出现了4个种，其中距端根管藻在南沙群岛海区春季、夏季及渚碧礁潟湖春季均为优势种（表6.4）。

采用Shannon-wiener修改过的公式进行计算，得出三个航次海区和渚碧礁潟湖各测站的浮游植物多样性指数和均匀度，分别见表6.5～表6.8。

表6.5　1997年秋季海区浮游植物多样性指数及均匀度

水层（m）	多样性指数		均匀度	
	变化范围	平均值	变化范围	平均值
0～75	2.43～3.99	3.40	0.54～0.93	0.79
75～150	1.44～2.55	2.07	0.49～0.64	0.60

表6.6　1999年夏季海区浮游植物多样性指数、最大多样性及均匀度

站号	1	4	6	8	10	12	15	17	19	22	27	35	42	44
多样性指数	3.75	3.54	3.68	4.12	3.98	3.84	3.65	4.36	4.04	3.50	4.70	4.70	4.80	4.84
最大多样性	4.52	4.52	4.17	4.46	4.25	5.49	4.32	4.86	5.17	4.58	4.75	5.49	6.04	6.04
均匀度	0.83	0.78	0.88	0.92	0.94	0.70	0.84	0.90	0.78	0.76	0.99	0.86	0.79	0.80

续表

站号	45	47	54	56	59	69	72	79	82	85	89	94	96	102
多样性指数	4.98	5.00	4.03	1.89	3.56	4.12	3.45	4.16	3.55	4.23	3.73	4.31	4.05	3.58
最大多样性	5.61	5.39	5.29	2.00	4.81	5.00	4.86	5.36	4.32	5.17	4.70	5.46	5.61	4.17
均匀度	0.89	0.93	0.76	0.95	0.74	0.82	0.71	0.78	0.82	0.82	0.79	0.79	0.72	0.86

表6.7　1999年春季海区浮游植物多样性指数、最大多样性及均匀度

站号	12	13	14	15	16	17	18	29	40	43	平均
多样性指数	4.51	4.66	4.72	4.70	4.44	3.50	4.62	4.03	4.55	3.74	4.35
最大多样性	5.61	5.86	5.36	5.17	5.09	3.70	5.13	4.25	5.00	3.91	4.91
均匀度	0.80	0.80	0.88	0.91	0.87	0.95	0.90	0.95	0.91	0.96	0.89

表6.8　1999年春季渚碧礁潟湖浮游植物多样性指数、最大多样性及均匀度

站号	1	2	3	4	5	6	7	8	9	10	11	12	13	14	15	16	平均
多样性指数	2.50	2.73	2.90	2.57	3.10	2.86	3.12	3.52	3.40	3.45	1.71	2.90	3.45	3.21	2.43	2.86	2.92
最大多样性	2.58	3.91	3.58	3.17	3.58	3.00	3.46	4.09	3.91	4.17	2.32	3.32	4.17	4.17	2.81	3.00	3.45
均匀度	0.97	0.70	0.81	0.81	0.86	0.95	0.90	0.86	0.87	0.83	0.74	0.87	0.83	0.77	0.86	0.95	0.85

南沙群岛海区浮游植物保持了较高的物种多样性，总的来看，春季渚碧礁潟湖水域的浮游植物多样性明显低于海区，这与岛屿生物学理论相吻合（张知彬，1993），可能是由栖息地的片段化与隔离引起调查海区与外围水域在面积范围、深度和水文及水化学条件等因素的差异造成。春季浮游植物多样性指数平均值略高于夏季，春、夏季浮游植物多样性指数变化范围与1993年5月的调查结果（中国科学院南沙综合科学考察队，1996）相近。夏季多样性指数变动幅度较大，其中56号站多样性指数仅为1.89，远低于该海区其他站位的多样性指数。

南沙群岛海区浮游植物的分布与种类组成差异、海区的水文状况、营养盐分布、浮游动物摄食压力等均有密切的联系，而且往往是多种因素综合影响的结果。夏季，巴拉巴克海峡至安渡滩之间常出现营养盐含量高值区，而西南陆架区涌升流的影响也会造成该海区营养盐含量的升高，这些相对营养盐含量较高的海区有利于浮游植物生长，因而出现浮游植物丰度高值；在中南半岛东南部出现浮游植物高值则可能是受到了沿岸水的影响。

春季，浮游植物分布受营养盐的影响并不明显。但在浮游植物丰度出现极低值的海区，往往相应存在桡足类等浮游动物生物量高的海区，这表明较高的初级生产力（浮游植物）为次级生产提供了有利条件；反之，浮游动物的摄食压力对浮游植

物的分布可造成直接影响，起下行控制作用。有关南沙群岛海区浮游植物分布及组成与环境因子的具体关系还有待进一步深入研究。

2009年春季水采浮游植物分析结果显示，南沙群岛海区表层水体浮游植物丰度为1.85×10^3cells/L，其中硅藻和甲藻分别为0.41×10^3cells/L和1.42×10^3cells/L，主要优势属有原甲藻属（*Prorocentrum*）、膝沟藻属（*Gonyaulax*）、环沟藻属（*Gyrodinium*）、斯氏藻属（*Scrippsiella*）和角毛藻属（*Chaetoceros*），这5个属的丰度占浮游植物总丰度的70%以上。在营养盐丰富的湄公河河口和越南上升流区，硅藻占优势；在营养盐缺乏的远岸海区，甲藻占优势（图6.12）。

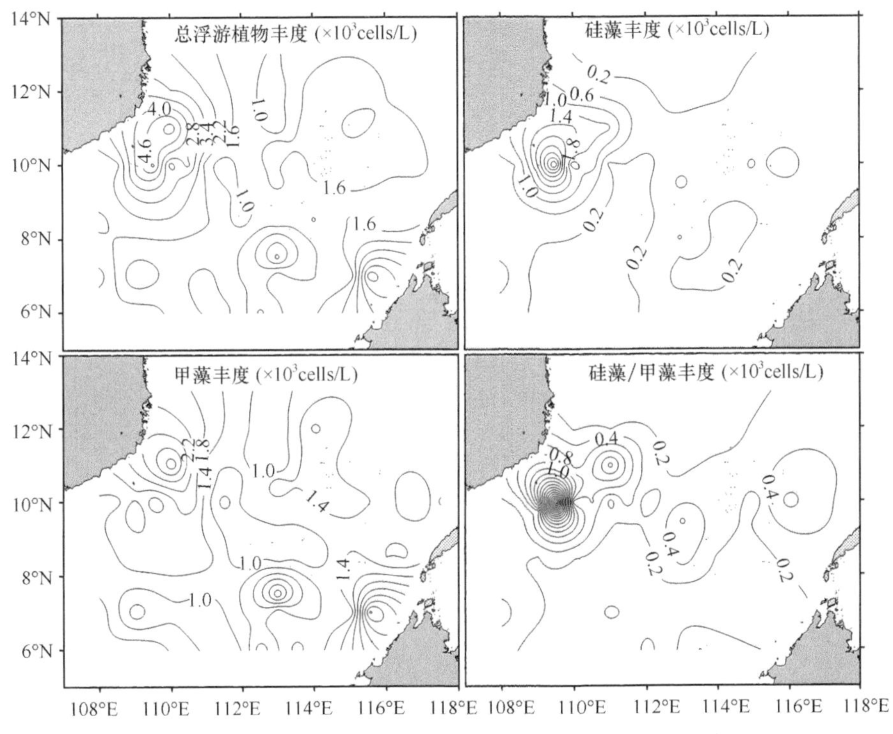

图6.12　2009年春季南沙群岛海区表层浮游植物的丰度

在2009年春季采获的表层水样中，共鉴定出143种浮游植物，分属于4门54属（表6.9），其中，硅藻种类占40%以上，丰度占17.81%；甲藻种类占50%以上，丰度占77.71%。典型相关分析结果显示，多数硅藻喜低温盐、高硅酸盐、高磷环境，多数甲藻喜高温盐、低硅酸盐、低磷环境。同时发现，南沙群岛海区表层水体中硅磷比可能是影响浮游植物种类组成与分布的主要环境因子。2009年春季在南沙群岛海区共鉴定出优势种（优势度＞0.015）11种，包括甲藻9种、硅藻和蓝藻各1种（表6.10）。根据优势度的高低进行排列，依次为原甲藻（*Prorocentrum* sp.）、膝沟藻（*Gonyaulax* sp.）、环沟藻（*Gyrodinium* sp.）、多米尼环沟藻（*Gyrodinium dominans*）、锥状斯氏藻（*Scrippsiella trochiodea*）、心形原甲藻（*Prorocentrum cordatum*）、卡氏前沟藻（*Amphisdinium carterae*）、角毛藻（*Chaetoceros* sp.）、卵形膝沟藻（*Gonyaulax ovalis*）、红海束毛藻（*Trichodesmium erythraeum*）和裸甲藻（*Gymnodinium* sp.）（表6.10）。

表6.9　2009年春季南沙群岛海区表层水体浮游植物种类名录

	Species		Species
	Bacillariophyta	27	*Coscinodiscus wittianus*
1	*Actinocyclus ehrenbergii* var.*ehrenbergii*	28	*Coscinodiscus* sp.
2	*Actinocyclus ehrenbergii* var. *ralfsii*	29	*Cyclotella* sp.
3	*Asterolampra marylandica*	30	*Cylindrotheca closterium*
4	*Asteromphalus cleveanus*	31	*Dactyliosolen mediterraneus*
5	*Asteromphalus elegans*	32	*Ditylum brightwellii*
6	*Asteromphalus heptactis*	33	*Ditylum sol*
7	*Bacteriastrum comosum* var. *comosum*	34	*Eucampia cornuta*
8	*Bacteriastrum hyalinum* var. *hyalinum*	35	*Grammatophora marina*
9	*Bacteriastrum varians*	36	*Guinardia flaccida*
10	*Biddulphia grundleri*	37	*Hemiaulus membranaceus*
11	*Biddulphia rhombus* f. *trigona*	38	*Hemiaulus sinensis*
12	*Biddulphia* sp.	39	*Isthmia japonica*
13	*Cerataulina daemon*	40	*Lauderia annulata*
14	*Cerataulina pelagica*	41	*Leptocylindrus danicus*
15	*Cerataulina zhongshaensis*	42	*Mastogloia rostrate*
16	*Chaetoceros affinis* var. *affinis*	43	*Mastogloia* sp.
17	*Chaetoceros bacteriastroides*	44	*Navicula* sp.
18	*Chaetoceros laevis*	45	*Nitzschia lanceolata*
19	*Chaetoceros coarctatus*	46	*Nitzschia longissima*
20	*Chaetoceros compressus*	47	*Nitzschia* sp.
21	*Chaetoceros curvisetus*	48	*Pseudonitzschia* sp.
22	*Chaetoceros lorenzianus*	49	*Rhabdonema adriaticum*
23	*Chaetoceros pseudocurvisetus*	50	*Rhizosolenia acuminata*
24	*Chaetoceros Socialis*	51	*Rhizosolenia alata* f. *genuina*
25	*Chaetoceros* sp.	52	*Rhizosolenia alata* f. *gracillima*
26	*Corethron criophilum*	53	*Rhizosolenia calcar-avis*

续表

	Species		Species
54	*Rhizosolenia crassispina*	85	*Corythodinium tesselatum*
55	*Rhizosolenia bergonii*	86	*Dinophysis* sp.
56	*Rhizosolenia delicatula*	87	*Dissodinium* sp.
57	*Rhizosolenia fragilissima*	88	*Gonyaulax kofoidii*
58	*Rhizosolenia setigera*	89	*Gonyaulax pacifica*
59	*Rhizosolenia stolterfothii*	90	*Gonyaulax polyedra*
60	*Rhizosolenia styliformis* var. *longispina*	91	*Gonyaulax polygramma*
61	*Rhizosolenia styliformis* var. *styliformis*	92	*Gonyaulax ovalis*
62	*Schroederella delicatula* f. *schroederi*	93	*Gonyaulax verior*
63	*Streptotheca thamesis*	94	*Gonyaulax* sp.
64	*Thalassionema nitzschioides*	95	*Gymnodinium catenatum*
65	*Thalassiosira subtilis*	96	*Gymnodinium coeruleum*
66	*Thalassiosira* sp.	97	*Gymnodinium mikimotoi*
67	*Triceratium Shadboldtianum*	98	*Gymnodinium sanguineum*
68	*Triceratium* sp.	99	*Gymnodinium* sp.
	Pyrrophyta	100	*Gyrodinium dominans*
69	*Alexandrium* sp.	101	*Gyrodinium instriatum*
70	*Amphisdinium carterae*	102	*Gyrodinium spirale*
71	*Blepharocysta* sp.	103	*Gyrodinium* sp.
72	*Ceratium arietinum*	104	*Heterodinium blackmanii*
73	*Ceratium biceps*	105	*Heterodinium milneri*
74	*Tripos boehmii*	106	*Heterodinium* sp.
75	*Triposar karstenii*	107	*Ornithocercus splendidus*
76	*Ceratium furca*	108	*Ornithocercus* sp.
77	*Tripos ar eugrammum*	109	*Oxyrrhis marina*
78	*Ceratium fusus*	110	*Oxytoxum crassum*
79	*Ceratium teres*	111	*Oxytoxum caudatum*
80	*Ceratium* sp.	112	*Oxytoxum parvum*
81	*Ceratocorys bipes*	113	*Oxytoxum scolopax*
82	*Ceratocorys magna*	114	*Oxytoxum variabile*
83	*Ceratocorys* sp.	115	*Oxytoxum* sp.
84	*Cochlodinium polykrikoides*	116	*Peridinium* sp.

续表

Species		Species	
117	*Podolampas antarctica*	132	*Protoperidinium leonis*
118	*Podolampas palmipes*	133	*Protoperidinium steinii*
119	*Podolampas spinifera*	134	*Protoperidinium* sp.
120	*Podolampas* sp.	135	*Pyrocystis noctiluca*
121	*Pronoctiluca pelagica*	136	*Pyrodinium* sp.
122	*Prorocentrum balticum*	137	*Scrippsiella trochiodea*
123	*Tryblionella compressa*	138	*Spiraulax jollifei*
124	*Prorocentrum cordatum*	139	*Torodinium robustum*
125	*Prorocentrum dentatum*	140	*Torodinium* sp.
126	*Prorocentrum gracile*		**Cyanobacteria**
127	*Prorocentrum lima*	141	*Trichodesmium erythraeum*
128	*Prorocentrum mexicanum*	142	*Trichodesmium thiebautii*
129	*Prorocentrum micans*		**Chrysophyta**
130	*Prorocentrum* sp.	143	*Distephanus speculum*
131	*Protoperidinium divergens*		

表6.10　2009春季南沙群岛海区浮游植物优势种（优势度＞0.015）

中文名	拉丁名	出现频率	出现测站平均丰度	优势度
原甲藻	*Prorocentrum* sp.	0.93	271.43	0.128
膝沟藻	*Gonyaulax* sp.	0.92	265.51	0.121
环沟藻	*Gyrodinium* sp.	0.81	134.43	0.048
多米尼环沟藻	*Gyrodinium dominans*	0.60	224.00	0.044
锥状斯氏藻	*Scrippsiella trochiodea*	0.77	122.76	0.040
心形原甲藻	*Prorocentrum cordatum*	0.73	122.18	0.035
卡氏前沟藻	*Amphisdinium carterae*	0.63	131.91	0.028
角毛藻	*Chaetoceros* sp.	0.44	198.79	0.021
卵形膝沟藻	*Gonyaulax ovalis*	0.53	132.00	0.020
红海束毛藻	*Trichodesmium erythraeum*	0.59	104.55	0.019
裸甲藻	*Gymnodinium* sp.	0.60	81.78	0.016

综合比较2009～2012年南沙群岛海区表层海水中甲藻（图6.13）和硅藻（图6.14）丰度的空间变化可以看出，营养盐充足时（如受上升流区或湄公河径流影响的海区），浮游植物的丰度较高（Li et al.，2011b），此时硅藻占优势，如ZN01、

KJ39、KJ45、KJ47等测站；营养盐缺乏时，浮游植物的丰度较低，如南海中部水域（Li et al.，2012a），优势浮游植物以甲藻居多，如KJ34、KJ35、KJ42、KJ58、KJ59等测站。不同季节浮游植物丰度的变化也较大，冬、春季较高，而夏、秋季较低，这可能主要与水体稳定性的季节变化有关。冬季，水体混合较为剧烈，将混合层以下的富含营养盐的水体带至表层，促进浮游植物的生长；夏季，水体层化严重，致使表层水体营养盐极为贫乏，浮游植物的生长受到限制。

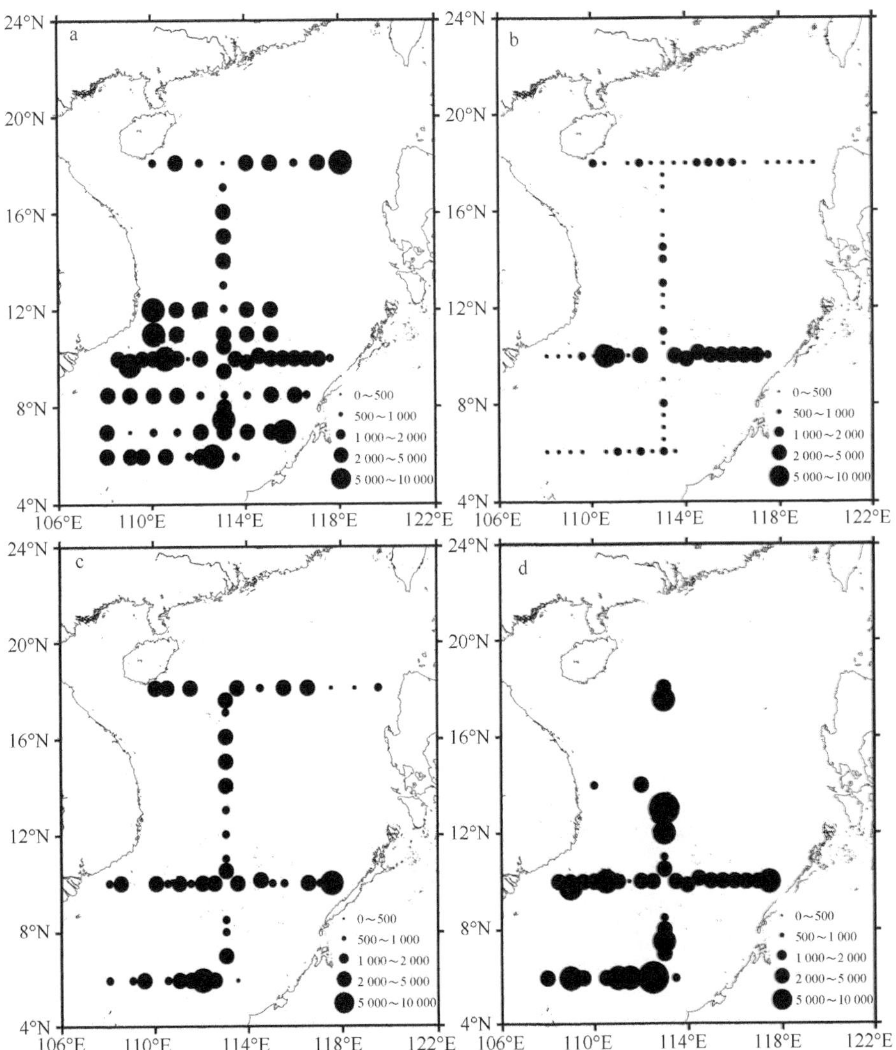

图6.13　不同季节南沙群岛海区表层甲藻丰度的空间变化（单位：cells/L）

a. 春季（2009年5～6月）；b. 夏季（2012年8月）；c. 秋季（2010年10～11月）；d. 冬季（2011年12月至2012年1月）

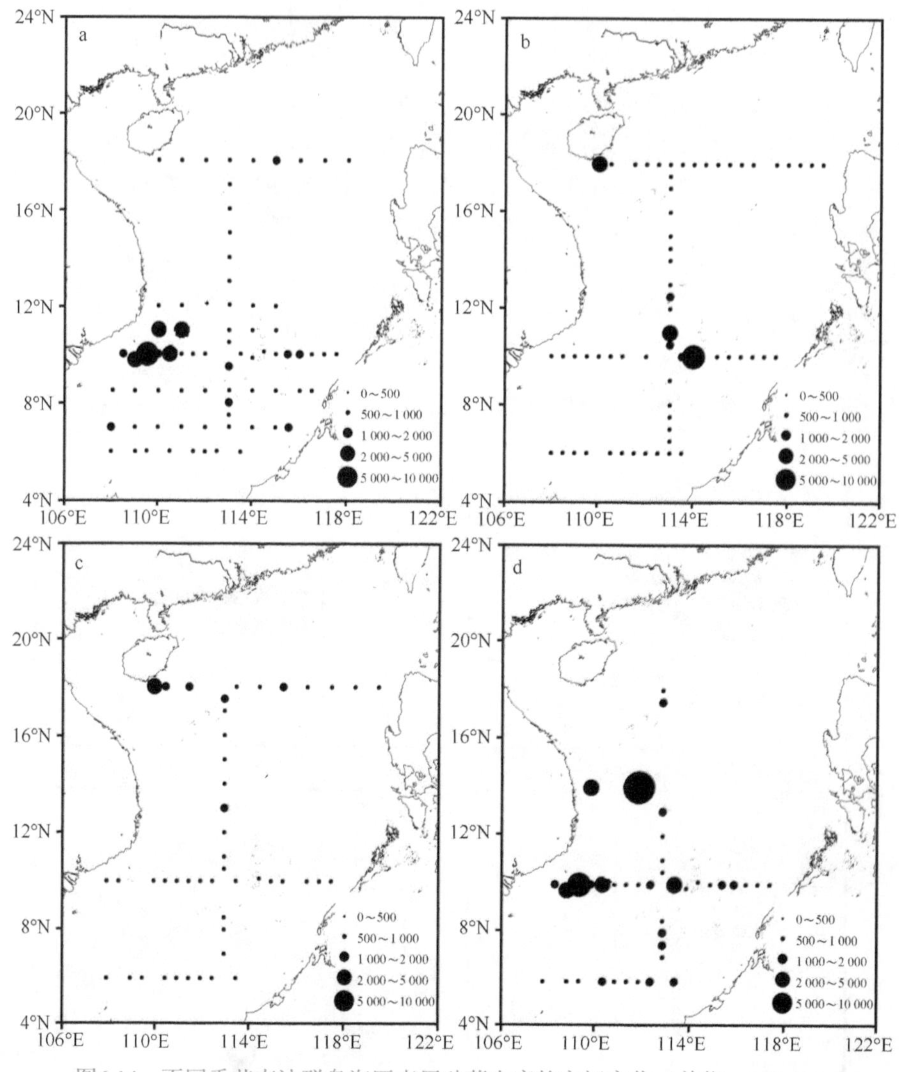

图6.14　不同季节南沙群岛海区表层硅藻丰度的空间变化（单位：cells/L）

a. 春季（2009年5～6月）；b. 夏季（2012年8月）；c. 秋季（2010年10～11月）；d. 冬季（2011年12月至2012年1月）

综合以上分析结果，可得到以下五点结论。

（1）南沙群岛海区1997年秋季、1999年夏季和春季海区大面站网采浮游植物的丰度平均值分别为2.31×10^4cells/m^3、1.03×10^4cells/m^3和0.73×10^4cells/m^3，春季渚碧礁潟湖平均值为2.49×10^4cells/m^3。秋季海区浮游植物丰度明显高于春、夏季，渚碧礁潟湖水域丰度明显高于海区。

（2）不同季节浮游植物均具有丰富的物种多样性。秋季共检出浮游植物121种，包括硅藻门的21属35种、甲藻门的12属63种；春季在渚碧礁水域共检出浮游植物26属51种，海区大面站共检出浮游植物31属110种；夏季大面站共检出浮游植物39属172种。春季，海区大面站和渚碧礁浮游植物多样性指数平均值分别为4.35、2.92。渚碧礁潟湖水域检出的种类数明显低于外海区，这可能与采样的空间面积范围、深度和水化学条件等因素有关。

（3）2009年春季，南沙群岛海区表层水采浮游植物的丰度为1.86×10^3cells/L，其中硅藻和甲藻分别为0.41×10^3cells/L和1.42×10^3cells/L。典型相关分析结果显示，多数硅藻喜低温盐、高硅酸盐、高磷环境；多数甲藻喜欢高温盐、低硅酸盐、低磷环境，硅磷比可能是影响浮游植物种类组成与分布的主要环境因子。

（4）比较2009～2012年南沙群岛海区表层海水中甲藻和硅藻丰度的空间变化发现，营养盐充足时，浮游植物的丰度较高，硅藻占优势；营养盐缺乏时，浮游植物的丰度较低，甲藻占优势。不同季节浮游植物的丰度变化较大，冬、春季较高，夏、秋季较低，这可能与水体稳定性的季节性差异有关。

（5）南沙群岛海区浮游植物的分布与营养盐、水文特征和浮游动物摄食等均有一定的关系。秋季，海区浮游植物的丰度低和甲藻占优势与水温、盐度的分布及营养盐含量有关；夏季，浮游植物的丰度及分布受营养盐分布的影响较为明显；而春季与浮游植物受来自浮游动物的摄食压力密切相关。南沙群岛海区浮游植物的组成与分布对环境变化的响应机制如何，尚待进一步深入研究。

6.2　浮游植物的粒级组成

1997～1999年与浮游生物样品采集同步，在南沙群岛海区进行了春、夏、秋三个季节采样，分层采获的水样在现场进行分级过滤，将样品带回实验室测定，分析比较不同粒径级的Chl a含量，分析结果如下。

春季南沙群岛海区微型浮游植物（＜20μm）的Chl a平均含量占总浮游植物Chl a平均含量的75.5%，夏季为81.8%。在垂向上，春季变化较明显，50m水层所占的比例最大，为84.5%，20m水层占60.9%；夏季不同水层之间变化不大，最大值与最小值之间相差8.7%，除75m水层最大达87.1%之外，其余5个水层为78%～83%（表6.11）。浮游植物粒径组成的变化，可能与跃层强度及营养盐的含量、形态和组成比例有较大关系。春季，海水层化现象明显，次表层营养盐难以补充到表层，表层水体营养盐含量低，浮游植物生长慢，细胞分裂周期长，粒径大，因此微型浮游植物所占的比例较小。夏季，西南季风加强，海浪增大，海水的扰动和垂向混合较明显，而且陆源营养物质较丰富，表层营养盐含量高于春季，有利于浮游植物的生长与繁殖，因此微型浮游植物所占的比例较大。此外，水体扰动和垂向混合的增强减弱了表层与次表层之间的差异。

表6.11 春、夏季微型浮游植物（<20μm）Chl a所占的比例

水层（m）	春季（%）	夏季（%）
0	77.8	82.7
20	60.9	79.8
50	84.5	78.4
75	76.8	87.1
100	72.8	80.2
150	80.3	82.6
平均	75.5	81.8

1997年秋季南沙群岛海区浮游植物的粒径结构分析结果见表6.12，总Chl a的垂向变化与微型浮游植物Chl a的垂向变化趋势相同，并且微型浮游植物Chl a占总Chl a的79.5%，说明微型浮游植物对总Chl a的贡献大于小型（20～200μm）浮游植物。

表6.12 1997年秋季不同粒径大小浮游植物Chl a含量的垂向分布

深度（m）	粒径<20μm浮游植物所含Chl a（mg/m^3）	粒径20～200μm浮游植物所含Chl a（mg/m^3）	粒径<20μm浮游植物含Chl a所占比例（%）
0	0.114	0.051	69.1
25	0.122	0.012	91.0
50	0.337	0.092	78.6
75	0.119	0.022	84.4
100	0.135	0.062	68.5
150	0.046	0.008	85.2
平均	0.146	0.041	79.5

浮游植物生长的适宜水温随种类而变化，不同季节由于种类更替，群落结构有差别（表6.13，表6.14），因而反映浮游植物生物量变化的Chl a含量发生相应变化。二氧化碳也是影响Chl a的一个重要因子，表现在秋季Chl a与碳酸盐浓度存在相关性，冬季则与碳酸盐、pH存在相关性，这与CO_2是浮游植物进行光合作用的主要原料之一有关。此外，营养盐浓度的季节性差异也是浮游植物生物量季节变化的诱因之一。

表6.13　1993年春、冬季浮游植物丰度和种类组成的比较

时间	类别	总体	硅藻	甲藻	硅藻所占百分比（%）
1993年春季	数量（$\times10^3$cells/m^3）	8.0	6.5	1.5	81.25
	种数	103	47	56	45.63
1993年冬季	数量（$\times10^3$cells/m^3）	12.7	11.3	1.4	88.98
	种数	132	70	62	53.03

表6.14　1993年冬季（12月）浮游植物的优势种组成

主要种类名称	数量（cells/m^3）	占比（%）	出现频率	优势度
Thalassionema nitzschioides	1 040 200	56	0.57	0.319
Rhizosolenia calcar-avis	5 337	2.3	0.86	0.019
Rhizosolenia alata f. *gracillima*	2 320	0.9	0.71	0.006
Rhizosolenia styliformis	2 314	0.9	0.90	0.008
Ceratium trichoceros	4 394	1.8	0.86	0.015
Pyrocystis pseudonoctiluca	4 565	1.9	0.95	0.012

根据1993年12月（冬季）调查的资料，南沙群岛海区优势种组成中硅藻有菱形海线藻和根管藻属的3个种，甲藻有拟夜光梨甲藻和三叉角藻，它们都是含多个色素体的藻类，这也是冬季Chl a含量较高的原因之一。优势种组成以菱形海线藻居首位，占同期调查海域浮游植物细胞总量的56%，优势度可达0.319。

根据2011年冬季和2012年夏季调查结果，南沙群岛海区浮游植物生物量（Chl a含量）在冬季明显高于夏季，Chl a最大值层的深度冬季也深于夏季。最大值层内Chl a含量的变化范围在冬季和夏季分别为0.13～0.33μg/L和0.09～0.23μg/L（图6.15）。从113°E纵断面的生物量分布看，冬季最大值层深度由南向北逐渐变浅（50～75m），而夏季最大值层深度（约50m）沿纬度的空间变化不明显（图6.11）。不同纬度的断面上，Chl a含量的季节差异较大，其中，6°N和10°N断面上空间差异不明显，18°N断面上冬季Chl a含量较夏季高（图6.15）。

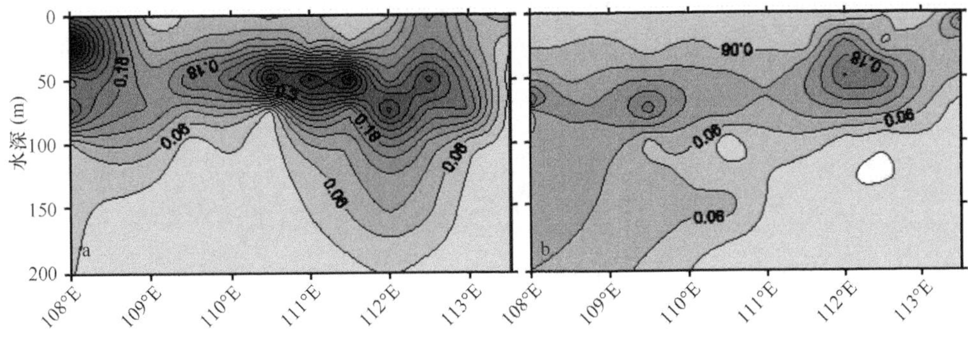

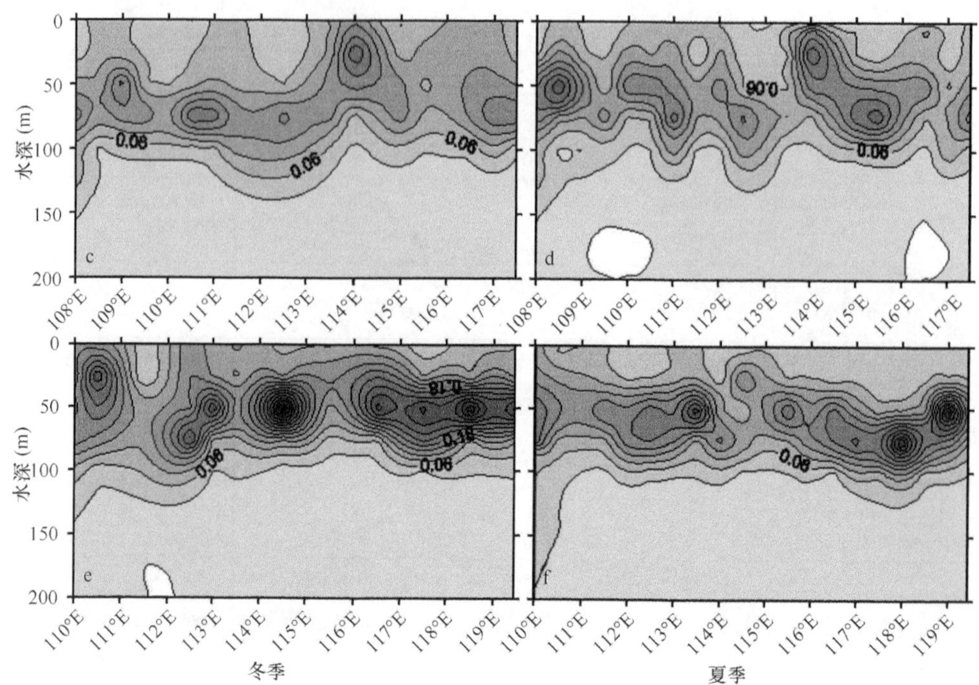

图6.15　冬季（2011年12至2012年1月）和夏季（2012年8月）浮游植物生物量的垂向分布（单位：μg/L）

a、b. 6°N断面；c、d. 10°N断面；e、f. 18°N断面

从表6.13可见，冬季硅藻的种类和数量都比春季高，推测是冬季硅酸盐随上升流补充到真光层中，为硅藻的生长与繁殖提供了有利条件，藻类数量增加，Chl a含量升高，而硅酸盐的含量并不高，只有1.959μmol/L（1994年秋季硅酸盐含量平均值为3.39μmol/L），应该是硅酸盐被大量利用的结果。冬季氮硅比（总无机氮和硅酸盐的比值）为11.558，秋季为4.061，冬季氮硅比大于秋季氮硅比，进一步证实了冬季浮游植物以硅藻为主，消耗水体中大量的硅。

1987～2012年，表层Chl a含量范围为0.035～0.15μg/L，年际变化不大（图6.16）；50m水层Chl a含量范围为0.085～0.40μg/L，显著高于表层。总体来看，表层和50m水层Chl a含量的年际变化不明显。

浮游植物是海洋初级生产力的主要组分，其数量和变化趋势与环境变化有密切的关系。Eppley等（1973）研究了北太平洋中部环流的浮游生物动力学及营养周期，指出尿素-N是这些海区中浮游植物生长所需的重要氮源之一，也是浮游动物的重要排泄物。徐春林（1989）的研究指出，在长江口N/P为8.30，浮游植物的生长受到限制；大于此值，浮游植物受P限制；小于此值，浮游植物受N限制；而该水域最适宜浮游植物生长的N/P为18。黄邦钦（1995）研究了厦门西港浮游植物吸收磷酸盐的粒

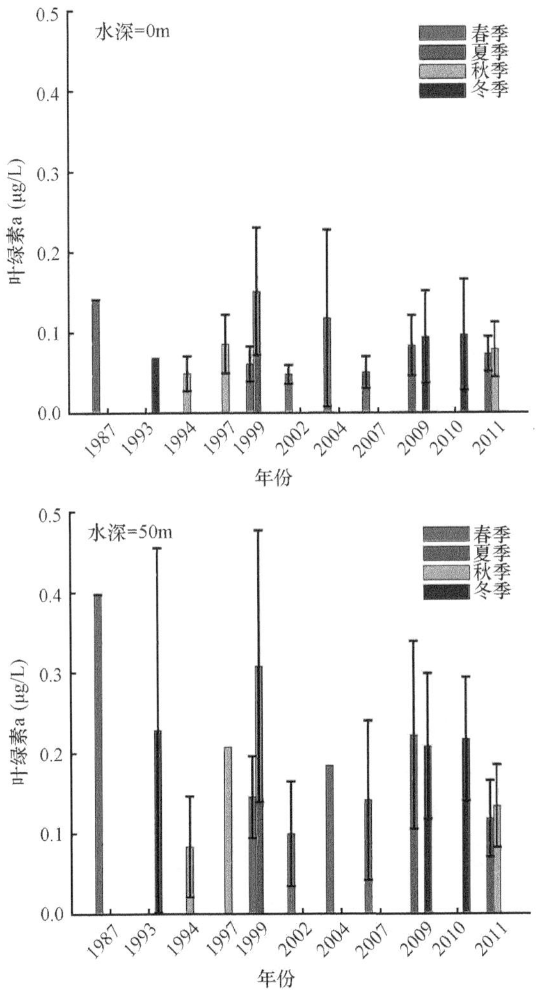

图6.16　南沙群岛海区表层和50m水层Chl a含量的年际变化

级特征，结果表明，微型浮游植物吸收磷酸盐的百分比、吸收速率常数和单位体积吸收速率最大，小型浮游植物次之，超微型浮游植物最小。单位Chl a的吸收速率则是超微型浮游植物最大，微型浮游植物次之，小型浮游植物最小。相关分析表明，各粒级浮游植物吸收磷酸盐的百分比与相应粒级Chl a含量和光合速率的百分比呈良好的相关性。

6.3　浮游动物的组成与分布

浮游动物是次级生产者，是海洋食物链传递的中间环节，在海洋生态过程中起重要作用。1997年11月、1999年4月和1999年7月在南沙群岛海区进行了3个航次浮游动物大面站调查，采用大型浮游生物网（网口内径为80cm，网长270cm，网目孔径为0.505mm）分别在25、10、28个测站（图6.17）进行了0～100m水层的垂直拖网采样；在3个连续站进行了昼夜垂直分层拖网采样。此外，2004年5月在渚碧礁采用浅水Ⅱ型浮游生物网（网目孔径为0.169mm）在10个大面站（其中1～5号站位于潟湖，6～10号站位于礁坪）和1个昼夜连续站（位于西南礁坪）进行了垂直拖网采样（图6.18）。优势度的计算公式与浮游植物的相同。本节主要分析研究大面站和渚碧礁的浮游动物种类组成与分布。

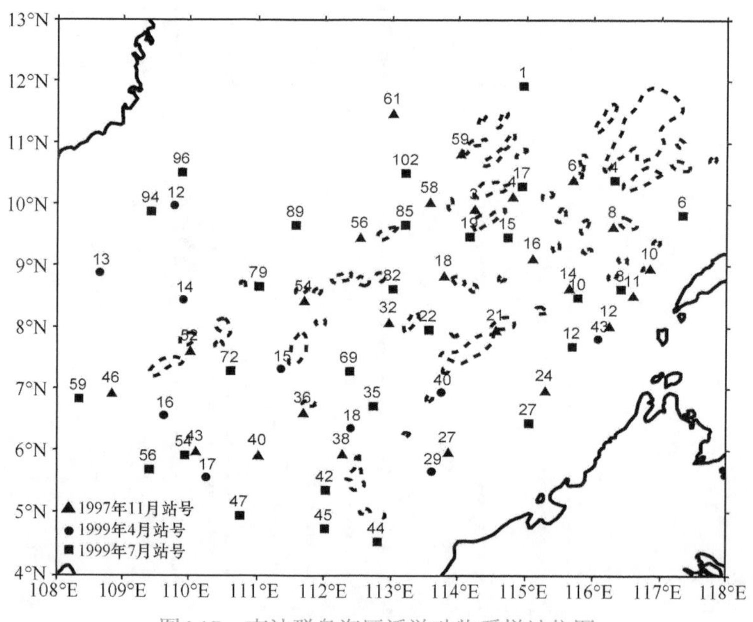

图6.17　南沙群岛海区浮游动物采样站位图

图6.18　2004年5月渚碧礁浮游动物采样站位图（●大面站；▲连续站）

6.3.1　浮游动物物种多样性与生态习性

南沙群岛海区地处热带，且生态环境复杂多样，又位于印度—太平洋动物区系的发源地，浮游动物的种类繁多。3个航次大面站采获的浮游动物已鉴定出291种，其中，桡足类的种类最多，有97种，占33.33%；其次是介形类，有45种，占15.46%；端足类有31种，占10.65%；毛颚类有30种，占10.31%（表6.15）。

表6.15　1997～1999年南沙群岛海区浮游动物的种类组成

类群	种数	占比（%）
腔肠动物	25	8.59
栉水母类	2	0.69
软体动物	13	4.47
多毛类	2	0.69
枝角类	1	0.34
介形类	45	15.46
桡足类	97	33.33
端足类	31	10.65
糠虾类	1	0.34
磷虾类	24	8.25
十足类	2	0.69
毛颚类	30	10.31
被囊类	10	3.44
浮游幼虫	8	2.75
合计	291	100.00

1999年春季渚碧礁水域浮游动物采获113种（含浮游幼虫17个类型），包括放射虫1种、水母类3种、软体动物1种、枝角类2种、介形类4种、桡足类65种、涟虫类1种、端足类1种、十足类1种、毛颚类10种、被囊类6种和头索动物1种。其中，桡足类的种类最多，约占浮游动物总种数的57.50%。浮游幼虫无论是在种类还是在数量上都具有重要的地位，符合珊瑚礁浮游动物群落的特点。

1984～1999年，在南沙群岛海区进行了10多航次的浮游动物调查，共记录浮游动物874种（表6.16），其中，桡足类的种类最多，有216种，占24.71%；其次是腔肠动物，有152种，占17.39%；再次是端足类，有117种，占13.39%；介形类有100种，占11.44%。

表6.16 南沙群岛海区浮游动物的种类组成（根据历年调查研究资料整理）

类群	种数	占比（%）
腔肠动物	152	17.39
栉水母类	4	0.46
软体动物	16	1.83
多毛类	68	7.78
枝角类	2	0.23
介形类	100	11.44
桡足类	216	24.71
端足类	117	13.39
糠虾类	43	4.92
磷虾类	36	4.12
十足类	6	0.69
毛颚类	37	4.23
被囊类	28	3.20
浮游幼虫	49	5.61
合计	874	100.00

此外，发现浮游甲壳动物3个新物种：膨大歪水蚤（*Tortanus tumidus* Chen, Hwang et Yin, 2004）、刘氏深海浮萤（*Bathyconchoecia liui* Yin, Chen et Li, 2014）、缺刻深海浮萤（*Bathyconchoecia incisa* Yin, Li et Tan, 2017）（Chen et al.，2004；Yin et al.，2014，2017）。

根据浮游动物的生态习性和地理分布，南沙群岛海区的浮游动物大致可分为3个生态类群：①暖水外海类群，代表种有瘦乳点水蚤（*Pleuromamma gracilis*）、长角全羽水蚤（*Haloptilus longicornis*）、红叶水蚤（*Sapphirina scarlata*）、棘状拟浮莹（*Paraconchoecia echinata*）、长方拟浮莹（*Paraconchoecia oblonga*）、正型莹虾（*Lucifer typus*）、太平洋齿箭虫（*Serratosagitta pacifica*）、六翼软箭虫（*Flaccisagitta hexaptera*）、大西洋火体虫（*Pyrosoma atlanticum*）等；②暖水近岸类群，代表种有小纺锤水蚤（*Acartia negligens*）、小长足水蚤（*Calanopia minor*）、异尾宽水蚤（*Temora discaudata*）、柔弱滨箭虫（*Aidanosagitta delicata*）、柔佛滨箭虫（*Aidanosagitta johorensis*）等；③广分布类群，代表种有肥胖软箭虫（*Flaccisagitta enflata*）、细长真浮萤（*Euconchoecia elongata*）等。南沙群岛海区暖水外海类群的种类占大多数，反映出南沙群岛海区主要由外海高盐水所控制，但沿岸低盐水对调查海区也有影响。

从表6.17看出，南沙群岛海区浮游动物优势种共有13种（Y>0.02），每个航次的优势种由5～8种组成，这与热带海区的生物群落特征相符合；优势种通常不占绝对优势，仅肥胖软箭虫的优势度稍大于0.10，其余优势种的优势度均为0.10及以下，这与温带海区常由个别种占明显优势的现象不同。优势种以广布高盐暖水种类占多数，如纳米海萤（*Cypridina nami*）、达氏筛哲水蚤（*Cosmocalanus darwinii*）、瘦乳点水蚤、瘦新哲水蚤（*Neocalanus gracilis*）、太平洋齿箭虫、狭额次真哲水蚤和龙翼箭虫（*Pterosagitta draco*）等；其次也有低盐暖水种类，如异尾宽水蚤和亚强次真哲水蚤（*Subeucalanus subcrassus*）；个别底栖动物的幼虫如海胆长腕幼虫（Echinopluteus larva）也常占优势。3个航次调查都占优势的有肥胖软箭虫、纳米海萤和达氏筛哲水蚤3种。

表6.17　南沙群岛海区大面站调查各航次的浮游动物优势种

优势种	1997年11月			1999年4月			1999年7月		
	Y	$\bar{x}$	%	Y	$\bar{x}$	%	Y	$\bar{x}$	%
肥胖软箭虫（*Flaccisagitta enflata*）	0.13	3.98	12.80	0.14	5.52	14.07	0.13	4.46	12.84
纳米海萤（*Cypridina nami*）	0.07	2.22	7.13	0.03	1.20	3.06	0.03	1.18	3.40
达氏筛哲水蚤（*Cosmocalanus darwinii*）	0.04	1.26	4.07	0.04	1.58	4.03	0.03	1.21	3.47
瘦乳点水蚤（*Pleuromamma gracilis*）	0.04	1.90	6.11	*	*	*	*	*	*
瘦新哲水蚤（*Neocalanus gracilis*）	0.02	0.73	2.34	*	*	*	*	*	*
海胆长腕幼虫（Echinodpluteus larva）	*	*	*	0.04	2.26	5.76	0.10	5.07	14.61
住囊虫（*Oikopleura* spp.）	*	*	*	0.08	3.90	9.93	*	*	*
太平洋齿箭虫（*Serratosagitta pacifica*）	*	*	*	0.04	1.41	3.62	*	*	*
异尾宽水蚤（*Temora discaudata*）	*	*	*	0.02	0.90	2.30	*	*	*
狭额次真哲水蚤（*Subeucalanus subtenuis*）	*	*	*	0.02	0.92	2.36	*	*	*
亚强次真哲水蚤（*Subeucalanus subcrassus*）	*	*	*	*	*	*	0.02	0.82	2.37
奇浆水蚤（*Copilia mirabilis*）	*	*	*	*	*	*	0.02	0.81	2.34
龙翼箭虫（*Pterosagitta draco*）	*	*	*	*	*	*	0.02	0.73	2.11

注：Y表示优势度；$\bar{x}$表示平均密度（ind/m^3）；*表示优势度<0.02的种类；%表示占总密度的百分比

渚碧礁的浮游动物优势种与海区的不同，优势种除住囊虫外，还有奥氏胸刺水蚤（*Centropages orsinii*）、珍妮纺锤水蚤（*Acartia shuzheni*）、腹足类面盘幼虫（Gastropoda veliger）等（表6.18）。此外，个别优势种相当突出，优势度很高，如奥氏胸刺水蚤。渚碧礁的浮游动物主要由中小型浮游动物所组成，由于采用较密的网具采样，优势种的密度比较高。

表6.18 渚碧礁的浮游动物优势种

优势种	平均密度（ind/m³）	占总密度的百分比（%）	优势度
奥氏胸刺水蚤（*Centropages orsinii*）	542	58.52	0.351
珍妮纺锤水蚤（*Acartia shuzheni*）	145	15.70	0.110
长尾住囊虫（*Oikopleura longicauda*）	76	8.22	0.058
梭形住囊虫（*Oikopleura fusiformis*）	46	4.93	0.034
腹足类面盘幼虫（Gastropoda veliger）	36	3.92	0.031

6.3.2 浮游动物生物量与丰度的变化

1997年11月、1999年4月和7月3个航次采获的浮游动物生物量与总密度分别平均为31mg/m³、32mg/m³、28mg/m³和31ind/m³、39ind/m³、35ind/m³，差异不大。由于南沙群岛海区属于典型的热带和赤道带季风气候控制的海区，7月、11月和4月分别代表西南季风、东北季风控制和季风转换的3个主要气候季节，因此基本可以看出南沙群岛海区浮游动物数量的季节变化不大，这与热带海区的生物数量变化一般规律一致。浮游动物总的生物量（图6.19～图6.21）和密度（图6.22～图6.24）分布趋势是南沙群岛海区西部（即靠近越南沿岸一侧水域）和西南部一侧较高，这与这些水域受湄公河冲淡水、泰国湾低盐水及近岸上升流影响较大有关。

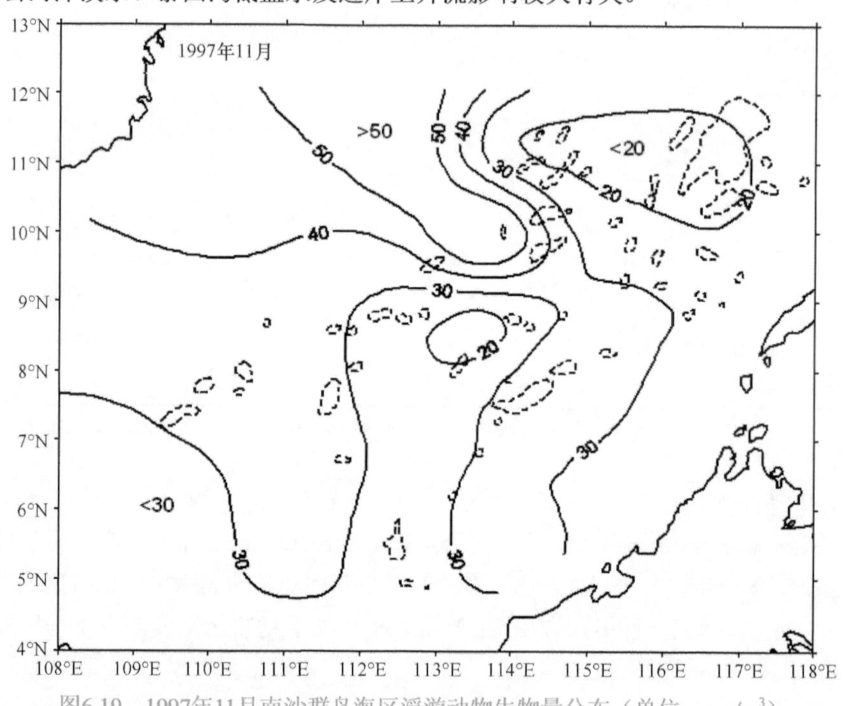

图6.19 1997年11月南沙群岛海区浮游动物生物量分布（单位：mg/m³）

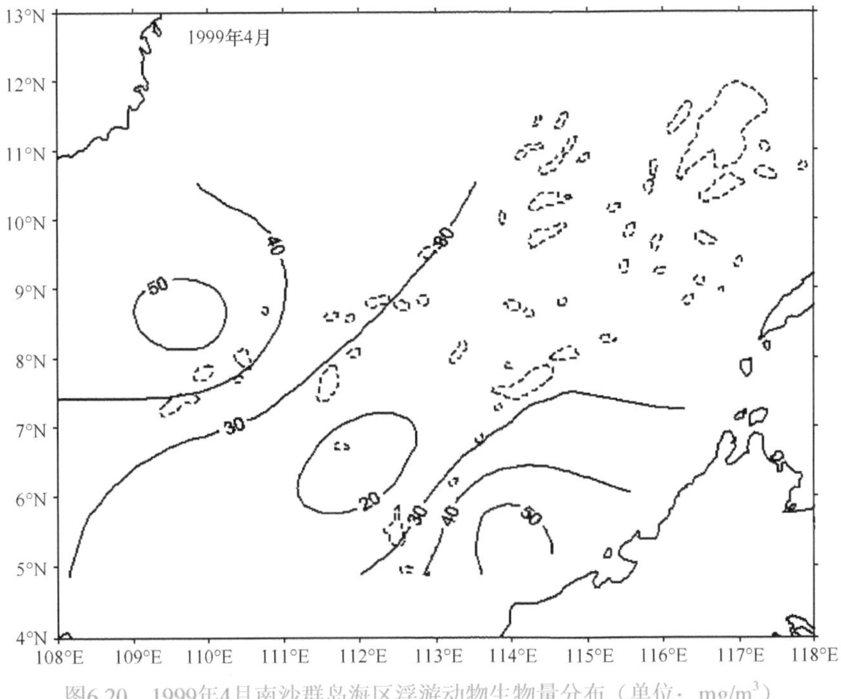

图6.20　1999年4月南沙群岛海区浮游动物生物量分布（单位：mg/m³）

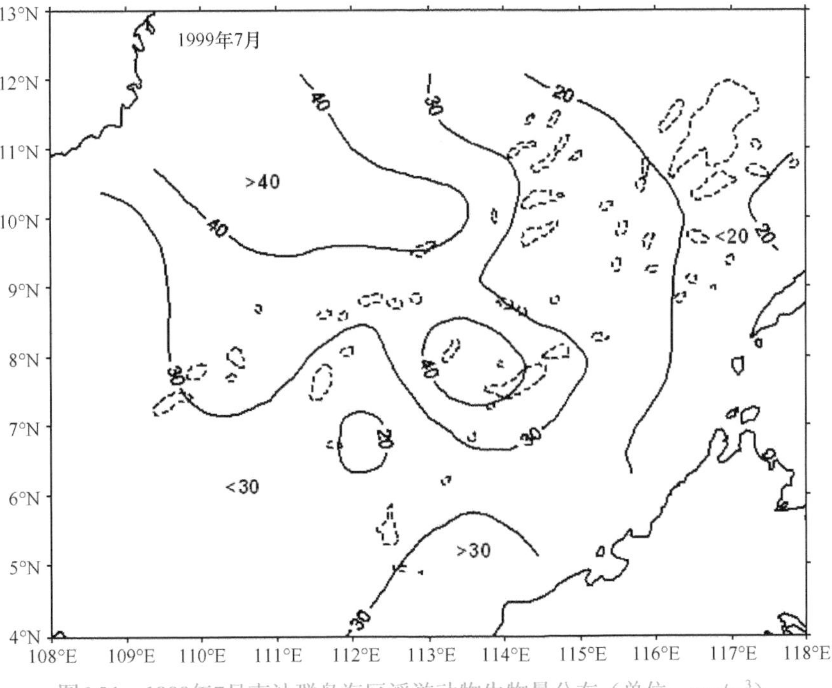

图6.21　1999年7月南沙群岛海区浮游动物生物量分布（单位：mg/m³）

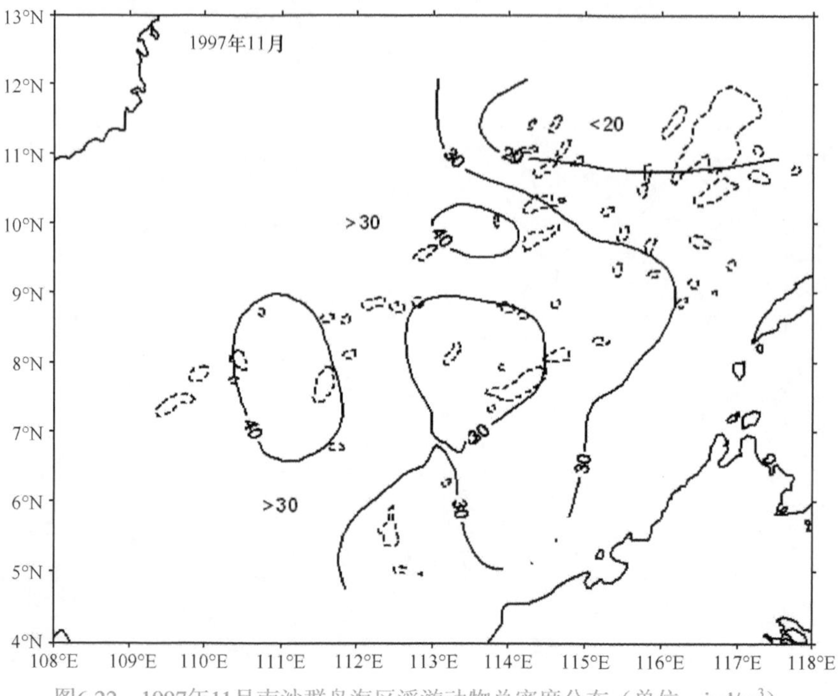

图6.22 1997年11月南沙群岛海区浮游动物总密度分布（单位：ind/m³）

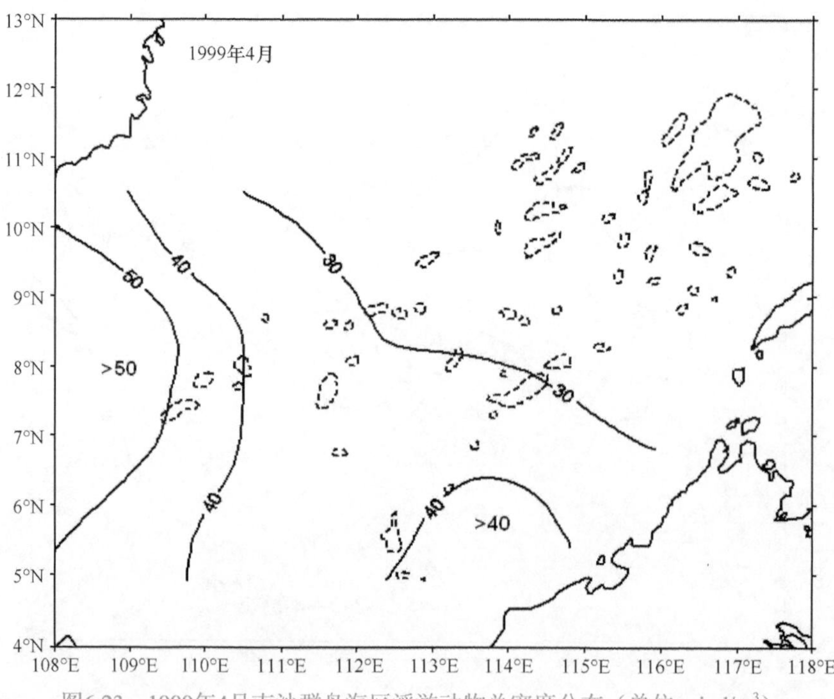

图6.23 1999年4月南沙群岛海区浮游动物总密度分布（单位：ind/m³）

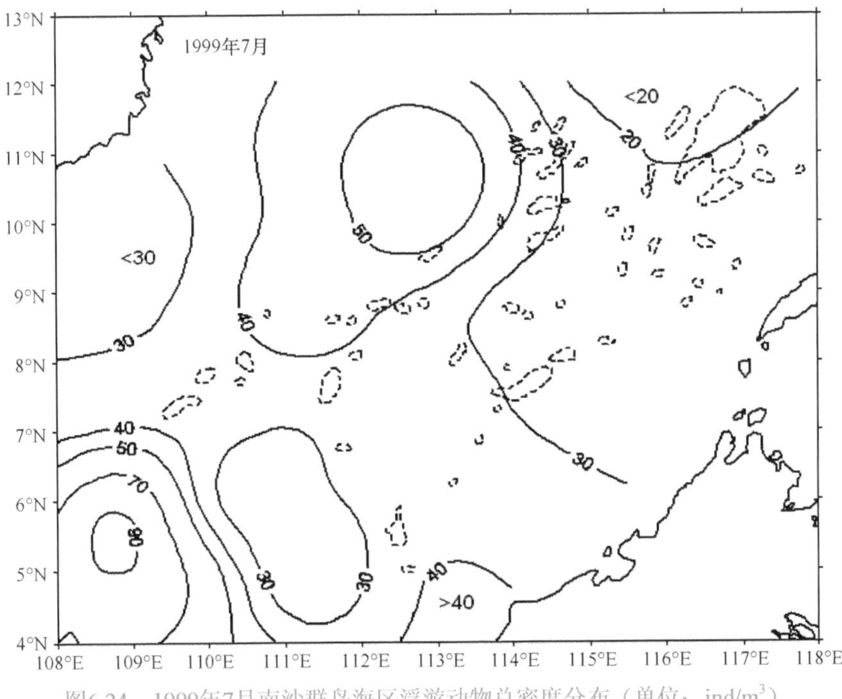

图6.24　1999年7月南沙群岛海区浮游动物总密度分布（单位：ind/m³）

南沙群岛海区浮游动物各类群的平均密度及其占总密度的百分比见表6.19。浮游动物各类群中桡足类的平均密度居首位，其密度占浮游动物总密度的37.69%～47.25%，其次是毛颚类（占20.45%～25.39%）、被囊类（占5.54%～12.86%）、介形类（占4.52%～10.40%）、浮游幼虫（占3.93%～18.47%）等。

表6.19　南沙群岛海区浮游动物各类群的平均密度及百分比

类群	1997年11月		1999年4月		1999年7月	
	平均密度（ind/m³）	占总密度的百分比（%）	平均密度（ind/m³）	占总密度的百分比（%）	平均密度（ind/m³）	占总密度的百分比（%）
水母类	0.68	2.19	1.33	3.39	1.54	4.43
栉水母类	0.01	0.03	0.004	0.01	0.07	0.20
软体动物	0.38	1.22	0.47	1.20	0.41	1.18
多毛类	0.11	0.35	0.54	1.38	0.20	0.58
枝角类	0.06	0.19	—	—	0.04	0.12
介形类	3.23	10.40	2.24	5.72	1.57	4.52
桡足类	14.67	47.25	15.56	39.70	13.10	37.69
端足类	0.23	0.74	0.25	0.64	0.29	0.83

续表

类群	1997年11月		1999年4月		1999年7月	
	平均密度（ind/m^3）	占总密度的百分比（%）	平均密度（ind/m^3）	占总密度的百分比（%）	平均密度（ind/m^3）	占总密度的百分比（%）
糠虾类	0.06	0.19	0.02	0.05	0.11	0.32
磷虾类	1.49	4.80	0.74	1.89	1.08	3.11
十足类	0.33	1.06	0.38	0.97	0.61	1.75
毛颚类	6.86	22.09	9.95	25.39	7.11	20.45
被囊类	1.72	5.54	5.04	12.86	2.21	6.36
浮游幼虫	1.22	3.93	2.67	6.81	6.42	18.47
合计	31.05	100.00	39.194	100.00	34.76	100.00

注：—表示未检出，合计项不包括该项

渚碧礁的浮游动物平均密度为926.0ind/m^3。潟湖区和礁坪区的浮游动物密度差异相当显著，礁坪区的平均密度仅为53.9ind/m^3，而潟湖区的平均密度高达1798.1ind/m^3，为礁坪区的33.4倍（图6.25）。桡足类、被囊类和浮游幼虫是渚碧礁浮游动物的三大类群，它们的密度分别占浮游动物总密度的78.56%、13.51%和7.26%。

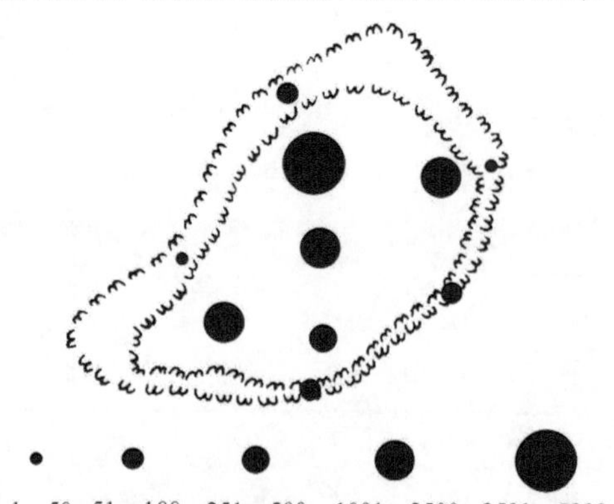

图6.25　2004年5月渚碧礁浮游动物总密度分布（单位：ind/m^3）

6.3.3　浮游动物昼夜垂直移动

垂直移动是浮游动物的一种普遍生态现象。1997年7月（夏季）在南沙群岛海区进行了3站次的浮游动物昼夜连续采集。毛颚动物的昼夜垂直移动分析表明，夏季毛颚类在黄昏前和午夜后主要分布于0～30m水层，其余时间主要密集于30～60m水层；秋季毛颚类主要密集于0～60m水层，尤以40～60m水层的数量较多。毛颚类的昼夜垂直移动可分为3个类型，即移动显著型、昼伏夜出型和移动微弱型。

（1）移动显著型的种类随着昼夜节律变化作显著的垂直移动，该类型又可细分为3个类型：①宽幅移动型，该种类几乎分布于整个水体中，密集层随昼夜变化，例如，夏季太平洋齿箭虫营白天下降、夜晚上升的移动，秋季则呈傍晚和清晨下降、正午和深夜上升的双峰双谷型变化节律；②限于上层移动型，该种类主要密集于0～60m水层，并且在这一水层昼夜垂直移动较明显，如肥胖软箭虫；③限于中层移动型，该种类以60～100m水层为密集中心，昼夜可垂直向上或向下一水层移动，如太平洋镰虫（*Krohnitta pacifica*）和纤细镰虫（*Krohnitta subtilis*）。

（2）昼伏夜出型的种类白天附着在海底物体上，夜晚营浮游生活，属于这一类型的种类仅有锄虫属（*Spadella*）的2个未定种，它们仅见于1999年4月渚碧礁浅水的昼夜连续采集的夜晚样品中。

（3）移动微弱型的种类无论昼夜都停留在某一水层，仅个别时刻出现幅度很小的短暂移动，例如，龙翼箭虫（*Pterosagitta draco*）、正形滨箭虫（*Aidanosagitta regularis*）停留于上层（0～60m），而多变中箭虫（*Mesosagitta decipiens*）则主要生活于下层（100～200m）。

昼夜垂直移动也是一种复杂的生态现象，南沙群岛海区毛颚动物的昼夜垂直移动主要是由种类的年龄、个体大小、习性、捕食和光照、水温、食物、天气等多种内外因素综合作用的结果。

2004年5月在渚碧礁的礁坪又一次进行了浮游动物昼夜连续采集。结果显示，浮游动物种数和密度的昼夜差异相当显著，日间出现的浮游动物种数仅有16种，而夜间出现的种数多达73种，为日间的4.6倍；日间的浮游动物平均密度仅为8.79ind/m^3，而夜间则高达405.67ind/m^3，是日间的46.2倍。白天浮游动物种数和密度都非常低，正午至午后2:00甚至为零，日落后1小时即20:00显著上升，日落后3小时即22:00达到最高峰，浮游动物的种数和密度分别高达41种和737.4ind/m^3；午夜至清晨逐渐下降（6.26a）。浮游动物各主要类群均显著表现为白天下降、夜晚上升的昼夜垂直移动，但夜晚上升的时间有差异，底栖动物和游泳动物的幼虫最先上升，其次是桡足类，再次是毛颚类和介形类（图6.26b）。

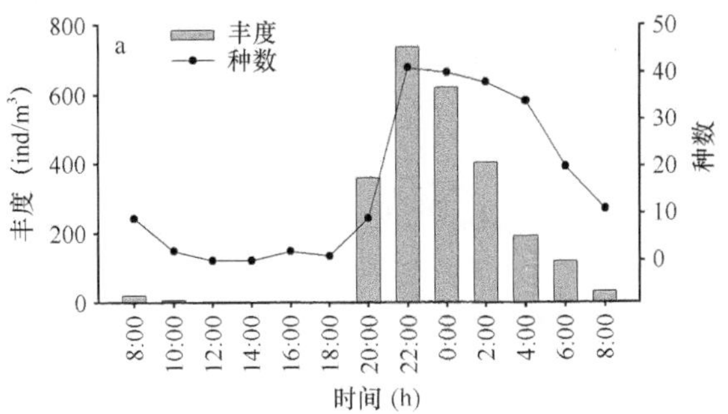

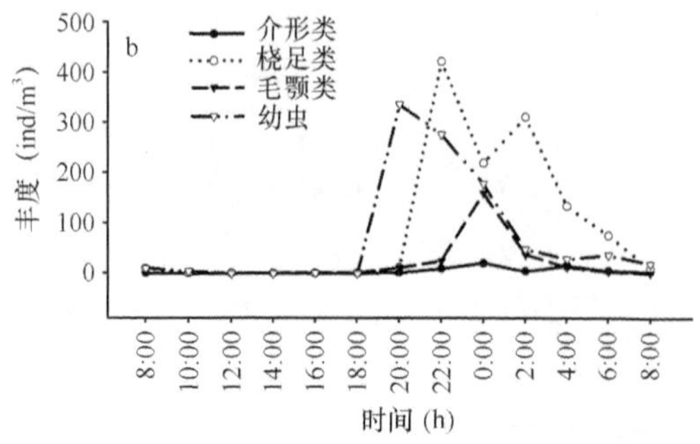

图6.26　2004年5月渚碧礁连续站浮游动物种数、丰度（a）和主要类群丰度（b）的昼夜变化

显然，光照的昼夜变化是影响珊瑚礁浮游动物垂直移动的主要因素，浮游动物白天下沉到较深水层，很可能是躲避强烈的太阳辐射和高温。有些浮游动物的昼夜垂直移动与食物有关，例如，毛颚类是凶猛的肉食性动物，主要捕食桡足类和其他小型甲壳动物，毛颚类紧随幼虫和桡足类之后上升，在毛颚类密度显著增加的同时桡足类和幼虫丰度明显降低（图6.26b）也表明毛颚类的上升与追逐食物有关。

6.3.4　小结

1997年11月、1999年4月和7月3个航次在南沙群岛海区采获浮游动物291种，其中桡足类种类最多，其他依次是介形类、端足类、毛颚类等。每个航次的优势种由5～8种组成，但每个种的优势度都不是很高。主要优势种有肥胖软箭虫、纳米海萤和达氏筛哲水蚤等。3个航次的浮游动物生物量和总密度分别平均为31mg/m^3、32mg/m^3、28mg/m^{3}和31ind/m^3、39ind/m^3、35ind/m^3，差异不大，季节变化不明显。浮游动物总的生物量和密度的分布趋势是南沙群岛海区西部（即靠近越南沿岸一侧水域）和西南部一侧较高，与湄公河冲淡水、泰国湾低盐水及近岸上升流对该海区的影响有关。

春季渚碧礁采获浮游动物113种，大多数是桡足类，其余还有毛颚类、被囊类、介形类等。奥氏胸刺水蚤占绝对优势，其他优势种还有珍妮纺锤水蚤、长尾住囊虫、梭形住囊虫、腹足类面盘幼虫。浮游动物的平均密度为926.0ind/m^3，潟湖区的浮游动物数量显著高于礁坪区。

南沙群岛海区的毛颚类的昼夜垂直移动可分为3种类型：移动显著型、昼伏夜出型、移动微弱型。渚碧礁的浮游动物种类和密度昼夜变化显著，夜晚明显高于白天，光照是影响浮游动物昼夜垂直移动的主要因素。

6.4　初级与次级生产效率

研究海洋次级生产力对阐明生态系统的功能过程及合理利用海洋生物资源具有重要意义。次级生产是整个海洋食物链的中间环节，通过次级生产力研究，既可以了解初级生产力向次级生产力转化的效率，又可以估计更高营养级（鱼类）的产量。次级生产力的研究一直是浮游动物研究的重要内容，由于海洋浮游动物种类复杂，个体大小和生活史长短不一，其生产力的调查测算存在许多困难。影响次级生产力的因素诸多，除初级生产者外，任何能影响动物新陈代谢、生长、繁殖的因素，如温度、食物、个体大小等都与次级生产力有关。次级生产力的估算方法很多（Omori and Ikeda，1984；Rigler and Downing，1984），但适合不同类型海区的模型和估计方法不同。各海区浮游动物的产量变化范围很大，可从小于5mg C/(m^2 • d)到大于150mg C/(m^2 • d)，多数为5～50mg C/(m^2 • d)。在太平洋，夏季20°N以北水域的产量较高。高值区分布在台湾以东外海琉球群岛到日本东南外海一带水域，以及东海外部水域，产量高达31～57mg C/(m^2 • d)，其余海区则在11～29mg C/(m^2 • d)；20°N以南的海区产量较低（沈国英和施并章，1990）。

采用^{14}C法现场培养法测定表层、20m、50m、75m、100m水层的浮游植物初级生产力。分别使用大型浮游生物网、小型浮游生物网垂直拖网，取样水层深度根据调查海区的水深而定，水深超过100m则为100m至表层，小于100m则为底层至表层。用4%甲醛固定后，在显微镜下鉴定浮游动物的种类并计数（ind/m^3）。从计数后的样品中挑出水母类和被囊类后，称量浮游动物的湿重（mg/m^3）。

各测站浮游动物的次级生产力以日生产力P[mg C/(ind • d)]为特征值进行计算，按Ikeda和Motoda（1978）、沈国英和施并章（1990）总结的公式计算：

$$P=0.75R_C$$

式中，R_C为以碳（C）计的浮游动物的呼吸率[mg C/(ind • d)]，按以下公式计算：

$$R_C=0.8\times12\times24\times R/22.4=10.286R$$

式中，R表示以氧（O）计的浮游动物的呼吸率[μL O_2/(ind • h)]。呼吸商取0.8。最后，采用Ikeda（1985）关于浮游动物的呼吸率与干重和水温的复回归方程计算浮游动物的呼吸率：

$$\ln R=0.7886\ln \mathrm{DW}+0.0490T-0.2512$$

式中，DW为浮游动物平均个体干重；T为水温。取浮游动物干重约为湿重的18%（陈清潮和张谷贤，1987）和C含量约为浮游动物干重的35%（林铁军和陈清潮，1987；Omori and Ikeda，1984）等换算值校正。将各测站的非胶质浮游动物以湿重计的生物量（mg/m^3）换算为以C计的生物量（mg C/m^3）。

6.4.1 次级生产力

南沙群岛海区浮游动物（次级生产者）的个体日生产力变化范围为0.90～3.95mg C，22号站浮游动物个体的平均日生产力最高，为3.95mg C。个体次级生产力最低的水域出现在56号站，为0.90mg C；其次是8号站，为1.51mg C。56号站位于调查海区西部，即靠近越南沿岸一侧水域，受湄公河冲淡水、泰国湾低盐水的影响，浮游动物数量较高，个体较小，所以个体的日生产力较低。整个调查海区平均个体日生产力为2.29mg C（图6.27）。

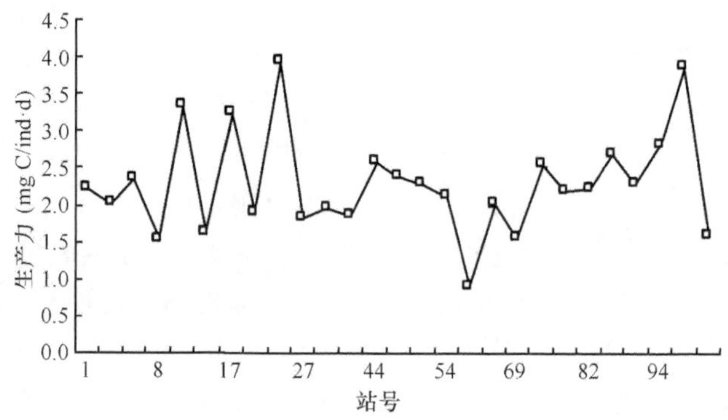

图6.27　1999年7月南沙群岛海区浮游动物的生产力变化

从水体的日生产力来看，因考虑到浮游动物的丰度，分布趋势与海区个体日生产力不同（图6.28），南沙群岛海区有3个日生产力高值区：一个位于西南部，以56号站为中心；一个位于西北部，以96号站为中心，该高值区跨越的海区面积最大；还有一个在调查区中部偏东北方向，以22号站为中心，该高值区变化梯度最大。所有测站中，85号站的次级生产力最高，为139.7mg C/(m^3·d)，其次是96号、22号和44号站，分别为128.2mg C/(m^3·d)、122.4mg C/(m^3·d)和113.8mg C/(m^3·d)。较低的测站为1号和8号站，低于40mg C/(m^3·d)。整个海区100m以上水体的次级生产力平均为76.3mg C/(m^3·d)。与报道的其他海区相比，南沙群岛海区的次级生产力较高。一般海区浮游动物的生产力变化范围为5～150mg C/(m^2·d)，大多数为5～50mg C/(m^2·d)。在大西洋东部有些海区生产力也较高，例如，在长岛海峡和乔治滩，生产力可达160～200mg C/(m^2·d)。在印度洋的印度西南沿岸，生产力超过100mg C/(m^2·d)。因为南沙群岛海区属于热带海区，100m以上水层的年平均温度为27℃左右，次级生产力的估计是通过与水温相关的复回归方程计算的，所以该海区的生产力较高。实际上，浮游动物的生产力与生活史有关，例如，桡足类的不同生长期和产卵的数量都对次级生产力估算有影响（Kimmerer，1987；Pterson et al.，1991）。

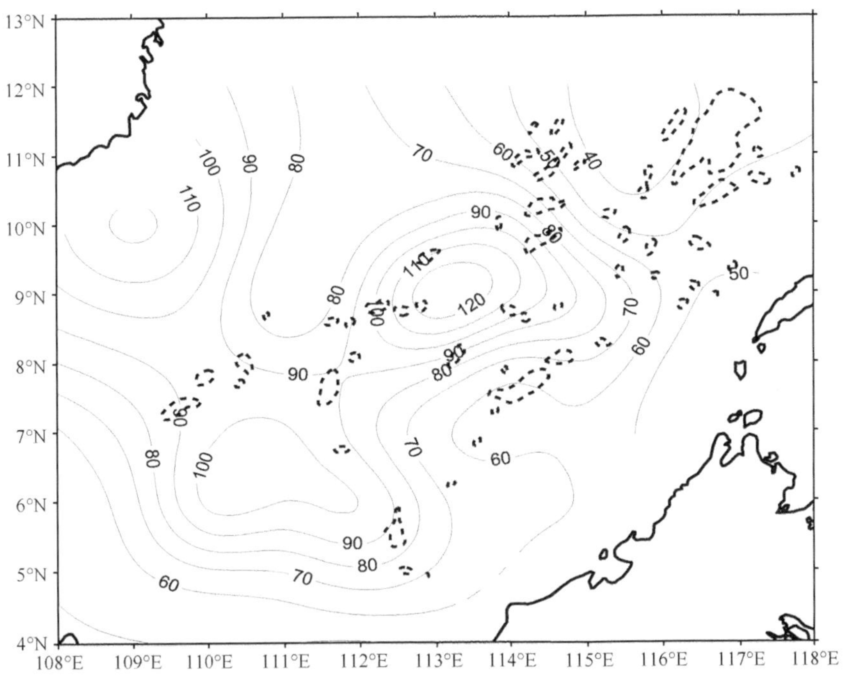

图6.28　1999年7月南沙群岛海区次级生产力分布［单位：mg C/(m^3 • d)］（谭烨辉等，2003）

6.4.2　初级生产力向次级生产力的转化效率

南沙群岛海区100m以内的水柱初级生产力变化范围较大，从126.5mg C/(m^2 • d)到1178.9mg C/(m^2 • d)，平均为453.3mg C/(m^2 • d)。对初级生产力与次级生产力的相关性分析表明，二者相关性较低，r^2为0.1406。本小节分析各测站的生产力转化效率，即初级生产力与次级生产力的比值（图6.29），结果显示，转化效率从6%到52%，平均为18%。北海水层生态系统中植食性浮游动物生产力是初级生产力的19%（Steel，1974），可见南沙群岛海区初级生产力向次级生产力转化的平均效率和其他海区差别不大。南沙群岛海区6号站转化效率特高值的出现，可能由以下原因引起：第一，其他地方初级生产力的输入，或采样当时浮游动物垂直移动下沉集中到100m以内的水柱，或有大量未被检出的溶解有机物来支持次级生产力；第二，采样时浮游植物被摄食或下沉到100m以下的水域，因为该测站的初级生产力在所有站中最低，只有126.5mg C/(m^2 • d)。而转化效率最低的94号和102号站的初级生产力却很高，可能是由于其他的初级生产力瞬间输入到这些测站。同时由于是网采的浮游动物，有一些小型的原生动物和大个体浮游动物的幼虫未能采集到，海区实际浮游动物生物量比采获样品的生物量高，可能的次级生产力的值也要稍高，特别是在西南部的水域，受近岸水的影响，水体中的营养盐高于其他海区。有报道指出，随水体营养盐含量的升高，浮游动物的丰度会随之增加，同时大型个体的浮游动物种类会被小型个体的种类取代（Bays and Crisman，1983；Pace，1986；Beaver and Crisman，1982）。

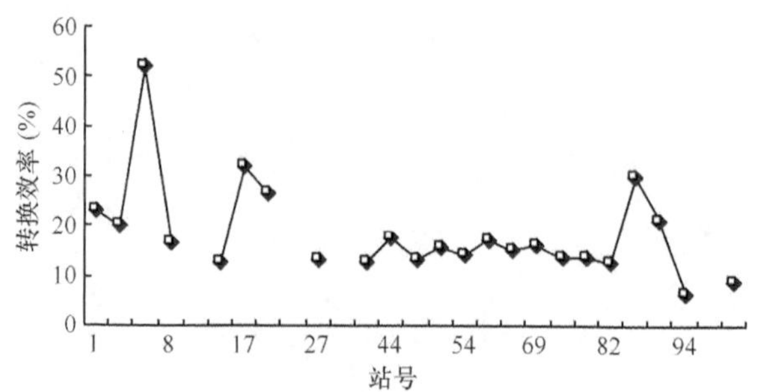

图6.29　1999年7月南沙群岛海区不同测站初级生产向次级生产的转化效率

南沙岛礁区微型浮游动物摄食与浮游植物生长的季节变化明显，这与东亚季风影响下的环境变化有关。该海区微型浮游动物对初级生产的较低摄食压力（＜50%）表明南沙群岛海区具有潜在较高比例的初级生产未被摄食消耗，从侧面解释了季风盛行期南沙群岛海区垂直沉降速率较高的原因；夏、冬两个季节都观察到微型浮游动物对较大粒径浮游植物的选择性摄食，再次表明微型浮游动物摄食有利于超微型光合生物在该区域形成优势（Zhou et al.，2015b）。台风过后，在南海东北部浮游植物负生长的情况下，微型浮游动物对包括超微型光合生物在内的浮游植物的摄食仍然存在，有利于更多的初级生产在食物网中继续传递（Zhou et al.，2011）。结合已发表数据，估算出整个海区微型浮游动物可消耗77.8%的初级生产者，微型浮游动物对中型浮游动物的能量贡献为18.1%～34.0%（周林滨，2012）。

6.4.3　小结

1997年11月、1999年4月和7月3个航次在南沙群岛海区采获的浮游动物平均生物量和密度差异不大，表明南沙群岛海区环境较为稳定，浮游动物数量的季节差异不大。该海区100m以浅水体的次级生产力平均为76.3mg C/(m^3·d)，初级生产力向浮游动物次级生产力的平均转化效率为18%。该海区初级与次级对生产力转化效率变化较大，与水动力及化学环境变化有关。

第7章　南沙群岛海区生物光学特征

南沙群岛海区海水光学特性现场调查通过“实验3”号科考船进行，共完成了47个站位的环境光学测量。其中，1997年11月航次所用的仪器为OMC-1型海洋光学多参数测量仪，可测量白光和5个波段的上行/下行光谱辐照度及透过率，剖面采样密度为1m，工作深度为250m；1999年4月航次使用加拿大Satlantic公司生产的多波长光学剖面仪，测量9个波段的海面入射辐照度、水下剖面单元测量9个波段的下行光谱辐照度和9个波段的上行光谱辐亮度。

本章根据实测数据分析海区水下光辐射的分布特征及其水色的分布类型，探讨海水光束衰减系数与Chl a的关系；结合Chl a的垂向分布模型，研究Chl a垂向分布对离水辐亮度的影响规律；利用主成分分析研究Chl a和DOC含量的遥感方法；利用SeaDAS软件模型分析Chl a的平面分布。

7.1　海水生物光学特性分布

7.1.1　光束衰减系数

南沙群岛海区Chl a垂向分布不均匀，典型的分布类型是在次表层出现Chl a浓度的极大值，极大值深度随测站而变，但一般在60～100m。漫射衰减系数（K_d）为0.05～0.8m^{-1}，同样在次表层出现极大值，且其极大值深度与Chl a的极大值深度基本相同。图7.1给出了Chl a浓度、光束衰减系数和水温垂向分布的典型曲线。光束衰减

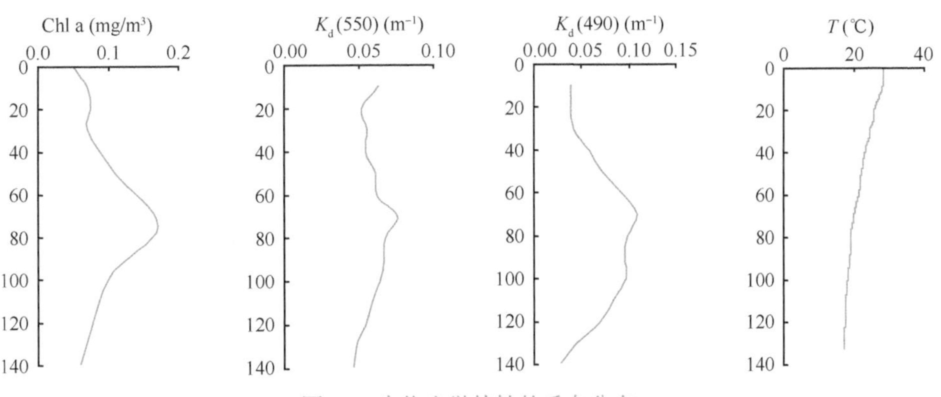

图7.1　生物光学特性的垂向分布

K_d（550）和K_d（490）分别是指波长为550nm和490nm的光束的漫射衰减系数

系数的极大值相应水层的生物量较高，由水温垂向分布数据可见，在表层明显存在等温度层，该等温度层厚度约为15m，即高生物量分布的水层位于上均匀层的下面、温跃层的中部。

不同波长的漫射衰减系数相差很大，波长大于600nm的红光漫射衰减系数最大，400～500nm的蓝绿光漫射衰减系数最小，典型的光谱分布如图7.2所示。

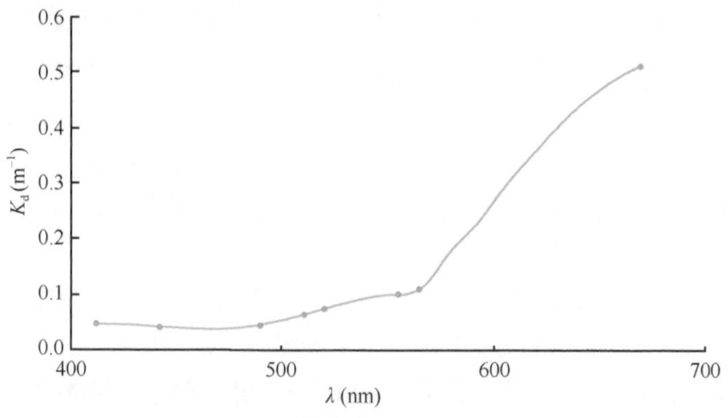

图7.2　漫射衰减系数的光谱分布

海区的真光层深度为60～110m，其与Chl a含量间的关系为

$$Z_e=35\text{Chl a}^{-0.349}$$

二者的相关系数达0.935。

上述剖面分布特征是典型的，但并不是普遍的。根据观测结果，光束衰减系数的剖面分布有5种类型，如图7.3所示。第1种类型的特征是光束衰减系数随水深增大而增大，这种类型大多是在水深不超过80m的浅海区观测到的，海底附近的光束衰

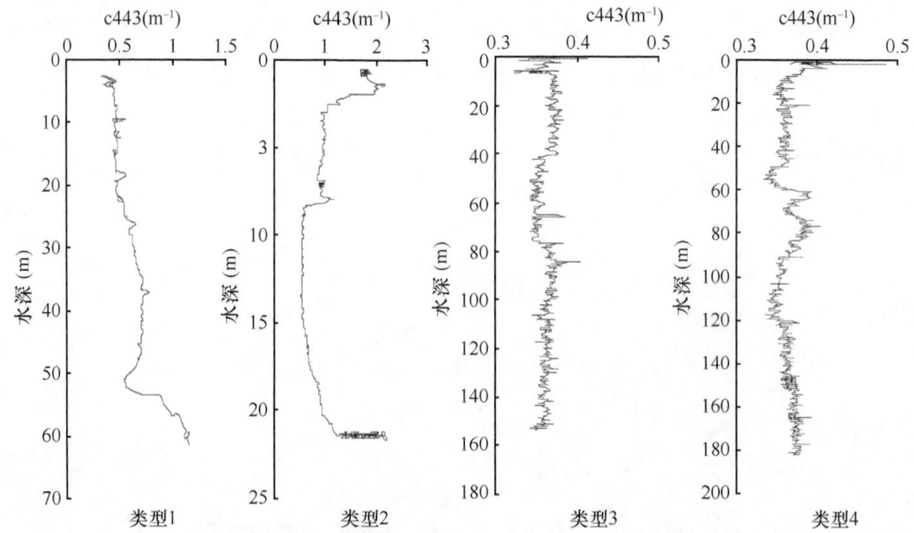

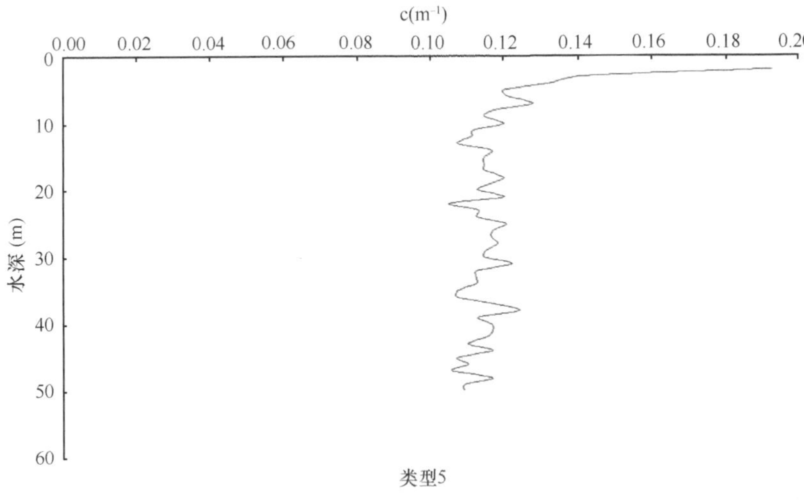

图7.3 光束衰减系数剖面分布

减系数增大，反映出海底沉积物的再悬浮过程很明显。第2种类型的特征是光束衰减系数在表层和深层较大，这种类型以往在不同深度的海区都发现过。第3种类型是在次表层出现光束衰减系数的最小值，说明该水层是一层“清洁水”。第4种类型就是上文提到的光束衰减系数在次表层出现极大值。第5种类型的光束衰减系数在表层较大，且随水深的增大而减小。

图7.4给出了南沙群岛海区海水漫射衰减系数的空间分布，其中图7.4a和图7.4b分别为443nm和565nm波长的漫射衰减系数的分布。从图7.4不难看出，不同波长的漫射衰减系数分布有差别，例如，在7.5°N、115°E附近，明显出现443nm漫射衰减系数的高值区，而565nm漫射衰减系数在该区域没有出现高值分布；但也有相似的分布特

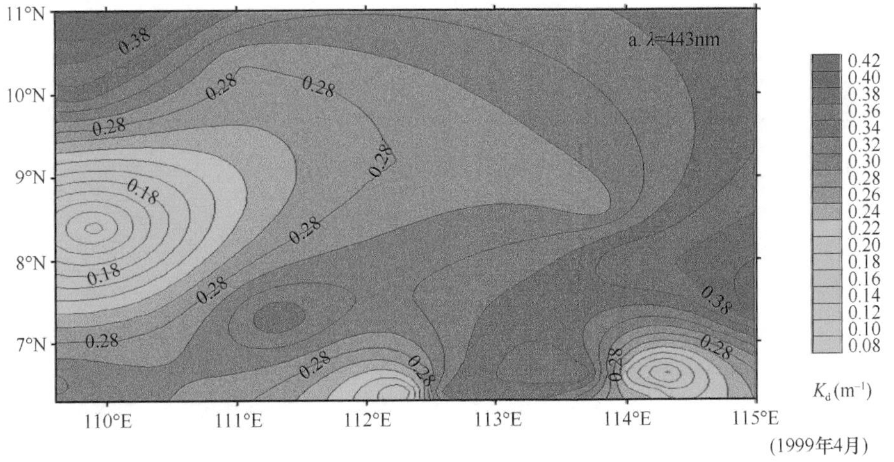

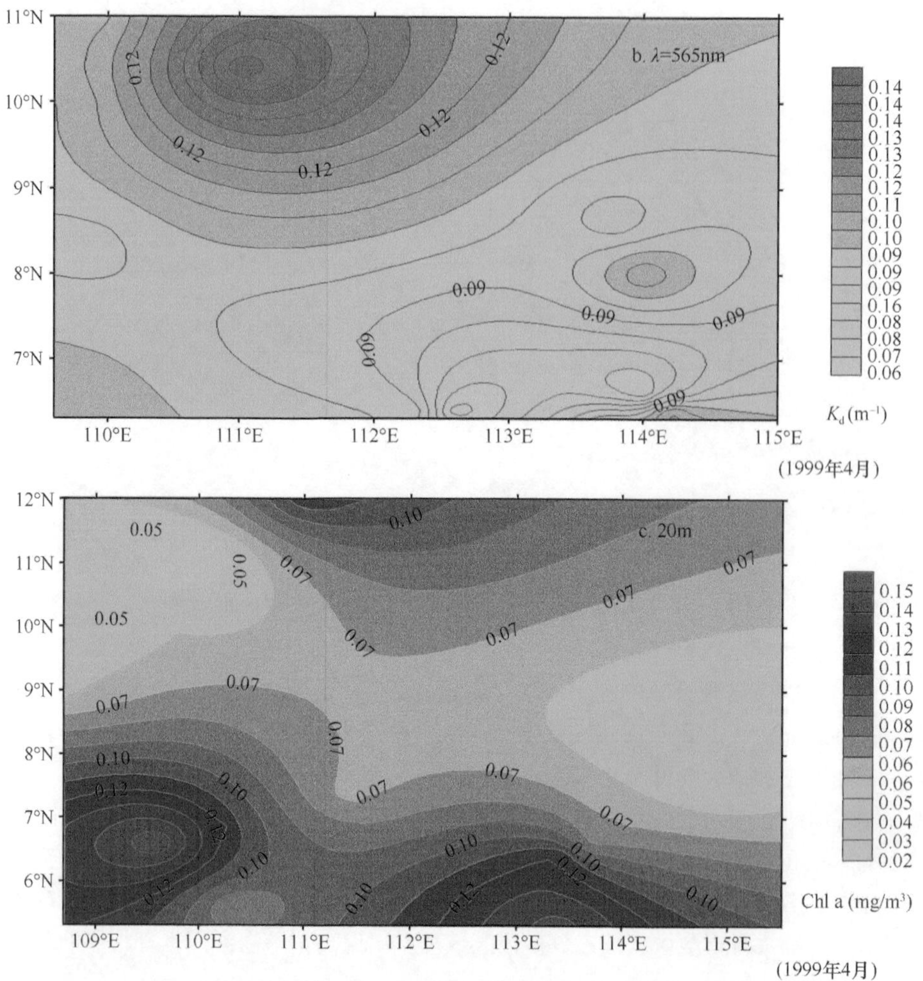

图7.4　光束衰减系数与Chl a的平面分布特征

征，例如，在8.5°N、110°E附近，6.5°N、112°E附近和6.5°N、114°E附近，两种波长的漫射衰减系数都出现低值分布。443nm波长的漫射衰减系数高值区分布比565nm的高值区分布更接近Chl a含量高值区的分布（图7.4c），这一结果与浮游植物吸收系数的光谱分布是一致的：浮游植物的吸收系数在443nm附近有一个较强的吸收峰，如图7.5所示。

7.1.2　光谱辐照度分布

图7.6为水下辐照度和辐照度的光谱分布，可以看出，长波可见光和短波可见光在水中的衰减均较快，其中衰减最快的是波长大于650nm的红光，在10m深处已衰减

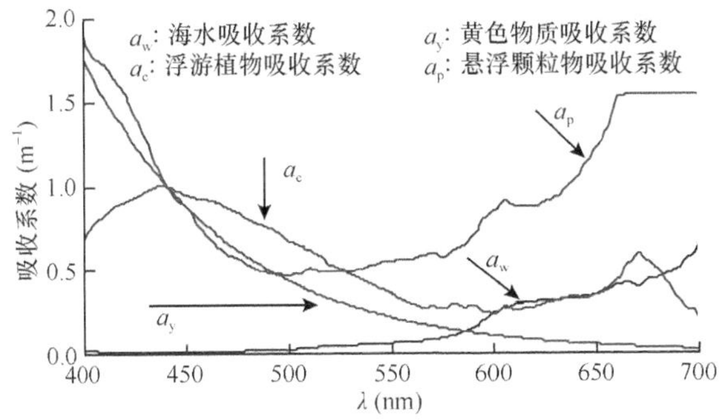

图7.5　海水及其所含主要物质成分的光谱吸收系数

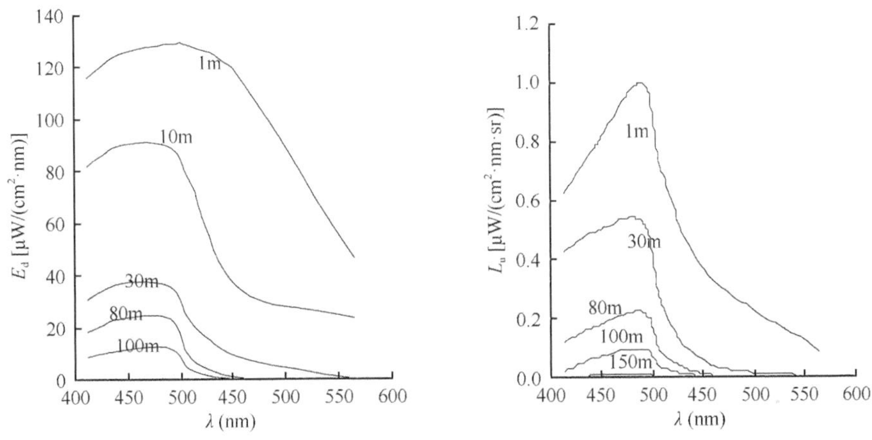

图7.6　不同水深下行光谱辐照度和上行光谱辐照度的分布曲线

至表面的1%；波长小于450nm的辐照度也衰减较快。穿透到100m深度处的基本上是450～500nm的蓝绿光，穿透到140m深度处的只有460～490nm的光谱成分。随着水深的增大，水下自然光辐射的光谱逐步向400～550nm收缩，光谱分布形如一个倒置的“U”字，450～500nm是最佳的光学窗口。

7.1.3　水色

海洋水色是海面直接反射辐射和离水辐射光谱分布的视觉神经效应，采用海水光谱反射率定量描述。海水反射率定义为水中上行辐照度$E_u(\lambda)$与下行辐照度$E_d(\lambda)$的比，即$R(\lambda)=E_u(\lambda)/E_d(\lambda)$。根据海上实测数据的计算分析，南沙群岛海区的光谱反射率有4种类型，如图7.7所示。

对于给定的波长λ，海水反射率$R(\lambda)$是水体吸收系数$a(\lambda)$和后向散射系数$b_b(\lambda)$的函数，其函数形式可由辐射传输理论确定。在考虑水平均匀海水的情况下，光谱反射

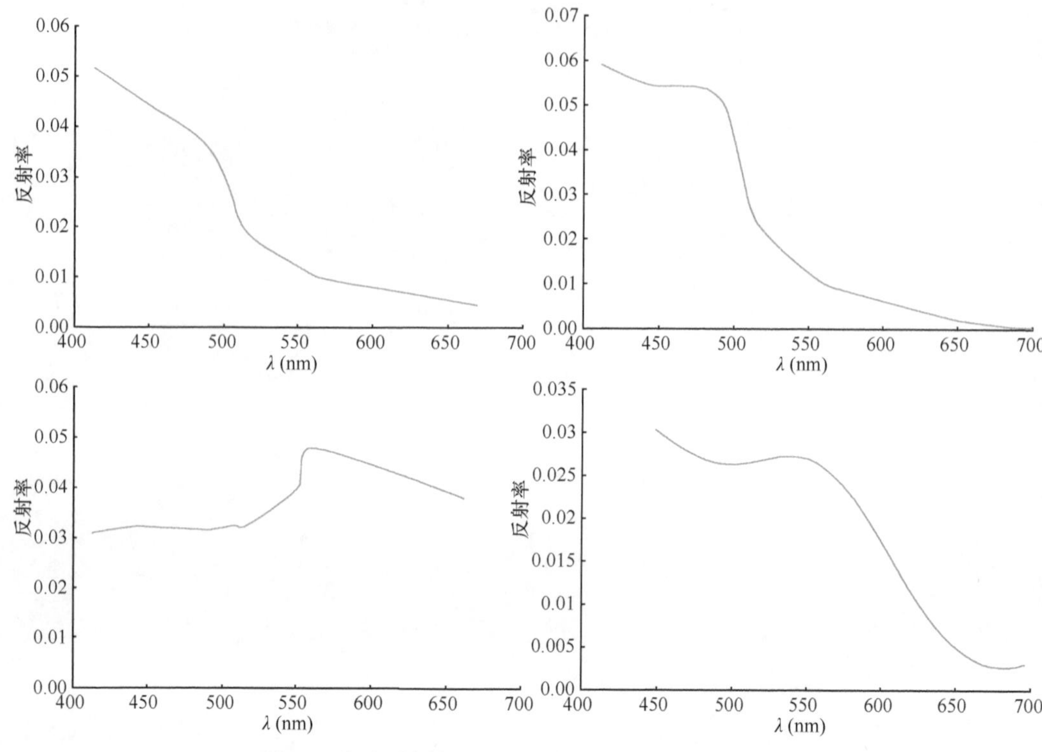

图7.7　南沙群岛海区海水光谱反射率分布的4种类型

率可近似地表示为

$$R(\lambda)=0.33\times\frac{b_{\mathrm{b}}(\lambda)}{a(\lambda)}$$

海水光学参数$a(\lambda)$及$b_{\mathrm{b}}(\lambda)$取各种物质贡献的总和，即

$$a(\lambda)=a_{\mathrm{w}}(\lambda)+c\times a_{\mathrm{c}}(\lambda)+x\times a_{\mathrm{x}}(\lambda)+y\times a_{\mathrm{y}}(\lambda)$$

$$b_{\mathrm{b}}(\lambda)=b_{\mathrm{bw}}\times b_{\mathrm{w}}(\lambda)+b_{\mathrm{bc}}\times b_{\mathrm{c}}(\lambda)+b_{\mathrm{bx}}\times b_{\mathrm{x}}(\lambda)$$

式中，c是以Chl a为表征的浮游植物含量（$\mathrm{mg/m^3}$）；x是悬浮颗粒浓度，以其相应的散射系数表示（$\mathrm{m^{-1}}$）；y是黄色物质浓度，以其相应的吸收系数表示（$\mathrm{m^{-1}}$）；a_{w}为纯水的吸收系数（$\mathrm{m^{-1}}$）；a_{c}为浮游植物的比吸收系数［$\mathrm{m^{-1}}$（$\mathrm{mg/m^3}$）$^{-1}$）］；a_{x}为悬浮颗粒的比吸收系数（无量纲）；a_{y}为黄色物质的比吸收系数（无量纲）；b_{w}为海水的体散射系数（$\mathrm{m^{-1}}$），b_{c}为浮游植物的体散射系数（$\mathrm{m^{-1}}$）；b_{x}为悬浮颗粒的体散射系数（$\mathrm{m^{-1}}$）；b_{bc}、b_{bw}及b_{bx}分别为浮游植物、海水和悬浮颗粒的后向散射与总散射之比。各种水色要素的吸收系数见图7.5。

由上述模型正演所得的海水光谱反射率与实测结果均符合得很好，结果如图7.8所示，其中图7.8a为实测结果，图7.8b为模型正演计算结果。

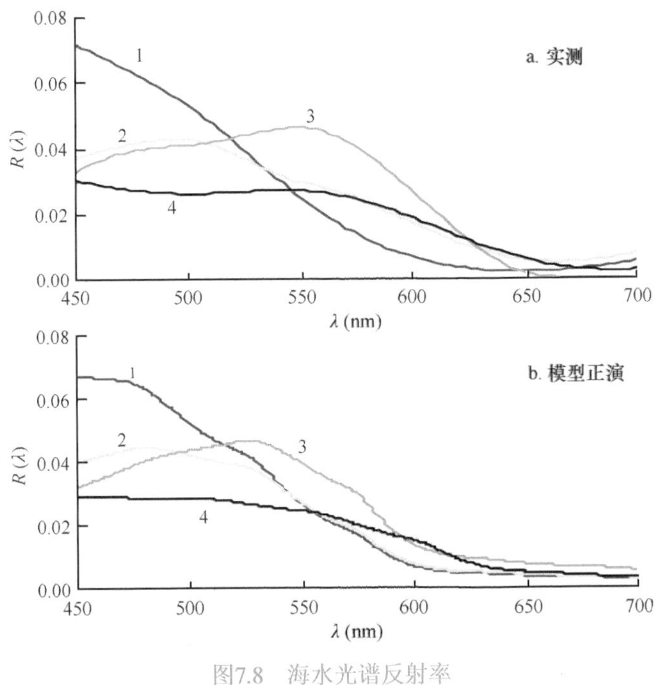

图7.8　海水光谱反射率

7.2　海水层化的生物光学模型

7.2.1　Chl a的垂向分布模式

大量的实测数据和研究表明，海水的生物光学特性的垂向分布是不均匀的，一种典型的分布形式是在真光层内出现Chl a和光束衰减系数的极大值，这种剖面结构在寡营养海区尤为多见。真光层是指浮游植物的光合作用速率等于其新陈代谢速率时相应的水层，由于受到光合有效辐射的制约，一般认为在这个水层以下的净生产力可以忽略。生物光学特性极大值分布的特征量，如极大值深度、极大值强度等，是随海区而变的，但对于某一生物光学区域，其剖面分布的规律是可寻的。生物光学特性的这种剖面结构可用高斯函数来模拟，深度为z的Chl a浓度Chl(z)为

$$\mathrm{Chl}(z)=\mathrm{Chl}_0+\frac{h}{\sqrt{2\pi}\sigma}\times\exp\left[-\left(\frac{z-z_{\max}}{\sqrt{2}\sigma}\right)^2\right]$$

式中，Chl_0为Chl a浓度的“本底”值；σ是与极大值宽度有关的参数；h是与峰值强度有关的参数；z_{max}为极大值所处的深度。

水体的吸收系数$a(\lambda)$和后向散射系数$b_b(\lambda)$为各种物质的贡献和，在一类水体的情况下，只考虑Chl a和黄色物质，根据Sathyendranath和Morel模式，$a(\lambda)$可表示为

$$a(\lambda)=a_w(\lambda)+0.06\times A(\lambda)\times \text{Chl}^{0.65}\times\left[1-0.2Y(\lambda)\right]$$

$$Y(\lambda)=\exp\left[-0.014(\lambda-440)\right]$$

水体后向散射系数$b_b(\lambda)$可表示为

$$b_b(\lambda)=b_{bw}(\lambda)+0.3\times \text{Chl}^{0.62}\times\left\{0.002+0.02\left[0.2-0.25\log(\text{Chl})\right]\times\frac{550}{\lambda}\right\}$$

7.2.2 水体辐射传输模式

水体中z深度处的下行光谱辐照度为

$$E_d(z,\ \lambda)=E_{dr}(0^-,\ \lambda)\times e^{\int -K_{dr}(\lambda)dz}+E_{df}(0^-,\ \lambda)\times e^{\int -K_{df}(\lambda)dz}$$

海水衰减系数与辐射的角分布有关，因此，一般情况下$K_{dr}(\lambda)$和$K_{df}(\lambda)$不相等。取单次散射近似，并近似认为$K_{dr}(\lambda)=K_{df}(\lambda)$，则可得

$$K_d(z,\ \lambda)=K_{dr}(z,\ \lambda)=K_{df}(z,\ \lambda)=\left[a(z,\ \lambda)+b_b(z,\ \lambda)\right]/\overline{\mu(z)}$$

因此，下行辐照度可表示为

$$E_d(z,\ \lambda)=E_d(0^-,\ \lambda)\times e^{\int -K_d(z,\ \lambda)dz}$$

式中，$\overline{\mu(z)}$为光辐射场的平均余弦。

对于均匀水体，反射率$R(\lambda)$与水体的吸收系数$a(\lambda)$和后向散射系数$b_b(\lambda)$的关系为

$$R(\lambda)=f\times\frac{b_b(\lambda)}{a(\lambda)}$$

式中，f是一个经验参数，与太阳天顶角μ有关，Kirk给出的近似关系为f=0.975−0.629μ。

对于垂向非均匀水体，有必要考虑生物光学特性垂向分布的层化结构。Gordon指出，对于Chl a垂向分布不均匀的分层水体，反射率等于等效的均匀水体的反射率，此时Chl a含量取衰减深度的Chl a含量加权平均值：

$$\langle X\rangle=\frac{\int_0^{Z_{90}}g(z)X(z)dz}{\int_0^{Z_{90}}g(z)dz}$$

式中，衰减深度$Z_{90}=1/K_d$，与波长有关。下行辐照度的衰减系数K_d与波长及深度的关系可由下式计算：

$$g(z)=\exp\left[-2\int_0^z K_d(z')\mathrm{d}z'\right]$$

$$K_d(z,\ \lambda)=\left[a(z,\ \lambda)+b_b(z,\ \lambda)\right]/\cos\theta$$

上行辐亮度L_u与反射率R及辐照度E_d有如下关系：

$$L_u(z,\ \lambda)=\frac{1}{Q}\times R(z,\ \lambda)\times E_d(z,\ \lambda)$$

式中，Q为辐射分布因子，对于朗伯体$Q=\pi$，对于海水Q为3～12。

离水辐亮度L_w与上行辐亮度L_u的关系为

$$L_w(0^+,\ \lambda)=L_u(0^-,\ \lambda)\frac{1-\rho_w(\theta,\ \lambda)}{n_w^2(\lambda)}$$

式中，n_w为海水的折射率；ρ_w为光线由水的下界面向上界面传输时的Fresnel反射率。ρ_w与海-气界面的粗糙度有关，当风速为0～6m/s时，ρ_w=0.485～0.463。

7.2.3　Chl a的垂向分布结构对离水辐亮度的影响

图7.9给出了5m水层的光谱反射率$R_s(\lambda)$随Chl a垂向分布结构的变化。可以看出，当Chl a含量增大时，反射率减小，且峰值向长波移动（图7.9a1）。当Chl a垂向分布的极大值宽度增大时，400～500nm波段的反射率减小，当极大值宽度增大5倍时，443nm波长的反射率约减小11%，但波长大于550nm的反射率变化不大（图7.9b1），可见对极大值宽度变化的敏感波段为400～500nm。极大值深度变化对反射率的影响主要为400～500nm波段，当极大值深度增大时，反射率增大（图7.9c1）。

图7.9还给出了离水辐亮度随Chl a垂向分布结构的变化。可以看出，当“本底值”增大时，离水辐亮度明显减小，且其峰值波长向长波方向移动；“本底值”较小时，“节点”（即离水辐亮度曲线的交点）出现在520nm附近，随着“本底值”的增大，“节点”位置也向长波方向移动。对“本底值”变化较敏感的波段是400～600nm。当Chl a垂向分布的极大值宽度增大时，400～500nm波段的离水辐亮度减小，但波长大于550nm的离水辐亮度变化不大（图7.9b2），可见对极大值宽度变化的敏感波段为400～500nm。极大值深度变化对离水辐亮度的影响主要为400～500nm波段，当极大值深度增大时，离水辐亮度增大（图7.9c2）。

如果把分层海水Chl a含量加上一个与穿透深度有关的权重，并视水体为以此加权Chl a垂向均匀分布的水体，则可见此“等效水体”的离水辐亮度与真实水体的离水辐亮度有较大的差别，“等效水体”的离水辐亮度比实际值低，且这种差别在短

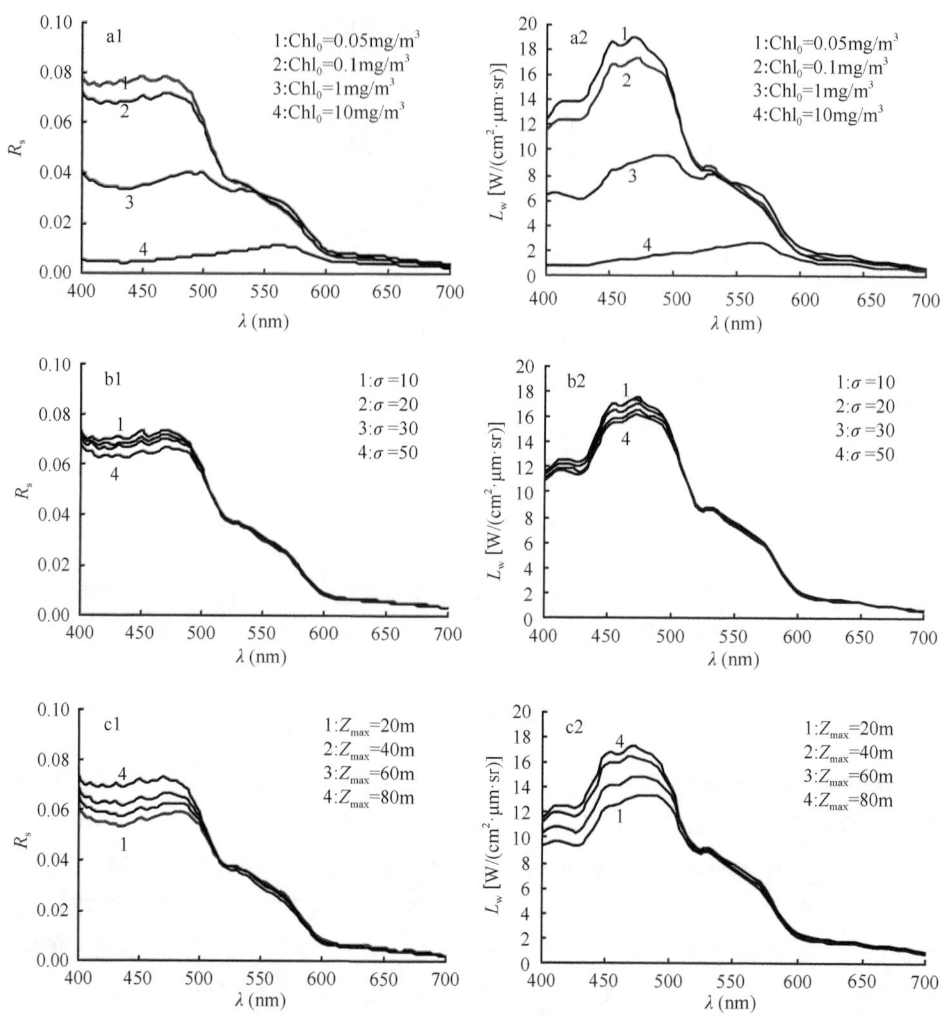

图7.9　5m水层的光谱反射率R_s和离水辐亮度L_w随Chl a剖面分布参数的变化

a. 随Chl_0的变化；b. 随σ的变化；c. 随Z_{max}的变化

波段比在长波段更为明显，结果如图7.10所示。图7.10a情况下峰值离水辐亮度（位于470nm）的相对误差达15%，图7.10b情况下峰值离水辐亮度（位于560nm）的相对误差达12%。

7.2.4　Chl a光学-遥感信息提取

Chl a具有特定的光谱特征，在440nm附近有一吸收峰，在550nm附近有一反射峰，在685nm附近有较明显的荧光峰。水体中Chl a含量的升高，将引起蓝光波段辐

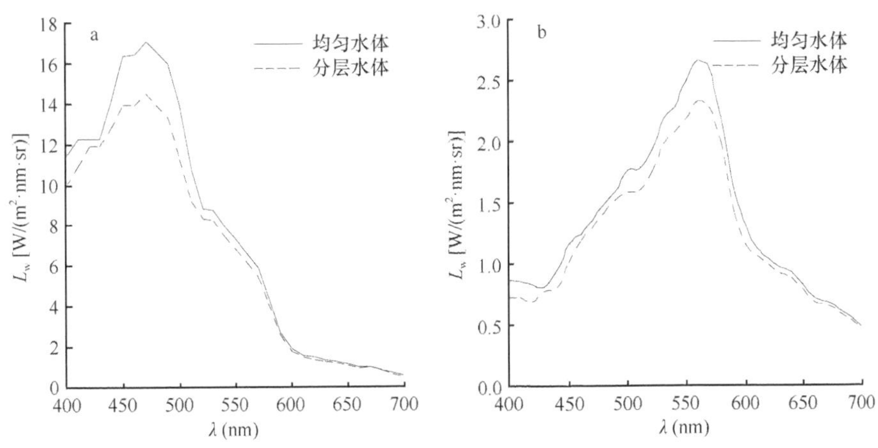

图7.10　Chl a垂向分布均匀和不均匀时离水辐亮度的对比曲线

a. 外海水体；b. 近海水体

射量的减少和绿光波段及红光波段辐射量的增加，在520nm附近出现辐射量不随Chl a含量发生变化的光谱分界点（通常称为节点）。Chl a的这些光谱特征是Chl a含量信息提取的主要依据。通常利用Chl a光谱分界点两侧的波段构成的比值波段组合来增强Chl a光谱信号（比值增强法），以提高估算海水Chl a含量的精度。目前估算Chl a含量的模式大都是经验模式，是通过对比值波段组合的光谱资料与准同步的实测资料进行拟合分析获得的。采用SeaWiFS资料分析系统的Chl a含量估算模式和SeaDAS软件分析提取Chl a含量。在分析处理SeaWiFS资料时，采用统一的大气校正模式和Chl a含量估算模式提取海水Chl a含量。SeaDAS软件采用的估算Chl a含量的模式是

$$\text{Chl\_a}=10^{b}-0.04$$

$$b=0.341-3.001[\lg(R_{490}/R_{555})]+2.811[\lg(R_{490}/R_{555})]^2-2.041[\lg(R_{490}/R_{555})]^3\cdots$$

式中，R表示反射率；下标数字表示波长。

由于沿岸海水成分的复杂性和目前水色遥感资料大气校正模式的缺陷，SeaDAS软件对沿岸海水区的Chl a含量提取误差大，但它对一类海水区的Chl a含量的估算精度较高。对1999年4月19日和21日在南沙群岛海区的实测Chl a含量与用SeaDAS软件从这2天的SeaWiFS遥感资料中提取的Chl a含量进行对比，遥感估算的Chl a含量偏高，比实测值高31.51%。造成误差的原因主要是二者的观测时间与空间不完全一致，实测是点式采样，遥感估算的是1km^{2}内的平均值。另外，遥感估算还受局部大气辐射特别是薄云辐射的干扰，因为目前的云识别方法只有当云层达到一定厚度时，才将其判别为云覆盖区，对云层未达到判别厚度的薄云按无云处理，所以未能对薄云辐射进行校正，可能是引起Chl a估算值偏高的原因。

7.3 基于主成分分析的反演算法

7.3.1 特征向量变换

由n个光谱通道测得的海水反射率构成一个n维向量$\boldsymbol{R}$（r_1，r_2，…，r_n），则$\boldsymbol{R}$的协方差矩阵$\boldsymbol{S}$可精确地表示为$\boldsymbol{P}^{-1}\boldsymbol{SP}=\boldsymbol{\Phi}$，其中$\boldsymbol{P}$是$n \times n$的正交矩阵，可通过正交变换构成新的向量：

$$\boldsymbol{Z}=\boldsymbol{P}^{-1}\boldsymbol{R}$$

正交矩阵是待定的，可归结为求解下列本征方程：

$$|\boldsymbol{S}-\lambda\boldsymbol{E}|=0$$

一般地，n阶矩阵有n个特征值和n个特征向量。分析表明，对方差的贡献主要来自前若干个最大的特征值，因此，不必求解出所有的特征向量，可选择k，其中$k<n$，使得误差在均方差意义上达到最小。

7.3.2 主因子回归

通过特征向量变换，确定了各主成分的“权重因子”，则可通过多元回归，建立下列形式的由主成分反演水色要素的模式：

$$\lg c=A_0+A_1 \times Q_1+\cdots+A_k \times Q_k$$

式中，Q_i（i=1, 2, …, k）为第i个主成分的权重因子，或称第i个主成分的标量算子；A_i（i=0, 1, 2, …, k）为回归系数。计算中设定对方差的贡献为99.8%，用幂法求模最大的特征值和相应的特征向量。计算结果表明，前3个最大的特征值对均方差的贡献达99.5%，其相应的特征向量如图7.11所示。

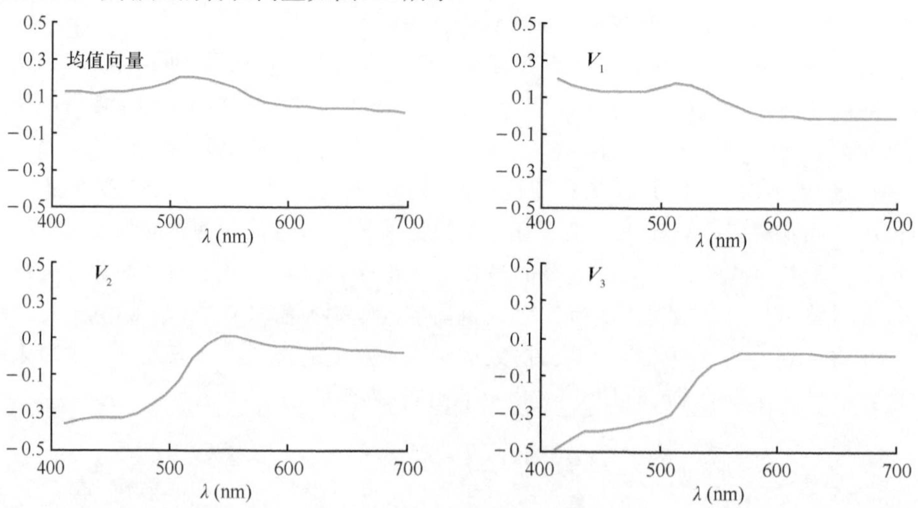

图7.11 均值向量和前3个特征向量

7.3.3 反演模式

对主因子特征向量谱的权重因子和水色要素含量进行多元线性回归，可得Chl a、黄色物质和悬浮颗粒的反演模式，结果如表7.1所示。

表7.1　主因子与Chl a、黄色物质（Y）和悬浮颗粒（D）含量的相关系数

水色要素含量	A_0	A_1	A_2	A_3	相关系数
lgChl a	−1.023	−14.516	20.109	17.374	0.932
lg$Y$	−0.562	−0.143	2.249	−1.387	0.894
lg$D$	−0.689	4.973	11.552	3.571	0.910

水中黄色物质的化学成分十分复杂，其主要成分是溶解有机碳（DOC），因此，常用DOC代替黄色物质来做研究。

调查期间，我们对Chl a和DOC进行了同步测量。图7.12给出了模型反演结果与实测结果的比较。对于Chl a，反演结果与实测结果的相对误差为17.5%；对于DOC，反演结果与实测结果的相对误差为37.4%，均得到了较好的结果。

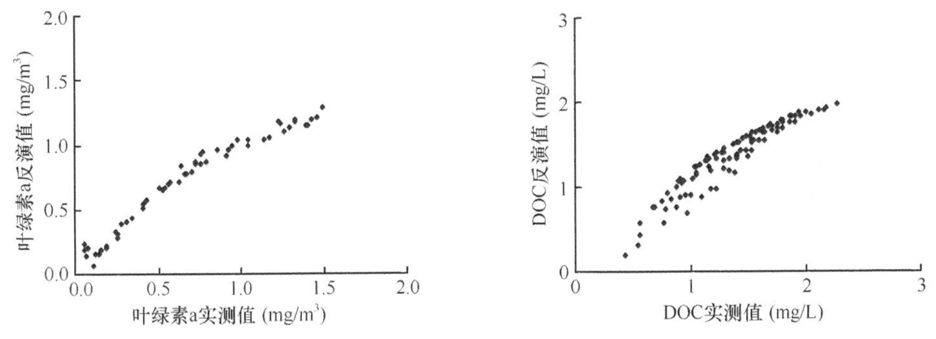

图7.12　模型反演结果与实测结果的比较

本章主要探讨了南沙群岛海区海水的生物光学特性，应用光学和遥感技术提取Chl a信息，并从理论上研究了Chl a在海水中的垂向分布对海面上行辐亮度的影响。分析结果表明，Chl a垂向分布的“本底值”是影响离水辐亮度光谱分布的最主要因素，当“本底值”增大时，离水辐亮度明显减小，且其峰值波长向长波方向移动；“本底值”较小时，“节点”（即离水辐亮度曲线的交点）出现在520nm附近，随着“本底值”的增大，“节点”位置也向长波方向移动。Chl a峰值深度是影响离水辐亮度光谱分布的重要因素，当Chl a含量峰值向表层移动时，离水辐亮度减小。Chl a极大值的分布宽度对离水辐亮度的光谱分布也有影响，离水辐亮度随Chl a极大值宽度的增大而减小。对Chl a垂向分布结构灵敏的光谱区是400～600nm波段。

对南沙群岛海区海水的光谱反射率特征进行了理论分析，用Chl a、黄色物质和悬浮颗粒等要素的光学特性正演光谱反射率，与实测结果符合较好。在此基础上，利用主成分分析方法，通过对光谱反射率数据的特征向量变换和主因子回归，建立了反演南沙群岛海区Chl a和DOC的遥感算法。与实测结果的比较表明，Chl a和DOC的反演相对误差分别为17.5%和37.4%，获得了较高的反演精度。该算法的特点是充分利用各光谱波段的有用信息，而不是仅利用某一两个波段信息做简单的回归，这表明新一代水色遥感器（如SeaWiFS，MODIS等）在南海的应用及算法的开发具有可喜的前景。

第8章　珊瑚礁营养生态泵

珊瑚礁是热带海洋中一种独特的生态系统，在全球海洋生物多样性、资源生物生产、海洋生物地球化学循环及生态功能服务中具有举足轻重的地位。在海水营养盐非常贫乏的热带海域，珊瑚礁能维持极高的生产力和生物多样性，素有海洋沙漠中的“绿洲”之称。达尔文曾描述这一奇特现象，因此，珊瑚礁在寡营养的热带海洋维持高生产力和生物多样性，也被称为“达尔文悖论”（Darwin’s paradox）。目前，我们对于这一现象的认知仍然不足（De Goeij et al.，2013；Brandl et al.，2019）。外部营养输入和内部营养的高效循环利用被认为是这一现象的驱动因素。越来越多的研究为我们理解“达尔文悖论”提供了重要参考。珊瑚礁的钙化作用可沉淀输入海洋钙通量的一半，是海洋中钙的一个重要归宿。珊瑚礁生物多样性高、食物网复杂，具有较强的生态稳定性、适应性和自身调节能力。探索碳、氮、磷营养元素和钙等在珊瑚礁环境中的分布、迁移规律及循环过程，研究珊瑚礁生态系统与外部环境的营养物质交换过程，是揭示珊瑚礁在热带寡营养海域中维持稳定生态功能和生产机制的关键，也是阐明珊瑚礁在全球变化中所起作用的一项基础性研究工作。

本章主要根据南沙群岛海区现场调查观测数据，结合文献资料分析，阐释珊瑚礁生态系统的基础生产、外部营养输入、内部营养存储和高效循环利用，以及对周边水体的物质输出，探讨珊瑚礁生态系统在寡营养海域维持高生产力和生物多样性的机制，研究发现珊瑚礁系统不仅可以通过多种方式聚集利用外部营养、高效地存储和循环利用内部营养，还可以向外输出生源物质，辐射影响周边开阔海域，由此提出珊瑚礁“营养生态泵”（nutrition eco-pump for coral reef，NEPC）概念并作理论解释，为揭开珊瑚礁“营养之谜”、深刻认知珊瑚礁（尤其是远离大陆的珊瑚礁）系统对海洋生物泵的贡献提供科学依据。

8.1　珊瑚礁水域基础生产

珊瑚礁生态系统通常具有高生产力和独特的生源元素循环特征，它与周边开阔海域的低生产力形成鲜明对比。珊瑚礁生物资源是海洋中自然资源的重要组成部分，包括生活在珊瑚礁生态系统中的各种海洋动物、藻类（植物）和微生物，以及这些生物共同组成的生物群落，其营养物质输运过程与生态效率及其生物资源形成规律，历来是海洋生态学界关注的重点内容。珊瑚礁生态系统的高初级生产力，往往是指底栖初级生产者的较高固碳能力（Alldredge et al.，2013），较少关注珊瑚礁水体的基础生产过程。本节主要阐述南海（主要是南沙群岛海区）珊瑚礁水体及其邻近海区的初级生产力、浮游生物种群变化、初级与次级生产关系和生物多样性等分布特点及其对环境的响应，为进一步阐明珊瑚礁生态系统的生产过程、生物资源形成机制及其对周边海域海洋生物泵的影响提供基础资料。

8.1.1 珊瑚礁区新生产力与邻近海区比较

在南沙群岛海区，运用荧光法、^{14}C和^{15}N同位素示踪模拟现场培养法，测定了Chl a含量、浮游植物的光合作用速率和不同形态氮的吸收速率之比（*f*比）；计算了南沙群岛海区碳的同化系数和初级生产力；利用*f*比和初级生产力，估算了该海区的新生产力；结合温、盐、光、营养盐及浮游动物等资料，分析并讨论了南沙群岛海区Chl a和初级生产力的分布状况及其影响因素，对珊瑚礁潟湖与附近海区的初级生产力进行了比较，发现南沙群岛海区春、夏季同化系数的垂向分布特征很相似。珊瑚礁潟湖表层的同化系数普遍较大，平均值约为10 mg C/(mg Chl a · h)。在靠近珊瑚礁的海区，表层同化系数比远离珊瑚礁海区的大，反映出珊瑚礁及其潟湖的生态效率较高，初级生产速率高于开阔海域。在西太平洋的Palau珊瑚礁系统，其水体也具有较高的颗粒性有机碳、颗粒性有机氮和Chl a，并向开阔海域递减（Hata et al.，1998）。同样，在南海中沙群岛六个珊瑚环礁和黄岩岛珊瑚礁，也发现珊瑚礁潟湖区域的Chl a和初级生产力高于珊瑚礁外部区域（Ke et al.，2018；Li et al.，2018）。

珊瑚礁潟湖具有特殊的生态环境，浮游植物种类丰富，数量高。潟湖海水化学要素的稳定性较低，时空变化较明显，水层之间的交换作用较强。根据本实验分析的结果，在潟湖内，单位水体的生产速率、Chl a含量和同化系数分别是海区真光层积分平均值的6倍、3倍和2倍。若仅比较表层和20m水层，潟湖内单位水体的生产速率和Chl a含量也比海区相应水层的值高2～3倍。珊瑚礁潟湖能够在海水中营养盐含量较低的环境中保持较高的生产力，这与潟湖的特殊生态环境、丰富的物种和生物量及高效率的营养循环有密切关系。

现场测量结果表明，南沙群岛海区*f*比的垂向分布与Chl a和初级生产力的垂向分布有较大差异。夏季，海区表层*f*比很小，通常是垂向上的最小值，平均值仅为0.06。在50～75m水层出现一个峰值，最大值出现在75m水层，达0.31。*f*比的垂向分布曲线与初级生产力的分布曲线有较大的差异，但*f*比的分布曲线与NO_3^-/（NO_3^-+NH_4^+）曲线的特征相似。海区新生产力的变化幅度达130 mg C(m^2 · d)以上；夏季新生产力的平面分布反映出南沙群岛海区中部礁群区新生氮源较少，而夏季大量的降水为近岸海区提供了较丰富的新生氮源。此外，西南季风的影响形成了东北向的表层海流，随湄公河径流输入的营养被带到西北部海区，是该海区出现较高新生产力的主要原因之一。当然，在西北部深海区由于夏季存在较强的上升流，营养盐丰富的深层水涌升，向真光层补充营养，为微型浮游植物的生长与繁殖提供了有利条件，因此，新生产力出现高值区。

8.1.2　珊瑚礁区浮游植物多样性及其分布

生物多样性的可持续利用及其保护越来越受到国际社会的普遍关注。南沙群岛处于印度-太平洋交汇区生物多样性中心，称为是珊瑚分布的金三角，地理环境独特，海域宽阔，海洋生物种类丰富，开展浮游植物多样性调查分析对南沙群岛海区乃至我国生物多样性研究均具有重要的意义。

根据现场采获样品和资料分析结果，春季渚碧礁潟湖网采浮游植物密度平均为2.49×10^4cells/m^3，明显高于南沙群岛海区（春、夏季分别为0.73×10^4cells/m^3和1.03×10^4cells/m^3）。春季在渚碧礁潟湖共采获浮游植物26属51种；春季在南沙群岛海区大面站采获浮游植物110种，夏季检出172种。春季渚碧礁、海区大面站和夏季大面站浮游植物多样性指数平均值分别为2.92、4.35和4.01。在春季，渚碧礁潟湖水域浮游植物优势种主要为日本星杆藻（*Asterionella japonica*），其优势度高达0.172。南沙群岛海区春季硅藻门的菱形海线藻（*Thalassionema nitzschioides*）和甲藻门的二齿双管藻（*Amphisolenia bidentata*）等占优势；夏季距端根管藻（*Rhizosolenia calcaravis*）等为主要优势种。

在夏季，西南季风盛行，表层海流主要呈西南-东北走向，而在沿此走向的南沙群岛海区中部水域，存在多处气旋型环流。受海流影响，浮游植物在沿该走向的南沙群岛海区中部呈明显的低值分布。巴拉巴克海峡至安渡滩之间常出现营养盐含量高值区，而西南陆架区涌升流的影响也会造成该海区营养盐含量的升高，有利于浮游植物生长而使相应水域的浮游植物丰度出现高值。同时，中南半岛东南部沿岸受湄公河水注入的影响，出现了浮游植物的另一个丰度高值区。在春季，浮游植物分布特征在较大尺度上受水文及营养盐分布的影响并不明显，但浮游植物丰度极低的海区，往往对应桡足类等浮游动物高生物量的海区，这表明较高的初级生产力为次级生产提供了有利条件；反过来，浮游动物的摄食压力可直接影响浮游植物的分布。将春、夏季浮游植物生物量与同期调查的Chl a含量进行回归分析，发现两个季节浮游植物生物量与Chl a含量的关系不显著，当发生较强的浮游动物摄食行为时，浮游植物现存量相对减少，而含有Chl a的有机碎屑相应增加，使浮游植物丰度与水体Chl a含量存在差异，这进一步表明，海区低细胞密度及低多样性指数很可能与浮游动物摄食有关。而在春季，整体上存在较高的浮游动物摄食压力，并且这个压力存在区域间的差异，导致浮游植物丰度与Chl a含量相关性不显著。

在春季，渚碧礁水域的浮游植物丰度远高于外海区，同时其种类多为沿岸型种类与底栖型种类混合出现，说明其受外源水的影响较大（Shen et al.，2010）。但由于珊瑚礁潟湖生态系统独特的高生产力，如同期的渚碧礁水域调查站位的初级生产力达2.623 mg C/（m·h），同时存在较高的浮游植物现存量。由于渚碧礁东南部底层海水的涌升，加上与流入潟湖的礁外海水混合后沿西北方向流出，渚碧礁潟湖水体受到扰动。在东南-西北轴线附近水域，由于受水流扰动和外部水冲入的影响较大，对浮游植物生长产生负面效应；而在沿该轴线远离的两侧水域，由于受到的影响逐渐减小而保持了越来越高的浮游植物丰度。此外，渚碧礁潟湖浮游植物的分布与其溶解氧的分布极为相似，也暗示了浮游植物很可能对该潟湖中溶解氧的分布起调节作用。

过去的观点认为，珊瑚礁潟湖营养盐贫乏、浮游植物的初级生产力水平较低。黄良民（1991）、吴成业等（2001）通过分析比较了南沙群岛海区和珊瑚礁潟湖的Chl a含量、初级生产力和同化效率，发现珊瑚礁潟湖初级生产力和同化系数都比附近海区高。从现场测量数据和实验分析的结果来看，在珊瑚礁潟湖内，单位水体的生产速率、Chl a含量和同化系数明显比附近海区真光层的高，这与珊瑚礁生物对营养盐的高效利用和高光合效率有直接关系。珊瑚礁潟湖能够在营养盐较缺乏的环境下保持较高的初级生产力和生物生产力，与潟湖具有特殊的生态环境、丰富的物种和生物量，加速了营养盐在无机环境与食物链之间的循环和重新利用，缩短了营养盐的循环周期有关。南沙群岛海区初级生产向次级生产的转化效率（18%）明显高于南海北部海区（11%）（谭烨辉等，2003；黄良民等，1997），表明热带珊瑚礁海区物质循环效率明显较高。珊瑚礁潟湖Chl a含量的垂向分布没有明显的规律性，这与岛礁潟湖的动力环境和海水理化性质有关。珊瑚礁潟湖深度普遍较小，海水混合程度较高，环境因子的相对稳定性较低，有较显著的时空变化，使Chl a的垂向分布变化较大，呈离散态。珊瑚礁初级生产速率的垂向分布与Chl a的垂向分布相似，没有明显的规律，但同化系数的垂向分布却有一定的规律。

8.2 珊瑚礁营养生态泵

8.2.1 珊瑚礁外部营养输入途径

碳、氮、磷是海洋中生物生长的重要营养元素，探究其外部输入及其在珊瑚礁生态系统中的利用、迁移和转化过程，对深入解释珊瑚礁生态系统高生产力和生物多样性及生源要素的生物地球化学循环具有重要意义。

除了珊瑚礁内营养的高效循环利用，越来越多的证据显示，珊瑚礁的确向外海输出营养盐，要维持珊瑚礁的高生物生产力（至少维持向外部的营养物质输出），不仅需要高效的内部循环，还必须有新的营养盐不断输入补充（Genin et al.，2009）。Gove等（2016）对海盆尺度珊瑚礁生态系统的调查表明，绝大部分（91%）位于寡营养海域的珊瑚礁邻近水域都具有明显较高的浮游植物生物量，形成“近岛高生产力热点”现象。这种水体的高生产力现象，也表明珊瑚礁需要外部营养的支撑。越来越多的研究表明，珊瑚礁系统可通过多种方式从外部获得营养。

珊瑚礁作为突出于海洋的小型“陆地”，形成了异于周边海域的局部地形，往往与潮汐、海流等物理过程相互作用，使深层海水在珊瑚礁附近涌升，从而把深层海水中的营养盐输送到岛礁附近，为珊瑚礁系统和周边浮游生物所利用，是最早被认识的外部营养输入珊瑚礁系统的途径之一。有研究表明，海流和潮汐对珊瑚礁整体生产力具有重要的营养补充作用。海流与珊瑚礁局地地形共同作用可能会引起下层水体的涌升，内波能量在珊瑚礁区域的破碎增强水体垂向混合，也会向珊瑚礁补充营养盐（Leichter et al.，1998）。这些物理过程与珊瑚礁局地地形的相互作用可以为珊瑚礁带来无机营养盐的供给，其为珊瑚礁带来的营养补充估计可超过10%。

早期的研究已发现珊瑚礁区附生的藻类和海绵可以固氮，有利于周围珊瑚礁和潟湖形成高生产力（Wiebe et al.，1975；Wilkinson and Fay，1979）。随后，Larkum等（1988）在大堡礁开展的一项多年研究表明，珊瑚礁主要基质（substrate）包括礁坪及点礁区域附生有藻类的石灰石、礁顶、海滩岩、珊瑚碎片、潟湖等，都具有固氮的功能。近期的研究表明，珊瑚组织和黏液中具有丰富的固氮微生物，其可以通过固氮为珊瑚虫提供氮（黄小芳等，2014；Lesser et al.，2018）。蓝细菌被认为是珊瑚礁固氮的主要贡献者，在珊瑚礁生物群落中海洋蓝藻与海绵形成内共生关系：蓝藻固氮满足海绵氮素需求，有利于海绵在氮缺乏的海域中生存；海绵向蓝藻提供营养需求及微氧固氮环境（Wilkinson and Fay，1979）。有研究表明，生物固氮可以满足珊瑚礁区域2%～21%的初级生产对氮的需求（Charpy et al.，2012）。这些研究都表明，固氮作用是外部营养输入珊瑚礁生态系统的重要方式。

珊瑚礁生物摄食浮游生物是外部营养输入的重要方式之一。珊瑚礁底栖生物摄食水体中的浮游植物是外源营养随水流输入到珊瑚礁生物群落的一个重要途径。有研究表明，虽然柳珊瑚对微微型浮游生物的摄食很有限，但是珊瑚礁里的海绵、海鞘和其他小型滤食者可以较好地利用微微型浮游生物（Ribes et al.，2005）。海绵在珊瑚礁生境中至关重要，提供了多达60%的穴栖空间；穴栖群落的过滤作用，可以大量、快速清除洞穴附近的浮游植物，相当于0.9g C/(m^2·d)；矿化外源的有机物是支撑珊瑚和藻类生长的主要营养来源（Richter et al.，2001）。珊瑚礁石中很多隐秘的礁栖生物也可以过滤海水中的浮游植物，从而可能在珊瑚礁生物群落生物地球化学功能中发挥重要作用（Yahel et al.，2006）。礁区生物固氮和微食物网对维持珊瑚礁生态系统高生产效率的贡献如何将是值得深入研究的问题。

珊瑚礁生态系统新氮源的另一重要来源是海流、季风和潮流带来的外源新生产者（如大洋性蓝藻——束毛藻）及其他浮游植物，它们经过食物链和微食物网迅速成为珊瑚礁区域初级生产力的重要组成部分。珊瑚摄食浮游动物早已引起学者关注（Sebens et al.，1996）。珊瑚礁底栖浮游动物随光照昼夜垂直迁移，在日落后上升到水体中捕食，日出前，也可能通过晚上的捕食将水体中的营养带入珊瑚礁水体（Yahel et al.，2005）。珊瑚礁鱼类捕食上覆水体和周边海域的浮游生物是珊瑚礁系统获取外部营养的重要方式之一。鱼类在上层水体捕食浮游动物，在深层或海洋底部歇息排便，成为联系浮游食物网和底栖（或深层）食物网的重要纽带（Geesey et al.，1984；Pinnegar and Polunin，2006；Roopin et al.，2008；Trueman et al.，2014）。某些珊瑚礁鱼类晚上迁移到周围十几米至几百米远的水域捕食，白天则返回聚集在珊瑚礁区（Meyer et al.，1983），从而可以起到把周围水体营养聚集到珊瑚礁的作用。Geesey等（1984）指出，鱼类粪便是岛礁生物群落的重要营养来源，鱼类粪便中的营养元素（如磷）的含量明显高于鱼胃内未消化食物的含量，鱼类粪便中的细菌可能有利于磷的矿化。Pinnegar和Polunin（2006）报道了地中海摄食浮游生物的一种光鳃鱼（*Chromis* sp.），它产生的粪便沉入礁区海底，把营养物质从水体转移到了礁区。该鱼产生的粪便沉入海底后，被其他鱼类或者无脊椎动物——食碎屑者尤其是虾蟹类所食，从而成为礁区氮、磷营养的重要来源。多数珊瑚礁鱼类在白天捕食浮游动物，但也有部分鱼类在夜间捕食浮游动物。由于在夜间被捕食的浮游动物个体较大，因此其总体生物量并不比白天低（Holzman et al.，2007）。珊瑚礁中的“小丑鱼”，捕食浮游动物，分泌氨，可为海葵及其共生虫黄藻提供重要营养来源。高密度的鱼群聚集分泌物可为底栖植物群落（如海草、海藻）提供营养，显著增加底栖初级生产力（Peterson et al.，2013）。珊瑚礁捕食浮游动物的鱼类是开阔海域营养输入到珊瑚礁系统的重要纽带（Roopin et al.，2008）。

海鸟是营养循环的重要驱动者，可以把捕食鱼类获得的营养以粪便的形式转移至它们休息和产卵的岛屿或珊瑚礁。海鸟粪便中挟带的氮、磷等营养，可以增加岛屿植物的生物量，改变岛屿植物的种类组成，增加多种生物的丰度。从海鸟粪便中淋溶的营养盐，进入岛屿周边的海洋生态系统，可能有利于浮游生物丰度增加，甚至影响诸如蝠鲼在内的鱼类的捕食行为。近期，Graham等（2018）利用氮稳定同位素技术，揭示了海鸟在开阔海洋捕食，从而把大量的营养输送到珊瑚礁，不仅提高了岛上动植物的生产力、促进了岛礁上营养物质的淋溶释放，还影响了周边珊瑚礁生态系统的结构和功能与生产力。海鸟带来的营养，虽然不能直接增强珊瑚礁生态系统对白化的抵抗，但可以通过积极影响壳珊瑚藻和植食性鱼类，从而促进珊瑚白化后的恢复（Benkwitt et al.，2019）。海鸟粪便是将营养输入珊瑚礁尤其是具备海鸟栖息环境的珊瑚礁的重要方式之一，由此产生的营养补充数量及其生态效应如何，需要开展深入研究。

珊瑚礁区域的高生物量和高生物丰度，也吸引诸如金枪鱼、鲨鱼在内的大型上层鱼类或其他大型动物（如鲸豚类）来此处进行“游牧”等活动（Allgeier et al.，2017）。例如，鲸鱼从温带捕食后，长距离迁移到热带生产幼鲸，从而把成百上千千米外的营养带到热带水域。它们在珊瑚礁游牧期间的排泄，可把营养带入珊瑚礁系统，或者通过捕食带走珊瑚礁的有机质，通过排泄留下外部摄入的有机质，从而在一定程度上将珊瑚礁底栖有机营养置换进入水体，有利于珊瑚礁周边水体维持较高的生产力。珊瑚礁系统生产的资源生物也吸引人类来此采集、捕捞，人类在采集、捕捞期间向珊瑚礁水体排放的生活废物等，也成为输入珊瑚礁系统的重要营养源。尤其是珊瑚礁的可观赏性，催生了岛礁旅游等人类活动（Albuquerque et al.，2015），也使人类成为输入珊瑚礁营养的重要媒介。鱼类游牧及人类活动带来的营养输入估计可达10%。

南沙群岛海区处于热带区，发育了我国最大也最好的珊瑚礁群，自20世纪80年代以来，中国科学院南海海洋研究所的陈清潮研究员等一批先驱学者调查研究了南沙岛礁及其周边海域的理化环境、海洋生物和生态过程，并发现了珊瑚礁周边水域的高生产力现象。这些工作为我们认识南沙岛礁及其周边海域提供了宝贵资料。Zhou等（2015a）的研究发现，永暑礁潟湖水体相对周边开阔水域具有较高的Chl a含量，并且其浮游植物生长不受营养盐限制。目前，南沙珊瑚礁营养盐输入和输出的定量研究很少，开展这方面的深入研究，对探讨珊瑚礁生态系统中生源要素的生物地球化学循环特征，认识海洋生物之间的营养关系，进而揭示珊瑚礁生态系统的结构与功能，以及珊瑚礁生态系统对全球气候变化的响应和反馈都具有重要意义。

8.2.2　珊瑚礁内部营养存储与循环利用

珊瑚礁生态系统的高生产力，更重要的还在于其大量的内部营养存储与高效的循环利用，包括独特环境的聚集泵吸效应和微食物环作用。

1. 珊瑚礁内部营养存储

不同于陆地生态系统，珊瑚礁区域具有极高的消费者（动物）生物量，其中存储的大量营养赋予了消费者很强的调节系统内部营养盐动力过程的能力。与陆地草原生态系统、森林生态系统中的大部分生物量存储在生产者中的情况不同，珊瑚礁系统中的消费者是最大的生物量库。

在加勒比海的某些珊瑚礁区域，仅鱼类的生物量就超过400g湿重/m^2。在菲律宾的某些珊瑚礁区域，常见的几种经济珊瑚礁鱼类的生物量超过178g湿重/m^2（Muallil et al.，2019）。西印度洋马达加斯加某些珊瑚礁鱼类的生物量可达200g湿重/m^{2}以上（McClanahan and Jadot，2017）。在偏离陆地受人类活动影响较小的塞舌尔Farquhar

环礁区域，鱼类的生物量可达320g湿重/m^2（Friedlander et al.，2014）。相比较而言，即使在著名的拥有大量角马、斑马和其他有蹄动物的塞伦盖蒂草原生态系统中，动物生物量也仅有8～10g湿重/m^2。

珊瑚组织也是巨大的生物量库，其可以存储大量的营养。对加勒比海多种珊瑚组织生物量的研究表明，珊瑚组织生物量可达74～329g干重/m^2（Thornhill et al.，2011）；地中海某些海域珊瑚*Cladocora caespitosa*的生物量可达730～990g干重/m^2（Peirano et al.，2001）。珊瑚礁群落动物生物量中存储的大量营养物质，为寡营养水体环境中的珊瑚礁生态系统高生产力提供了重要的物质基础，也是珊瑚礁系统内部营养高效循环利用的重要组成部分。

2. 珊瑚礁内部营养循环利用

珊瑚礁生态系统内营养的高效循环利用主要由以下几个方面实现：通过珊瑚礁微食物环和“海绵环”再生；珊瑚虫和共生藻之间及其他共生关系之间的高效营养循环；底栖营养盐再生体系。

珊瑚礁系统中的大量动物会向水体排放溶解有机物。除了通过微食物环，被细菌利用，形成细菌，再被珊瑚礁生物利用，珊瑚礁中的海绵还可以通过“海绵环”过程，高效回收利用释放到水体中的溶解有机物（DOM）。Ferrier-Pagès等（1998）探讨了珊瑚释放溶解有机碳（DOC）及溶解有机氮（DON）的作用，发现珊瑚可释放大量的DOM，珊瑚从虫黄藻获取的营养大部分是损失于分泌与呼吸。细菌吸收利用了释放出的DOM，经微食物环再次进入珊瑚礁食物网，由此形成紧密的营养盐再循环过程，从而使珊瑚在寡营养海水中得以维持繁盛。珊瑚礁水体中微食物环对溶解有机物营养的回收利用，是珊瑚礁内部营养高效循环利用的重要形式。

珊瑚礁底质中N和P的存储量很高，通过底栖摄食者的营养循环发现其对贫营养水域的高生产力有重要的作用。有研究表明，在珊瑚礁生态系统中海参、底栖微藻、细菌和小型底栖生物是底栖再循环系统的一部分，其作用与浮游的“微食物环”非常相似，海参摄食和代谢再生的氮可达0.52～5.35mg/(m^2·d)，氨的再生浓度可达8～15μmol/L（Uthicke，2001）。在多数远离陆地的珊瑚礁中，大型藻类的生长因无机营养的限制和鱼类及海胆的摄食而受到限制；这时鱼类等动物排泄的氨氮和磷就成为营养受限的初级生产者的营养来源，而且对整个珊瑚礁的营养存储起很大作用。海参等海洋动物以氨的形式排泄溶解的无机营养使其进入到周围水环境中，是维持珊瑚礁藻毡高生产力的另一机制。

近年来，学者对于珊瑚礁中海绵生态学的研究兴趣不断增加，越来越多的证据表明海绵是珊瑚礁生物群落的重要组成部分。近期研究表明，溶解有机碳和碎屑是多种海绵种类的主要食物，挑战了海绵主要摄食微微型浮游生物的原有认知（Pawlik et al.，2018）。海绵是珊瑚礁区域常见且丰度较高的底栖生物，它们通过鞭毛状的领细胞（环细胞）主动过滤水体，每个小时的过水量可达其体积的很多倍（Leys et al.，2011），从而可以影响广泛的水体。Pawlik等（2018）进行了估算，巨型桶海绵每2.8～6天可以把上覆水体过滤一遍。海绵不仅可以滤食海水中的颗粒性有机物（如微微型浮游生物、碎屑），还可以利用水体中的溶解有机物，从而将其从浮游水体中捕获的营养输入到珊瑚礁系统，并高效地循环利用。海绵高效利用溶解有机碳，用于鞭毛状领细胞的生产和脱落，从而把溶解有机碳高效地转化为颗粒性有机碎屑，被其他珊瑚礁生物利用，这种把DOC转化为颗粒性有机碳使其重新进入珊瑚礁食物链的营养关系，称为“海绵环”（sponge loop）（De Goeij et al.，2013）。有研究表明，海绵*Halisarca caerulea*消耗的有机碳中，仅有39%～45%用于呼吸，其余的55%～61%用于细胞的快速周转和脱落。海绵*Xestospongia muta*通过利用DOC满足其大部分呼吸需要，并且DOC很可能是该种海绵生物生产和细胞周转的主要碳源（Hoer et al.，2018）。海绵对颗粒性有机物和溶解有机物的利用，是珊瑚礁系统内部营养高效循环利用的重要方式，对维持珊瑚礁系统高生产力起极大的促进作用。

多种形式的共生等营养关系，有利于珊瑚礁内部营养的高效利用和迁移。珊瑚的营养来源包括异养营养和自养营养两种方式（图8.1）。自养营养主要依赖于与其共生的单细胞甲藻——虫黄藻，它与其他双鞭毛藻一样，含有双鞭毛藻色素（藻黄素，藻红素）和Chl a、Chl c。一般地，虫黄藻主要在造礁珊瑚体内共生。虫黄藻把大部分光合固定的营养转置给珊瑚虫。而珊瑚的异养营养一般包括三种方式：一是作为肉食性生物捕食活体食物，如浮游动物；二是以颗粒性有机物和细菌为食的碎屑摄食；三是从周围水体吸收溶解有机物。珊瑚的高表面积与体积比有利于其以第三种营养方式获取营养。但吸收溶解有机物对珊瑚营养的重要性还不清楚。虫黄藻-珊瑚利用光合作用固定的高能化合物来进行呼吸作用，但是仍然依靠异养方式获

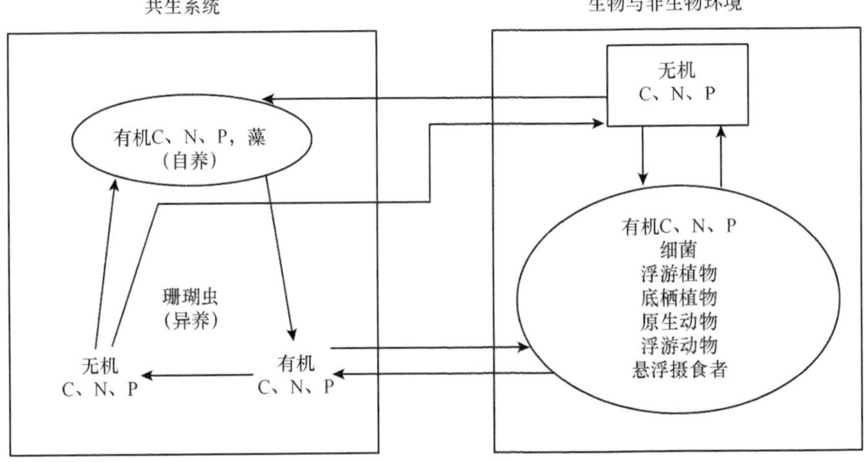

图8.1　珊瑚礁共生系统C、N、P循环模式（根据Lewis and Smith，1971修改）

取生长与繁殖所必需的营养元素。因此，摄取高营养的颗粒性物质是促进珊瑚生长的重要途径之一。在热带和亚热带海洋中，微微型浮游生物是重要的生物量和生产力的贡献者；在环礁潟湖，它们被认为是珊瑚的食物及底栖悬浮物摄食者的食物。Ribes等（2005）的报告称，在夏威夷附近的一个珊瑚礁群落中，微微型浮游生物与92%的总颗粒性氮去除有关，颗粒性物质中的氮去除与溶解无机氮去除的数量接近。

为了深入探讨珊瑚礁微生态系的特征与共生关系，Lin等（2015）通过基因组测序，系统分析了甲藻基因组的结构特性，描绘了珊瑚虫和虫黄藻共生过程中相互作用的分子机制。Zhou等（2011）通过DGGE指纹图谱分析了三亚湾造礁石珊瑚共生藻的多样性，共有11种ITS2型的共生藻分属于C和D系群，并以C3和C1型为主，该区与包括夏威夷和大堡礁在内的太平洋其他海域同种类的宿主共生藻类型有相似之处。采用454测序方法进行甲藻特异的宏转录组分析结果表明，三亚湾不同水质条件下鹿角珊瑚内共生虫黄藻的基因现场表达具有差异性；得到的19万条cDNA序列中，与光合作用、温度胁迫等有关的基因，在不同环境条件下的表达量有明显差异（董志军等，2008；Dong et al.，2009）。Qiu等（2010）指出，鹿角珊瑚体内存在两种食性不同的纤毛虫（图8.2），一种能够直接吞食虫黄藻（竞争者），另一种以虫黄藻裂解碎片为食（充当清洁工），他们认为珊瑚-纤毛虫-虫黄藻对维持珊瑚体内的“生态平衡”起着重要作用。这一发现为深入揭示珊瑚体内微生态系统的循环机制提供了

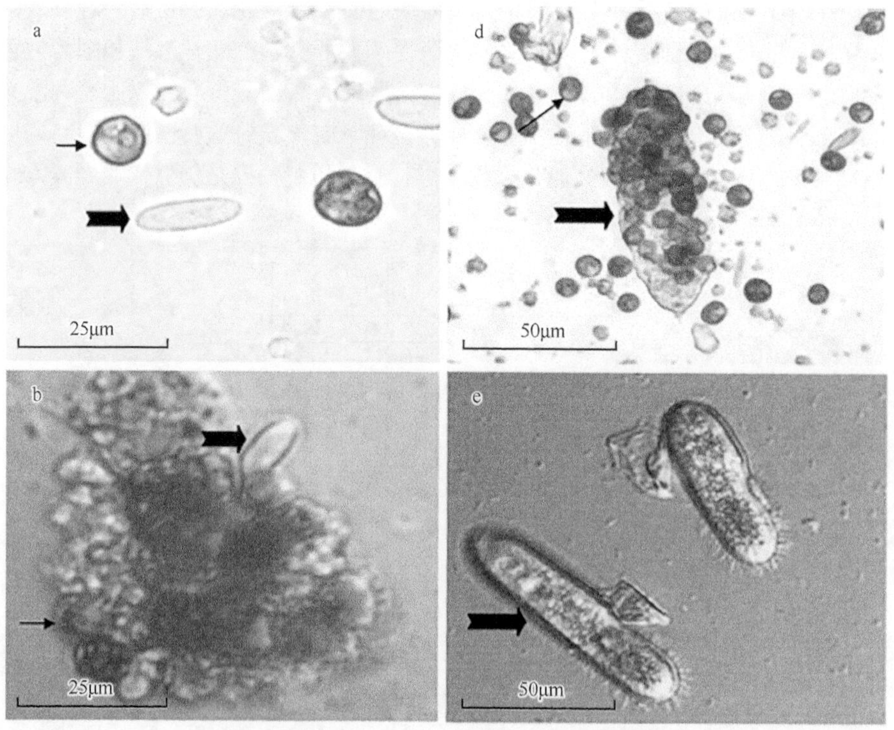

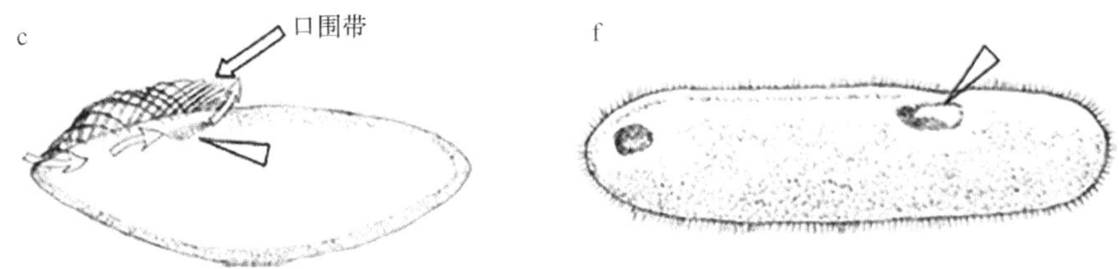

图8.2　鹿角珊瑚体内两种食性不同的纤毛虫（Qiu et al.，2010）

新的视角和方向。

Qiu等（2011）发现，勇士鳍藻体内有两种不同类型的叶绿体和一种蓝藻，表明其营养型复杂，采用Sanger和Roche 454超高通量测序方法分析渚碧礁潟湖、礁坪及邻近海区水体中甲藻的生物多样性，比较两种方法研究甲藻生物多样性的差异发现，潟湖外水体以裸甲藻为主，潟湖内水体以寄生型甲藻为主，反映出不同生境营养型存在差异。

8.2.3　珊瑚礁向海洋输出生源物质

珊瑚礁系统不仅可以吸收利用外源的有机营养，用于自身生产，可以释放大量的溶解有机物和颗粒性有机物，输出到系统外部，从而影响珊瑚礁外礁坡区及其周边开阔水域的生物地球化学循环过程，还可以排放大量的颗粒性有机物，包括鱼类粪便、珊瑚黏液等。这些颗粒性有机物一部分被珊瑚礁底栖生物消耗和转化，一部分被珊瑚礁水体浮游微型异养生物消耗和转化，还有一部分输出到珊瑚礁系统之外。在珊瑚礁边缘，从珊瑚礁系统向外流的水体中有机物颗粒含量比外来水体中的高，表明珊瑚礁向外净输出有机物。沉积物捕获器观测到，在近岸站位有较高的垂向POC通量。潟湖内45m深处捕获的颗粒性有机碳与无机碳的比值小于表层水体，说明有机物在沉降过程中快速分解和底质碳酸盐沉积物发生了再悬浮。根据估算，总系统生产的7%沉降在潟湖中，4%被输送到开阔海洋，0.6%可被迁移到温跃层以下（Hata et al.，1998）。

珊瑚礁向周围开阔海洋输出颗粒性有机物，使珊瑚礁周围海域成为颗粒沉降的热点区域，影响海洋生物地球化学循环过程。珊瑚礁群落对海-气之间CO_2平衡的影响与全球碳循环及碳收支有密切关系。根据二氧化碳分压的长期数据，夏威夷珊瑚礁是CO_2的源（Terlouw et al.，2019），珊瑚礁的钙化作用在大量固定碳的同时，也向海水中释放CO_2。如果净初级生产力高而$CaCO_3$沉淀低，珊瑚礁就可成为大气CO_2的汇；反之，若珊瑚礁的$CaCO_3$沉淀高而净初级生产力低，珊瑚礁就是大气CO_2的源。早期在实验室内及太平洋珊瑚礁生态系统现场进行的测定表明，珊瑚礁是大气CO_2的源。但日本学者Kayanne等（1995）通过对琉球群岛Shiraho珊瑚礁水体中CO_2

分压（pCO_2）周日变化的直接测定指出，礁坪区可能是大气CO_2的汇。该观测结果在*Science*上发表后引起较大争议，并引发关于珊瑚礁是CO_2的源还是汇的“源一汇”之争（source-sink debate）。事实上，仅从珊瑚礁海域CO_2分压的角度判断珊瑚礁系统对海洋碳循环的影响并不合适。通过前面的论述我们知道，可能有大量的有机物质从外部系统输入到珊瑚礁系统，为珊瑚礁动物提供能量和营养。外部输入的有机物不仅满足珊瑚礁群落净呼吸消耗的需要，还支持珊瑚礁系统的净生产，其中约75%的净生产输出到周围开阔海洋，且部分沉降到深海（Crossland et al.，1991）。如果考虑全球珊瑚礁仅占海洋的0.17%，其净初级生产占海洋的0.05%，那么珊瑚礁向周边海域输出的碳（15×10^9g C/a）为全球新生产力（7.4×10^9t C/a）的0.2%。这表明珊瑚礁周边海域可能是碳沉降和生物泵过程的热点区域，由此珊瑚礁系统可能在海洋碳循环中扮演了“假源真汇”的角色。

8.2.4 珊瑚礁营养生态泵概念

素有海洋沙漠中的“绿洲”之称的珊瑚礁生态系统，虽然海水中营养盐贫乏，但能维持极高的生产力和生物多样性，这一直是个未解之谜，引起海洋学界的广泛关注。

在热带海洋珊瑚礁环境中，由于海水介质和生物组成与其他海区不同，其生源物质的迁移、富集、消散与矿化，尤其是在生物链中的传递速率和利用效率，要比周围开阔海区的高。此外，其营养收支高效循环的原因，是海水介质的作用，还是某些特殊生物（如虫黄藻、纤毛虫或其他微型生物）的调节，国外已进行了较多探索，也提出了一些假说，但至今尚未知其所以然。因此，针对开阔海域沙漠中存在“绿洲”却无法作出令人信服的解释，提出了珊瑚礁“营养之谜”。

研究表明，南沙群岛海区珊瑚礁的形态及其相关的沉积环境明显受物理过程控制；珊瑚礁生态系统营养物质的循环具有快速高效和不均衡的特点，渚碧礁生源物质的快速分解、高效循环利用是珊瑚礁总生产力较高、净生产力却较低的主要原因；渚碧礁潟湖内99%的生物碎屑POC通过生物捕食或腐解作用转化为无机碳重新进入循环；珊瑚礁生态系统的高生产力主要依靠其内部快速而高效的再生循环过程维持。

通过前面的讨论，我们知道珊瑚礁生态系统中的营养供给和补充来自多方面。当外源输入很低时，微食物环与独特的生态过程对维持珊瑚礁生态系统高生产力和群落稳定性起着无可替代的作用。当然，珊瑚礁所处的地理位置（如大洋区、近海区或沿岸）和不同珊瑚礁的形态特征是有差异的。但珊瑚礁生态系统各种营养盐的来源、比例和实际贡献由于缺乏实际测量数据，目前仍然不能作出定量解释，尚需进一步深入研究。

在南沙群岛海区长年考察积累了大量实测数据资料的基础上，为寻找揭开珊瑚礁“营养之谜”的途径，我们试着利用实际测量的珊瑚礁基础生物与理化环境数据、资料，进行了综合分析。结果表明，珊瑚礁初级生产力比周围海区高，这一方面与水动力作用相关，由于珊瑚或珊瑚礁生境对外部营养的泵吸（捕捉）和聚集效应，相当量的有机营养可以输入到珊瑚礁系统，加上充足的阳光（紫外线）加速了有机物质的矿化、再生与循环，生源物质的快速输运和转化，促进了初级生产者和生物链的高效利用；另一方面在珊瑚礁水域中微食物网的作用下，基础生产效率明显高于周围开阔海区。因而，我们提出了珊瑚礁“营养生态泵”概念：寡营养盐海域的珊瑚礁系统，多途径泵吸外部营养物质，存储于珊瑚礁系统内，经复杂环境与生物过程高效转化和循环利用，维持珊瑚礁系统的高生产效率和生物多样性，并形成颗粒碳集散区，伴随海洋过程和生物泵作用，增加有机碳向深海的输出，这种聚集外部营养、内部营养高效循环利用和输出颗粒性有机碳的过程，称为珊瑚礁“营养生态泵”（nutrition eco-pump for coral reef，NEPC）。根据前文，我们总结了8种向珊瑚礁系统输入外部营养的途径，珊瑚礁较丰富的水体浮游生物伴随海流扩散形成“高碳羽”，增加周围海域生物泵向深海的碳输出（图8.3）。

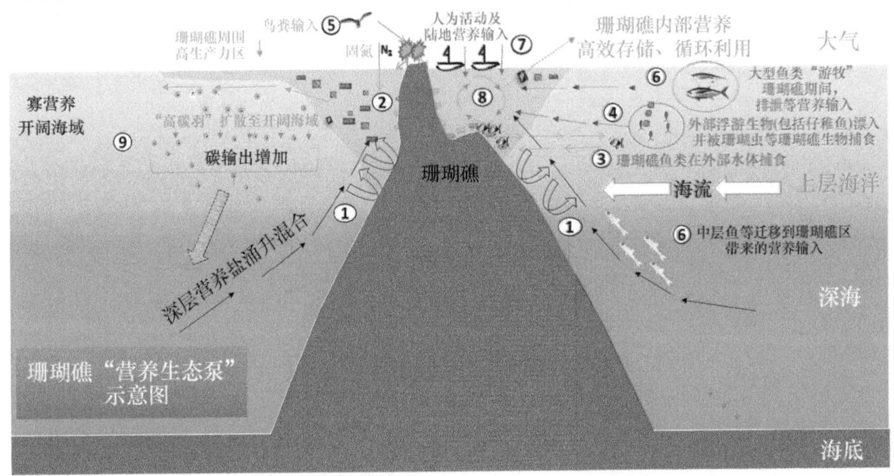

图8.3　珊瑚礁“营养生态泵”示意图

①潮汐、海流等物理过程与珊瑚礁特殊地形相互作用，增加海水混合，深层海水中的营养盐涌升至珊瑚礁附近区域；②珊瑚礁生物固氮，海气交换、降雨等从大气中补充新氮；③珊瑚礁鱼类至周边海域捕食，回到礁区栖息，通过排粪及排泄将营养输入到礁区；④外部浮游生物随海流进入珊瑚礁系统（包括鱼类浮游幼体主动补充），被珊瑚礁生物捕食，输入有机营养；⑤海鸟在开阔海域捕食，到礁区栖息，排放粪便，带来营养；⑥大型鱼类（如上层金枪鱼、鲨鱼，中层鱼类等）至珊瑚礁“游牧”期间，排泄带来的营养；⑦人类活动（船舶排泄、珊瑚礁开发等）和陆源输入带来的营养；⑧珊瑚礁系统内高动物生物量营养存储、微食物环、海绵环、多种共生关系等所支撑的珊瑚礁系统内部营养的高效循环利用；⑨外部营养的输入支撑珊瑚礁周围水体的高生产力和浮游生物量，随海流运动向开阔海域扩散，形成“高碳（生物量）羽”，增加开阔海域生物泵向深海的输出

珊瑚礁“营养生态泵”的概念，指出了珊瑚礁系统具有多途径分散有机营养输

入、高动物生物量营养存储功能、颗粒性有机碳输出热点的属性，为回答“达尔文悖论”提供了新的参考，为认识珊瑚礁生态系统在全球碳循环中的角色提供了新的视角。但这一理论解释目前仍存在一定的局限性，要明确分析和解答珊瑚礁“营养生态泵”概念与珊瑚礁区高生产力的形成原因，还需进一步采用新的技术手段，通过现场连续测量、模拟实验和多相位生物样品采集，在获取更为综合系统的资料进而深入剖析热带珊瑚礁生态系统结构与生物链级的基础上，阐明热带珊瑚礁环境中从海水介质到生物链C、N、P、Ca等生源要素的高效循环规律，尤其要探明不同功能群生物在生源要素循环过程中的作用机制，弄清哪些生物起关键作用，进而揭示初级—次级—顶级营养物质的输运过程与生态效率；通过对生源物质、动力环境及生源要素各环节间的物理—化学—生物过程进行集成研究，建立珊瑚礁生态链营养收支平衡模式，给出表征珊瑚礁“营养生态泵”的理论内涵和量化解释，为系统阐明珊瑚礁生态系统结构与功能、发展学科理论、揭示珊瑚礁“营养之谜”提供科学依据；同时也为珊瑚礁保护和生物资源的可持续利用提供支撑。

目前对珊瑚礁“营养生态泵”的认识，仍处于定性描述阶段。后续需关注定量分析各个途径输入外源营养占总输入外源营养的比例，量化分析珊瑚礁“高碳羽”的存在形式及其对海洋碳沉降的影响，为深刻认识全球变化背景下珊瑚礁生态系统的响应和反馈机制奠定科学基础。

第9章 结语和展望

本专著根据长期现场调查研究的数据和资料，介绍了南沙群岛海区的自然概况，阐述了南沙群岛海区和珊瑚礁的理化环境特征、海区生源物质循环及初级生产与次级生产过程，以及海区微型生物、浮游植物、浮游动物的组成与生态过程，提出了珊瑚礁“营养生态泵”概念并做出了理论解释，可为深刻认识南沙群岛海区及其珊瑚礁生态系统关键过程与资源生物生产机制提供理论基础。同时，根据现代海洋生态学发展，结合南沙群岛海区的特点和开发建设的需要，提出进一步加强该海区关键生态过程研究和珊瑚礁生态资源开发保护对策建议，对开发、保护和管理南沙群岛海区珊瑚礁生态系统具有重要参考价值与指导意义。

9.1 结　语

1）水温

南沙群岛海区地处赤道热带海域，常年处于高温状态，年平均水温超过25℃，不同季节水温有一定变化，但与暖温带或亚热带相比，不同季节温差不太明显。从空间分布看，夏季表层水温最高可超过30℃，平面变化自南向北略呈递增趋势。从垂向分布看，海水温度随水深增大而降低；在深海区常年存在温跃层，温跃层的核心部位大多位于50～90m；温跃层中水温的平面变化很大，如夏季表层水温分布呈西南低、东北高的特点，而75m水层则呈东北高、西南低的相反格局。上准均匀层的深度和跃层强度明显随季节而变化，与季风的影响有密切关系。夏季温跃层平均深度普遍较大，与该海区夏季比较稳定的西南季风影响有关；夏季温跃层最大深度比春季的大。冬季，由于较强的东北季风影响，海区温跃层平均深度变小。该海区温跃层深度的分布，基本上与相应期间的环流系统相联系，例如，秋季由于受环流影响较显著，以海区中部偏西为中心存在一主要环流系统，在该环流系统中心周围温跃层深度最大，维持在70m左右。另外，在巴拉巴克海峡西侧的局部海区，温跃层的深度亦较大。总体上，南沙群岛海区春、秋季温跃层深度分布相似，略呈偏东部大、偏西部小的格局；而夏季则基本与春、秋季相反，呈西北部较深、东南部较浅的分布态势。温跃层平均深度存在季节差异，春季最小，夏季最大。调查海区温跃层深度总的分布趋势是自西北部向东南部减小。

2）盐度

南沙群岛海区盐度分布在同一水层变化较小，外海区表层盐度月平均为33～33.5，南部近岸海水盐度为31～32。春、夏季表层盐度的平面分布相差0.5左右，中部岛礁区盐差较大；50m和100m水层盐度平面变化很小，基本在同一水平。秋季表层盐度平面变化相差1左右，自北向南递减，西南部海区最低。50m水层盐差与表层相同，平面分布以西北部较大，并向东南部递减。100m水层盐度高于表层和50m水层，但同一水层平面分布盐差较小，分布趋势与表层相似。海区盐度的垂向分布随水深增大而升高，在20～30m水深处出现盐跃层。春季海水混合较弱，盐跃层平均深度较夏、秋季的小，只有19m；盐跃层深度分布大体上呈自海区西部向东部增大再减小的分布态势。夏季海水混合强烈，盐跃层深度平均值较春、秋季的大，为31m。秋季盐跃层平均深度为26m，介于春、夏季之间。

3）动力环境

南沙群岛海区受珊瑚礁和海盆地形影响，海流十分复杂，季风垂直环流、哈得来环流、沃克环流均于此交汇出现。南部海区终年以NE向流为主，北部以偏N向流为主。海流结构的重要特征是气旋型或反气旋型环流。巴拉巴克海峡至万安滩之间、北康暗沙与南薇滩之间、尹庆群岛至安渡滩之间和南沙群岛海区中部的礁群区营养盐常出现高值区，可能与其出现的涡旋输送动力引起海水涌升、混合有密切关系，与该海区生物量的分布趋势较为一致。南沙群岛海区潮汐变化以东北、西南两对角连线为界，西北半部为正规日潮区，最大可能潮差小于1m；东南半部为不正规日潮区，向岸潮差逐渐增大，加里曼丹岛近岸最大可能潮差可达3m左右。珊瑚礁区属于不正规全日潮，平均潮差小，礁坪外缘水深较小，加上一次性露出的时间长，导致礁坪水温高达32℃，盐度在35以上。另外，有些珊瑚礁如渚碧礁、三角礁、仁爱礁和半月礁等，大部分在低潮甚至最低潮时礁坪不裸露，只是变浅，其水温、盐度相应增大，此时礁坪主要是受潮汐和波浪流作用的环境特性，成为各种海洋生物的栖息场所。

4）海水光学特性

南沙群岛海区的光束衰减系数在0.3m^{-1}左右，属较清洁的海水，太阳光辐射可以达到较大的深度，这是该海区在80m以深处珊瑚仍能生长与繁殖的原因。海区光束衰减系数总体上形成中央较大、周边较小的格局，这与南沙群岛海区的环流状态有关。环流作用使南海中央海盆区较清洁的海水沿周边流向东、南和西部。南沙中央深水区由于浮游生物及其碎屑的积聚，对太阳光辐射有更多的衰减作用。该海区Chl a含量极大值深度变化对光谱反射率和离水辐亮度的影响主要在400～500nm波段，当Chl a含量峰值向表层移动时，离水辐亮度减小。利用Chl a、黄色物质和悬浮颗粒等要素的光学特性正演光谱反射率，与实测结果符合较好。利用主成分分析方法，通过对光谱反射率数据的特征向量变换和主因子回归，建立了反演南沙海水Chl a和溶解有机碳的遥感算法，反演精度有明显提高。

5）营养盐

南沙群岛海区营养盐含量很低，表层多数站位检测为零。次表层存在亚硝酸氮（NO_2^--N）薄层，夏季约占总测站的70%以上；NO_2^--N平均含量在50～75m（次表层）出现最大值（NO_2^--N薄层），与Chl a含量最大值所处深度一致，反映了NO_2^--N来自生物源，最大值所处深度是氨硝化过程最活跃的水深。在巴拉巴克海峡至安渡滩之间及西南陆架区常出现营养盐（NH_4^+-N和PO_4^{3-}-P）含量高值区，表明此处海水涌升作用较为强烈；这些海域50m水层存在明显低温区，温度分别低于26℃和25℃，形成气旋型环流，底层海水的涌升是造成营养盐含量较高的主要原因。在50m以浅，总无机氮主要以NH_4^+-N的形式存在，秋季最高，可占总无机氮的88%～92%；春季最低，占55%～75%。在50m以深，总无机氮则主要以NO_3^--N的形式存在，NH_4^+-N向NO_3^--N的转化较为剧烈，75m和100m水层转化率分别达55%～88%和81%～96%；氧的含量随水深增大而降低，100m水层氧的含量一般为2.50～3.15mL/L；氧饱和度由表层的103%降低至58%～65%，这说明较深水体大部分时间处于氧化状态。从垂向变化看，随深度变化NO_3^--N在70～80m出现跃层，其深度处于温跃层核心部位；跃层以上水体NO_3^--N含量较低，形成表层海水缺氮状态；跃层以下水体NO_3^--N含量随水深增大而升高，平均含量大于20.0μmol/L，表明在跃层及以下的水体是重要氮源层。PO_4^{3-}-P跃层上界深度为60～80m，与NO_3^--N跃层上界水深相近；跃层以上水体PO_4^{3-}-P含量较低，跃层以下水体PO_4^{3-}-P含量随水深增大而升高。海水的交换与混合能把下层海水丰富的N、P挟带上来，促使该水层的浮游植物聚集，形成生物活跃层，该层也是Chl a最大值（75m）所处深度。

6）初级生产

南沙群岛海区不同季节和水层Chl a的平面分布与季风、水团性质、海流、中尺度物理过程相关，其垂向分布呈明显的单峰型特征，高值层处于上温跃层中部、营养盐垂向变化出现拐点以下水层，最大值常年出现在次表层（75m或50m水深处），75m水层出现的频率高达70%，50m水层占30%，表明Chl a的垂向变化与温跃层及上升流带来的营养盐密切相关。不同季节初级生产力分布有差异，春季高值出现在9°～10°N、114°～115°E，达700mg C/(m^2 • d)，中部和西南部海区为450～600mg C/(m^2 • d)，低值区出现在西北部靠近中南半岛的海区，初级生产力低于300mg C/(m^2 • d)。夏季，初级生产力的平面分布与春季不同，高值区出现在西北部海区，最高值超过1000mg C/(m^2 • d)；高值区和低值区之间变化梯度很大，在中部和西南部海区初级生产力为500～700mg C/(m^2 • d)，分布较均匀。珊瑚礁和海区真光层内的初级生产速率分别为1.513mg C/(m^3 • h)和0.272mg C/(m^3 • h)，Chl a含量分别为0.266mg/m^3和0.094mg/m^3，同化系数分别为5.41mg C/(mg Chl a • h)和2.94mg C/(mg Chl a • h)；潟湖内单位水体生产速率、Chl a含量和同化系数分别为海区真光层积分平均值的6

倍、3倍和2倍。若仅比较表层和20m水层，潟湖内单位水体的初级生产速率和Chl a含量也比海区相应水层高2～3倍，这与珊瑚礁区具有高效的营养循环过程有关。夏季新生产力最大为30～160mg C/(m^2 • d)，分布于西北部海区，平面分布反映出南沙群岛海区中部珊瑚礁群区新生氮源较少，而夏季陆源输入、上升流、中尺度涡及降水均可为南沙近岸海区提供较丰富的新生氮源。总体而言，该海区出现较高的新生产力与西南季风驱动的物理过程有较大的关系。

7）微型生物

南沙群岛海区属低营养海域，微型浮游生物较丰富，原绿球藻丰度明显高于聚球藻和微微型真核藻类，与南海北部陆坡区相似。原绿球藻在寡营养盐的深海区丰度较高，在近岸或岛礁浅水区丰度较低，聚球藻和微微型真核生物分布则相反。聚球藻主要分布在上层，丰度最大值出现在岛礁区，丰度最小值出现在深海区；在75m以浅水层丰度较高，在75m以深丰度急剧下降，刚好与NO_3^--N跃层相吻合。冬季原绿球藻生物量远大于聚球藻和微微型真核生物，尤其是在寡营养的深水站位原绿球藻碳生物量处于绝对优势，占总碳生物量的59%。聚球藻分布与水温、盐度关系密切，微微型真核生物的分布与NO_3^--N、PO_4^{3-}-P呈显著负相关关系，而原绿球藻的分布显然受海流搬运影响。深海区原绿球藻丰度最高的站位，其聚球藻丰度最低，表明两者在生态位上具有互补性。秋季聚球藻在近岸出现丰度最大值，随着断面向外海延伸其丰度明显降低；不同季节各水层分布恰好与冬季水层混合加强、夏季水体分层相吻合。秋季原绿球藻呈现近岸低、深海高的分布趋势；冬季丰度较低，没有形成次表层最大值现象；夏季最大值层丰度分布不均匀，体现出受地形、水文条件等的影响。原绿球藻丰度的季节变化趋势为秋季＞夏季＞冬季，聚球藻则为夏季最高、冬季最低。

该海区异养细菌以弧菌属、气单胞菌属和发光杆菌属为主，丰度分布呈东、西部较高而中部较低的趋势，中部深海区有机营养物质较为贫乏，异养细菌丰度较低；异养细菌数量的垂向分布春、夏、秋季相似，峰值出现在表层，随水深（表层至100m）增大而减少。回归分析结果表明，表层对异养细菌影响较大的只有NH_4^+-N；50m水层影响较大的是NH_4^+-N和pH；100m水层影响较大的是pH、NO_2^--N和水温。

8）浮游植物

南沙群岛海区浮游植物种类丰富，主要为硅藻和甲藻，种类数和多样性指数均以夏季为最高，为172种；春、秋季种类数分别为110和121种，春季渚碧礁潟湖水域的浮游植物多样性明显低于海区。浮游植物丰度春、夏、秋季平均值分别为0.73×10^4cells/m^3、1.03×10^4cells/m^3和2.31×10^4cells/m^3；渚碧礁潟湖丰度（春季平均值为2.49×10^4cells/m^3）比海区的高。综合分析表明，浮游植物的分布显然受营养盐、水文特征和浮游动物摄食等影响。海水中营养盐充足时浮游植物的丰度较高，硅藻占优势；营养盐缺乏时浮游植物的丰度较低，甲藻占优势。从平面分布看，近岸海区浮游植物丰度高于远岸海区，特别是春季靠近越南东部海域浮游植物丰度较高，可能与湄公河营养盐输入及越南东部海域上升流的影响有关。不同季节海区浮游植物丰度变化与水体稳定性的季节差异密切相关。

9）浮游动物

综合历年调查资料，南沙群岛海区共记录浮游动物874种，其中桡足类种类最多为216种，其次是腔肠动物152种，端足类117种，介形类100种。根据生态习性和地理分布，大致可分为暖水外海类群、暖水近岸类群和广分布类群；以暖水外海生态类群的种类为主，反映出南沙群岛海区主要由外海高盐水所控制，但沿岸低盐水对该海区周边也有影响。海区浮游动物平均生物量和个体数量的季节差异不明显；从水平分布看，南沙群岛海区西部（即靠近越南沿岸一侧水域）的数量较高，这与该水域受湄公河冲淡水、泰国湾低盐水及上升流影响有关。渚碧礁水域浮游动物个体数量平均为926.0ind/m^3，潟湖和礁坪区的浮游动物密度差异显著，礁坪区的数量明显低于潟湖区；桡足类、被囊类和浮游幼虫是渚碧礁浮游动物的三大主要类群；浮游动物种类和数量昼夜变化显著，夜晚明显多于白天，光照是影响浮游动物昼夜垂直移动的主要因素。

浮游动物个体日生产量为0.90～3.95mg C，平均为2.29mg C；整个海区出现3个高值区，分别位于西南部、西北部和中部偏东北方向区域；低值区出现在西部区域。海区100m以上水体的次级生产力平均为76.3mg C/(m^3 • d)，属于较高次级生产力区域。其初级生产力的转化效率平均为18%，比南海北部陆架海区（11%）的高。

10）营养生态泵

珊瑚礁潟湖表层同化系数比远离珊瑚礁海区的大，反映出珊瑚礁及其潟湖的生态效率较高，物质循环快，初级生产速率大于开阔海域。以渚碧礁为例，潟湖内单位水体的生产速率和Chl a含量比礁外海区相应水层的高2～3倍。珊瑚礁潟湖能够在营养盐含量很低的海水环境中保持高生产力与生物多样性，这与珊瑚礁潟湖具有特殊的生态环境和高效率的营养循环有密切关系。综合长期研究资料分析，提出了珊瑚礁“营养生态泵”概念。

9.2 展　望

南沙群岛海区最大的特点是拥有星罗棋布的珊瑚礁，珊瑚礁生态系统是全球生物生产力、生物多样性最高的生态系统之一，为海洋食物链和维持海洋生物资源提供了重要的物质基础与生存条件，成为各种海洋动植物的重要栖息地，仅一个礁区就可同时存在3000种生物，鱼的密度比大洋平均高100倍。珊瑚礁生态系统是全球变化响应的敏感区，其分布、发展、演化、衰退（白化）等与全球气候和海洋环境的变化有密切关联。对全球碳循环特别是区域变暖和温室效应的关注，越来越引起科学家对珊瑚礁生态系统与全球变化关系研究的重视。

目前比较公认的珊瑚礁生态系统中氮素的来源，除陆源氮供给和降雨输入、海洋深层营养盐丰富的冷水涌升带来之外，珊瑚礁生态系统中珊瑚及其共生体的营养循环过程，即其生态系统内与之共生的海洋固氮生物提供的“新”氮源，维持其高生产力发展。任何一种新氮源输入的途径、过程和特征都与海洋水文动力变化密切相关。在西太平洋的Palau和Ishigaki珊瑚礁中，对初级生产者中高$\delta^{13}C$、低$\delta^{15}N$的同位素测定结果表明，其底栖的初级生产者的氮源主要来自生物固氮作用；CO_2光合固定伴随着新氮源的吸收和固定而同时发生，固氮的能力大小直接影响碳光合固定的水平。根据对澳大利亚的大堡礁珊瑚的$\delta^{15}N$分析，发现在大陆架中部的珊瑚礁生态系统的氮源有一部分来自与之联合生长的海藻垫的生物固氮作用，大型海藻与蓝藻的复合体是珊瑚礁生态系统生物固氮的重要来源。通过对珊瑚礁内不同水体有机碳和无机营养的相互关系研究，发现珊瑚生物和浮游生物营养动力学之间有密切联系。有关珊瑚礁的大型海藻和根际固氮菌的联合固氮，以及珊瑚礁边缘海草床的联合固氮等新生产过程的研究，日益引起学界关注。近20多年来，通过构建全球海洋环境长期监测网络，开展全球性海洋联合研究，促进了全球海洋初级生产力评估，以及海洋生物地球化学循环、海洋碳贮库及其通量、海洋微食物网功能等研究，提出了海洋碳酸盐泵、微型生物碳泵、蓝碳等概念，认识到惰性溶解有机碳在海洋碳循环和储碳方面发挥着重要作用。

南沙群岛海区是我国最典型的热带珊瑚礁区，其生物多样性高，资源丰富，早已引起有关专家的关注。自20世纪80年代开始，我国对南沙群岛海区的理化环境、生态过程、生物生产力、生物多样性、生物资源与渔业，以及海洋过程、地质构造、岛礁地理、珊瑚礁环境记录及工程地质等开展了系统的调查研究，积累了大量数据资料和研究成果，为阐释珊瑚礁生态系统结构、功能和高生产力形成机制，揭示珊瑚礁的演化过程，维护珊瑚礁生物多样性与生物资源的可持续利用提供了重要科学依据。近年来，针对珊瑚与虫黄藻的共生机制、珊瑚白化与全球变化引起的海水酸化、升温的关系，以及珊瑚礁生态系统退化机制等进行深入研究，取得了一批创新成果。但由于客观条件和观测手段的限制，尤其现场连续观测难度大，数据获取的连续性和调查研究资料的系统性不足，极大制约了该海区生态环境与资源形成机制的深入探索，目前对其认识还十分肤浅，有待于进一步开展多学科观测、研究，以期获得新的认知。

展望未来，随着科学技术的快速发展和现场观测手段的改善，应重视加强南沙群岛海区的系统观测和研究，为加深对南沙群岛这一印度-太平洋海洋生物多样性分布中心和热带珊瑚礁海区复杂生态过程的了解，推动我国热带海洋生态科学发展和岛礁建设提供基础资料与科技支撑。建议重点开展以下有关方面的研究。

（1）利用分子手段，分析研究珊瑚与虫黄藻相互之间的营养传递、互利共生机制，探讨珊瑚礁微型生物多样性、生存策略与蓝藻固氮机制，珊瑚礁微食物网功能及其对能流与物质循环的特殊贡献。通过现场观测、样品采集和实验分析，获取不同途径来源的营养补充和贡献的量化数据资料，结合水动力环境变化和珊瑚礁营养链关系及生物地球化学循环规律分析，寻找出验证珊瑚礁“营养生态泵”的理论依据。

（2）深入研究全球变化背景下南沙群岛海区生态系统的响应，海水酸化与升温对珊瑚光合、钙化生理及生长的影响，季风对南沙群岛海区生态系统关键过程与生物多样性的调节作用；深入分析热带海洋生物适应的行为、生理与生态进化规律，探明南沙群岛海区高生物多样性与生产力的形成机制；整合多尺度多重环境因子分析，揭示珊瑚礁生态系统在自然与人为多重因素影响下的演变规律，为珊瑚礁资源保护与岛礁建设奠定理论基础。

（3）构建珊瑚礁长期连续观测平台、岛礁潟湖与海底感知及立体观测网络系统，结合遥感技术，获取和积累珊瑚礁生态系统长期演变过程、退化规律的长期观测数据资料，建立我国南沙群岛海区大数据、环境信息系统与生物多样性条形码、DNA信息库，为研究和管理提供数据支撑。

（4）建立样带、样区进行恢复趋势与生态演变规律观测、评估，从南至北，以南沙—西中沙—海南岛—雷州半岛以至华南沿岸为样带，分析典型热带—过渡带—亚热带珊瑚礁生态系统、生物多样性与生产力随季风路径和气候变化的响应特征，开展关键物种生长繁育、种群聚集机制、群落生态演替规律研究，探究珊瑚礁生态系统恢复机制与重构原理，为维护珊瑚礁生态系统的可持续发展提供科学依据。

参考文献

蔡创华, 沈鹤琴, 周毅频. 1994. 冬季南沙群岛及其邻近海区异养细菌生态分布特征//中国科学院南沙综合考察队. 南沙群岛及其邻近海区海洋生物分类区系与生物地理研究Ⅰ. 北京: 海洋出版社.

蔡子平. 1991. 海洋围隔生态系统中叶绿素a的变化及影响因素. 台湾海峡, 3: 229-234.

陈楚群, 施平, 毛庆文. 2001. 南海海域叶绿素浓度分布特征的卫星遥感分析. 热带海洋学报, 20(2): 66-70.

陈清潮, 张谷贤. 1987. 浮游动物种类、数量和生物学//中国科学院南海海洋研究所. 曾母暗沙——中国南疆综合调查报告. 北京: 科学出版社.

陈绍勇, 黄良民, 韩舞鹰. 1997. 南沙群岛海区冬季初级生产的限制因子研究//黄良民. 南沙群岛海区生态过程研究(一). 北京: 科学出版社: 37-45.

陈兴群, 陈其焕. 2000. 副热带环流区春季初级生产力及与环流关系//国家海洋局科学技术司. 中国海洋学文集. 北京: 海洋出版社.

陈兴群, 陈其焕, 庄亮钟. 1989. 南海中部叶绿素a分布和光合作用及其与环境因子的关系. 海洋学报, 11(3): 349-355.

刁焕祥, 姜传贤, 陆家平. 1984. 南海溶解氧垂直分布最大值. 海洋学报, 6(6): 770-780.

董志军, 黄晖, 黄良民, 等. 2008. 运用PCR-RFLP方法研究三亚鹿回头岸礁造礁石珊瑚共生藻的组成. 生物多样性, 16(5): 498-502.

傅子琅. 1994. 南沙群岛环礁多样性的物理海洋环境特征//中国科学院南沙综合考察队. 南沙群岛及其邻近海区海洋生物多样性研究I. 北京: 海洋出版社.

高坤山. 2014. 藻类固碳——理论、进展与方法. 北京: 科学出版社.

高亚辉, 金德祥, 程兆第. 1994. 厦门港微型浮游生物叶绿素的分布和作用. 海洋与湖沼, 25(1): 87-93.

郭卫东, 章小明, 杨逸萍, 等. 1998. 中国近岸海域潜在性富营养化程度的评价. 台湾海峡, 17(1): 64-70.

韩舞鹰. 1991. 大亚湾和珠江口的碳循环. 北京: 科学出版社.

黄邦钦. 1995. 厦门西港浮游植物吸收磷酸盐的粒级特征. 台湾海峡, 14(3): 269-273.

黄邦钦, 洪华生, 林学举, 等. 2003. 台湾海峡微微型浮游植物的生态研究Ⅰ. 时空分布及其调控机制. 海洋学报, 25(4): 72-82.

黄良民. 1991. 南沙群岛海区的光合色素和初级生产力的分布特征初探//中国科学院南沙综合科学考察队. 南沙群岛及其邻近海区海洋生物研究论文集(二). 北京: 海洋出版社: 34-49.

黄良民. 1992. 南海不同海区叶绿素a和海水荧光值的垂向变化. 热带海洋, (4): 89-95.

黄良民. 1997. 南沙群岛海区生态过程研究(一). 北京: 科学出版社.

黄良民, 陈清潮. 1989. 巴林塘海峡东部海区夏季叶绿素a的分布和初级生产力估算. 海洋学报, 11(1): 94-101.

黄良民, 陈清潮, 林永水. 1997. 南海北部海区浮游生物生产力分布初探//中国科学院南海海洋研究所. 热带海洋研究(五). 北京: 科学出版社.

黄良民, 钱宏林, 李锦蓉. 1994. 大鹏湾赤潮多发区的叶绿素a分布与环境关系初探. 海洋与湖沼, 25(2): 197-205.

黄企洲. 1989. 南沙群岛海区的海流//中国科学院南沙综合科学考察队. 南沙群岛海区物理海洋学研究论文集Ⅰ. 北京: 海洋出版社.

黄企洲. 1991. 1988年夏季南沙群岛海区的海流//中国科学院南沙综合科学考察队. 南沙群岛及其邻近海区海洋环境研究论文集(一). 武汉: 湖北科学技术出版社.

黄企洲, 邱章. 1994. 1989年南沙群岛海区温、盐度的分布和水团//中国科学院南沙综合科学考察队. 南沙群岛海区物理海洋学研究论文集Ⅰ. 北京: 海洋出版社: 178-190.

黄庆文, 张旭, 荣维民. 1989. 新的质谱电离方法测定氨根中^{15}N的丰度. 科学通报, 34(16): 1236-1239.

黄小芳, 陈蕾, 张燕英, 等. 2014. 基于RFLP技术的鹿角杯形珊瑚共附生固氮菌多样性分析. 生态学报, 34(20): 5875-5886.

姜歆, 黄良民, 谭烨辉, 等. 2017. 南海东北部分粒级叶绿素a和超微型光合生物的周日变化. 海洋通报, 36(6): 689-699.

姜歆, 柯志新, 向晨晖, 等. 2018. 大亚湾夏季和冬季超微型浮游生物的时空分布及环境调控. 生态学报, 37(2): 1-10.

焦念志. 1995. 海洋浮游生物氮吸收动力学及其粒级特征. 海洋与湖沼, 26(2): 191-197.

焦念志, 王荣. 1994. 海洋初级生产力光动力学及产品结构. 海洋学报, 16(5): 85-91.

焦念志, 王荣, 黄庆文. 1993. ^{15}N示踪一离子质谱法测定新生产力的研究. 海洋与湖沼, 24(1): 66-70.

焦念志, 王荣, 李超伦. 1998. 东海春季初级生产力与新生产力的研究. 海洋与湖沼, 29(2): 135-139.

柯佩辉. 1994. 南沙群岛海区的海水次温跃层、冷涡、暖涡和海流特征//中国科学院南沙综合科学考察队. 南沙群岛海区物理海洋学研究论文集Ⅰ. 北京: 海洋出版社: 81-95.

赖利J P, 斯基罗G. 1985. 化学海洋学: 第二卷. 崔清晨, 译. 北京: 海洋出版社: 267-317.

雷鹏飞. 1984. 浙江沿海上升流区无机总氮、溶解氧及生物量之间关系的初步探讨. 水产学报, 8(3): 203-209.

李刚. 2009. 中国南海浮游植物光合固碳与阳光紫外辐射关系的研究. 汕头大学博士学位论文.

李刚, 吴亚平, 高光. 2018. 利用同位素(^{14}C)示踪法测定光合固碳//高坤山. 水域环境生理学研究方法. 北京: 科学出版社: 130-134.

李开枝, 郭玉洁, 尹健强, 等. 2005. 南沙群岛海区秋季浮游植物物种多样性及数量变化. 热带海洋学报, 3: 25-30.

李铁, 史致丽, 仇赤斌, 等. 1999. 中肋骨条藻和新月菱形藻对营养盐的吸收速率及环境因素影响的研究. 海洋与湖沼, 30(6): 640-645.

连喜平, 谭烨辉, 刘永宏, 等. 2013. 吕宋海峡浮游动物群落结构的初步研究. 生物学杂志, 1(31): 35-42.

林秋艳, 林永水. 1991. 南沙群岛海区角刺藻属的种类组成与数量分布//中国科学院南沙综合科学考察队. 南沙群岛及其邻近海区海洋生物研究论文集(二). 北京: 海洋出版社: 50-65.

林铁军, 陈清潮. 1987. 南海东北部一些浮游甲壳动物生化成分的研究//中国甲壳动物学会. 甲壳动物学论文集: 第二辑. 北京: 科学出版社: 66-71.

林永水, 林秋艳. 1991. 南沙群岛海区浮游植物的分布特征//中国科学院南沙综合科学考察队. 南沙群岛及其邻近海区海洋生物研究论文集(二). 北京: 海洋出版社: 66-87.

陆赛英. 1998. 东海北部叶绿素a极大值的分布规律. 海洋学报, 20(3): 64-75.

吕瑞华, 夏滨, 毛兴华. 1995. 廉州湾及其邻近水域初级生产力研究. 黄渤海海洋, 13(2): 52-59.

南沙海域环境质量研究专题组. 1996. 南沙群岛及其邻近海域环境质量研究. 北京: 海洋出版社.

聂宝符, 陈特固, 梁美桃, 等. 1997. 南沙群岛及其邻近礁区造礁珊瑚与环境变化的关系. 北京: 科学出版社.

宁修仁. 1988. 一种新型海洋光合作用和初级生产力测定用培养器. 海洋学报, 10(1): 122-125.

宁修仁. 1997. 海洋微型和超微型浮游生物. 东海海洋, 15(3): 60-64.

宁修仁, 蔡昱明, 李国为, 等. 2003. 南海北部微微型光合浮游生物的丰度及环境调控. 海洋学报, 25(3): 83-97.

彭兴跃, 洪华生. 1997. ^{14}C标记现场测定海洋初级生产力培养方法比较. 台湾海峡, 16(1): 67-74.

邱章, 蔡树群. 2000. 与南沙深水区温跃层有关的海水平均温度的分布特征. 热带海洋, 19(4): 10-14.

邱章, 徐锡祯, 龙小敏. 1996. 南海北部一观测点内潮特征的初步分析. 热带海洋, 15(4): 63-67.

沈国英, 施并章. 1990. 海洋生态学. 厦门: 厦门大学出版社.

沈鹤琴, 蔡创华, 周毅频, 等. 1991. 南沙群岛海区异养细菌的生态分布//中国科学院南沙综合科学考察队. 南沙群岛及其邻近海区海洋生物研究论文集(二). 北京: 海洋出版社.

宋金明. 1999. 南沙珊瑚礁生态系中元素的垂直转移途径. 海洋与湖沼, 30(1): 1-5.

宋星宇, 王生福, 李开枝, 等. 2012. 大亚湾基础生物生产力及潜在渔业生产量评估. 生态科学, 31(1): 13-17.

谭烨辉, 黄良民, 尹健强. 2003. 南沙群岛海区浮游动物次级生产力及转换效率估算. 热带海洋学报, 22(6): 29-34.

王桂云. 1991. 热带西太平洋表层叶绿素a最大值和亚硝酸盐最大值的分布特征. 黄渤海海洋, 9(4): 39-44.

王汉奎, 黄良民. 1997. 南沙海岛海区次表层叶绿素a与氧等理化因子的关系//黄良民. 南沙群岛海区生态过程研究(一). 北京: 科学出版社: 16-36.

王军星, 谭烨辉, 黄良民, 等. 2016. 冬季南海南部微微型浮游植物分布及其影响因素. 生态学报, 36(6): 1698-1710.

吴成业, 张建林, 黄良民. 2001. 南沙群岛珊瑚礁潟湖及附近海区春季初级生产力. 热带海洋学报, 20(3): 59-67.
吴林兴, 林洪瑛. 1991. 南沙群岛海区溶解氧分布特征//中国科学院南沙综合科学考察队. 南沙群岛及其邻近海区海洋环境研究论文集(一). 武汉: 湖北科学技术出版社.
吴新军, 黄良民, 苏强. 2014. 海洋浮游植物Rubisco酶的作用及其影响因素研究进展. 生态科学, 1: 166-172.
徐春林. 1989. 长江口浮游植物生长的磷酸盐限制. 海洋学报, 4: 439-443.
徐瑞松, 马跃良, 何在成, 等. 1997. 南沙群岛海区叶绿素遥感测量初探//黄良民. 南沙群岛海区生态过程研究(一). 北京: 科学出版社: 133-142.
徐锡祯, 邱章, 陈惠昌. 1982. 南海水平环流的概述//《海洋与湖沼》编辑部. 中国海洋湖沼学会水文气象学会学术会议(1980)论文集. 北京: 科学出版社: 137-145.
杨燕辉. 2007. 中国海域超微型浮游生物生态学研究. 厦门大学博士后学位论文.
尹健强, 黄良民, 李开枝, 等. 2013. 南海西北部陆架区沿岸流和上升流对中华哲水蚤分布的影响. 海洋学报(中文版), 2: 143-153.
张均顺, 沈志良. 1997. 胶州湾营养盐结构变化的研究. 海洋与湖沼, 28(5): 529-535.
张知彬. 1993. 物种数和面积、纬度之间关系的研究. 生态学报, 15(3): 305-311.
赵焕庭. 1996. 南沙群岛自然地理. 北京: 科学出版社.
中国科学院南沙综合科学考察队. 1989a. 南沙群岛及其邻近海区综合调查研究报告(一): 上卷. 北京: 科学出版社: 83-92, 334-352.
中国科学院南沙综合科学考察队. 1989b. 南沙群岛及其邻近海区综合调查研究报告(一): 下卷. 北京: 科学出版社: 639-659.
中国科学院南沙综合科学考察队. 1996. 南沙群岛及其邻近海区海洋生物多样性研究Ⅱ. 北京: 海洋出版社: 11-27.
中华人民共和国国家质量监督检验检疫总局, 中国国家标准化管理委员会. 1991. 海洋调查规范 海洋生物调查. 北京: 中国标准出版社.
钟晋樑, 陈欣树, 张乔民, 等. 1996. 南沙群岛珊瑚礁地貌研究. 北京: 科学出版社: 5-7.
钟瑜, 黄良民, 黄小平, 等. 2009. 冬夏季雷州半岛附近海域微微型光合浮游生物的类群变化及环境影响. 生态学报, 29(6): 3000-3008.
周林滨. 2012. 南海典型海域浮游生物粒径谱与微型浮游动物摄食研究. 中国科学院大学博士学位论文.
朱明远, 毛兴华, 吕瑞华, 等. 1993. 黄海海区的叶绿素a和初级生产力. 黄渤海海洋, 11(3): 38-50.
Albertano P, Somma D D, Capucci E. 1997. Cyanobacterial picoplankton from the Central Baltic Sea: cell size classification by image-analyzed fluorescence microscopy. Journal of Plankton Research, 19(10): 1405-1416.
Albuquerque T, Loiola M, Nunes J, et al. 2015. *In situ* effects of human disturbances on coral reef-fish assemblage structure: temporary and persisting changes are reflected as a result of intensive tourism. Marine and Freshwater Research, 66(1): 23-32.
Alldredge A L, Carlson C A, Carpenter R C. 2013. Sources of organic carbon to coral reef flats. Oceanography, 26(3): 108-113.
Allgeier J E, Burkepile D E, Layman C A. 2017. Animal pee in the sea: consumer-mediated nutrient dynamics in the world's changing oceans. Global Change Biology, 23(6): 2166-2178.
Amacher J, Neuer S, Anderson I, et al. 2009. Molecular approach to determine contributions of the protist community to particle flux. Deep Sea Research Part I: Oceanographic Research Papers, 56(12): 2206-2215.
Barber R T. 2007. Picoplankton do some heavy lifting. Science (Washington), 315(5813): 777-778.
Battle M, Bender M L, Tans P P, et al. 2000. Global carbon sinks and their variability inferred from atmospheric O_2 and $\delta^{13}C$. Science, 287: 2467-2470.
Bays J S, Crisman T L. 1983. Zooplankton and trophic state relationships in Florida lakes. Canadian Journal of Fisheries and Aquatic Sciences, 40(10): 1813-1819.
Beaugrand G, Edwards M, Legendre L. 2010. Marine biodiversity, ecosystem functioning, and carbon cycles. Proceedings of the National Academy of Sciences, 107(22): 10120-10124.
Beaver J R, Crisman T L. 1982. The trophic response of ciliated protozoans in freshwater lakes. Limnology and

Oceanography, 27(2): 246-253.

Behrenfeld M J, Falkowski P G. 1997. A consumer's guide to phytoplankton primary productivity models. Limnology and Oceanography, 42(7): 1479-1491.

Benkwitt C E, Wilson S K, Graham N A J. 2019. Seabird nutrient subsidies alter patterns of algal abundance and fish biomass on coral reefs following a bleaching event. Global Change Biology, 25(8): 2619-2632.

Berner T, Dubinsky Z, Schanz F, et al. 1986. The measurement of primary productivity in a high-rate oxidation pond. Journal of Plankton Research, 8(4): 659-672.

Blanchot J, Rodier M. 1996. Picophytoplankton abundance and biomass in the western tropical Pacific Ocean during the 1992 El Niño year: Results from flow cytometry. Deep-Sea Research Part I: Oceanographic Research Papers, 43(6): 877-895.

Brandl S J, Tornabene L, Goatley C H R, et al. 2019. Demographic dynamics of the smallest marine vertebrates fuel coral-reef ecosystem functioning. Science, 364(6446): 1189-1192.

Brown E J, Button D K. 1979. Phosphate-limited growth kinetics of *Selenastrum capricornutum* (Chlorophyceae). Journal of Phycology, 15: 305-311.

Carlucci A P. 1974. Nutrients and microbial response to nutrients in the sea water//Colwell R R, Morita R Y. Effect of the Ocean Environment on Microbial Activities. Baltimore: University Park Press.

Carlucci A P, Scarpino R V, Pramer D. 1961. Evaluation of factors affecting survival of Escherichia in the sea water: V. Studies with heat and filter-sterilized sea water. Applied Microbiology, 10(5): 436-440.

Charpy L, Palinska K A, Abed R M M, et al. 2012. Factors influencing microbial mat composition, distribution and dinitrogen fixation in three western Indian Ocean coral reefs. European Journal of Phycology, 47(1): 51-66.

Chen B, Liu H, Landry M R, et al. 2009. Close coupling between phytoplankton growth and microzooplankton grazing in the western South China Sea. Limnology and Oceanography, 54(4): 1084-1097.

Chen C, Lai Z, Beardsley R C, et al. 2012. Current separation and upwelling over the southeast shelf of Vietnam in the South China Sea. Journal of Geophysical Research Oceans, 117(C3): 3033-3048.

Chen Q C, Hwang J S, Yin J Q. 2004. A new species of *Tortanus* (Copepoda, Calanoida) from the Nansha Archipelago in the South China Sea. Crustaceana, 77(2): 129-135.

Chen Y L. 2006. Spatial and seasonal variations of nitrate-based new production and primary production in the South China Sea. Deep-Sea Research Part I: Oceanographic Research Papers, 52(2): 319-340.

Cho B, Na S C, Choi D H. 2000. Active ingestion of fluorescently labeled bacteria by mesopelagic heterotrophic nanoflagellates in the East Sea, Korea. Marine Ecology Progress Series, 206: 23-32.

Christopher B, Field M J, Behrenfeld J T, et al. 1998. Primary production of the biosphere: integrating terrestrial and oceanic components. Science, 281: 237-240.

Colijn F, de Jonge V N. 1984. Primary production of microphytobenthos in the Ems-Dollard Estuary. Marine Ecology Progress Series, 14(2, 3): 185-196.

Collos Y. 1987. Calculations of ^{15}N uptake rates by phytoplankton assimilating one or several nitrogen sources. Applied Radiation and Isotopes, 38(4): 275-282.

Crossland C J, Hatcher B G, Smith S V. 1991. Role of coral reefs in global ocean production. Coral Reefs, 10(2): 55-64.

Cullen J J. 1982. The deep chlorphyll maximun: comparing vertical profiles of chlorophyll a. Canadian Journal of Fisheries and Aquatic Sciences, 39(5): 791-803.

Dandonneau Y. 1983. An attempt to simulate the subsurface chlorophyll maximum using populations of unphased oscillating cells. Journal of Plankton Research, 5(6): 797-818.

David M K, Dale V H, Björkman K, et al. 1998. The role of dissolved organic matter release in the productivity of the oligotrophic North Pacific Ocean. Limnology & Oceanography, 43(6): 1270-1286.

Davis P G, Caron D A, Johnson P W, et al. 1985. Phototrophic and apochlorotic components of picoplankton and nanoplankton in the North Atlantic: Geographical, vertical, seasonal and diel distributions. Marine Ecology Progress Series, 21: 15-26.

De Goeij J M, Van Oevelen D, Vermeij M J A, et al. 2013. Surviving in a marine desert: the sponge loop retains resources within coral reefs. Science, 342(6154): 108-110.

Deschamps P Y. 1977. Remote sensing of ocean color and detection of chlorophyll content. Proceedings of the Eleventh International Symposium on Remote Sensing of Environment, 4: 25-29.

Dong Z J, Huang H , Huang L M, et al. 2009. Diversity of symbiotic algae of the genus *Symbiodinium* in scleractinian corals of the Xisha Islands in the South China Sea. Journal of Systematics and Evolution, 47(4): 321-326.

Dortch Q, Whitledge T E. 1992. Does nitrogen or silicon limit phytoplankton production in the Mississippi River plume and nearby regions. Continental Shelf Research, 12(11): 1293-1309.

Dugdale R C, Goering J J. 1967. Uptake of new and regenerated forms of nitrogen in primary productivity. Limnology and Oceanography, 12: 196-206.

Dugdale R C, Wilkerson F P. 1986. The use of ^{15}N to measure nitrogen uptake in eutrophic oceans: experimental considerations. Limnology and Oceanography, 31(4): 673-689.

Eppley R W, Peterson B J. 1979. Particulate organic matter flux and planktonic new production in the deep ocean. Nature (London), 282: 677-680.

Eppley R W, Renger E H, Venrick E L, et al. 1973. A study of plankton dynamics and nutrient cycling in the central gyre of the North Pacific Ocean. Limnology and Oceanography, 18(4): 534-551.

Falkowski D G. 1981. A simulation model of the effects of vertical mixing on primary productivity. Marine Biology, 65(1): 69-75.

Ferrier-Pagès C, Gattuso J P, Cauwet G, et al. 1998. Release of dissolved organic carbon and nitrogen by the zooxanthellate coral Galaxea fascicularis. Marine Ecology Progress Series, 172: 265-274.

Field C B, Behrenfeld M J, Randerson J T, et al. 1998. Primary production of the biosphere: integrating terrestrial and oceanic components. Science, 281: 237-240.

Fogg G E. 1975. Algal cultures and phytoplankton ecology. 2nd ed. Wisconsin: The University of Wisconsin Press.

French D P, Furnas M J, Smayda T J. 1983. Diel changes in nitrite concentration in the chlorophyll maximum in the Gulf of Mexico. Deep-sea Research Part A: Oceanographic Research Papers, 30(7A): 707-722.

Friedlander A M, Obura D, Aumeeruddy R, et al. 2014. Coexistence of low coral cover and high fish biomass at Farquhar Atoll, Seychelles. PLoS ONE, 9(1): e87359.

Furnas M J. 1983. Nitrogen dynamics in Lower Narragansett Bay, Rhode Inland I: Uptake by size fractionated phytoplankton populations. Journal of Plankton Research, 5(5): 657-676.

Gao K, Li G, Helbling E W, et al. 2007. Variability of UVR effects on photosynthesis of summer phytoplankton assemblages from a tropical coastal area of the South China Sea. Photochemistry & Photobiology, 83(4): 802-809.

Geesey G G, Alexander G V, Bray R N, et al. 1984. Fish fecal pellets are a source of minerals for inshore reef communities. Marine Ecology Progress Series, 15: 19-25.

Genin A, Monismith S G, Reidenbach M A, et al. 2009. Intense benthic grazing of phytoplankton in a coral reef. Limnology and Oceanography, 54(3): 938-951.

Gomes H D R, Goes J I, Parulekar A. 1992. Size-fractionated biomass, photosynthesis and dark CO_2 fixation in a tropical oceanic environment. Journal of Plankton Research, 14(9): 1307-1329.

Gove J M, McManus M A, Neuheimer A B, et al. 2016. Near-island biological hotspots in barren ocean basins. Nature Communications, 7(1): 1-8.

Graham N A J, Wilson S K, Carr P, et al. 2018. Seabirds enhance coral reef productivity and functioning in the absence of invasive rats. Nature, 559: 250-253.

Grob C, Ulloa O, Claustre H, et al. 2007. Contribution of picoplankton to the total particulate organic carbon concentration in the eastern South Pacific. Biogeosciences, 4(5): 837-852.

Harding L W. 1982. Primary production as influenced by diel periodicity of phytoplankton photosynthesis. Marine Biology, 67(2): 179-186.

Harrison W G, Douglas D, Falkowski P, et al. 1983. Summer nutrient dynamics of the Middle Atlantic Bight: Nitrogen uptake and regeneration. Journal of Plankton Research, 5(4): 539-556.

Harrison W G, Platt T, Lewis M R. 1987. *f*-ratio and its relationship to ambient nitrate concentration in coastal waters. Journal of Plankton Research, 9(1): 235-248.

Hata H, Suzuki A, Maruyama T, et al. 1998. Carbon flux by suspended and sinking particles around the barrier reef of Palau, western Pacific. Limnology and Oceanography, 43(8): 1883-1893.

Helbling E W, Gao K, Gonçalves R J, et al. 2003. Utilization of solar UV radiation by coastal phytoplankton assemblages off SE China when exposed to fast mixing. Marine Ecology Progress Series, 259: 59-66.

Hierslev N K. 1980. Water color and its relationship to primary production. Passive Radiometry of the Ocean, 18(2): 203-220.

Hoer D R, Gibson P J, Tommerdahl J P, et al. 2018. Consumption of dissolved organic carbon by Caribbean reef sponges. Limnology and Oceanography, 63(1): 337-351.

Holzman R, Ohavia M, Vaknin R, et al. 2007. Abundance and distribution of nocturnal fishes over a coral reef during the night. Marine Ecology Progress Series, 342: 205-215.

Hu Z F, Tan Y H, Song X Y, et al. 2014. Influence of mesoscale eddies on primary production in the South China Sea during spring inter-monsoon period. Acta Oceanologica Sinica, 33(3): 118-128.

Huang H, Zhou G W, Yang J H, et al. 2013. Diversity of free-living and symbiotic *Symbiodinium* in the coral reefs of Sanya, South China Sea. Marine Biology Research, 9(2): 117-128.

Huang L M, Chen Q C, Wong C K, et al. 1997. Distribution of chlorophyll *a* and its relations to environmental factors in the Zhujiang Estuary. Collected Oceanic Works, 20: 39-46.

Huang L M, Chen Q C, Yuan W B. 1989. Characteristics of chlorophyll distribution and estimation of primary productivity in Daya Bay. Asian Marine Biology, 6: 115-128.

Ichikawa T. 1982. Particulate organic carbon and nitrogen in the adjacent seas of the Pacific Ocean. Marine Biology, 68(1): 49-60.

Ikeda T, Motoda S. 1978. Estimated zooplankton production and their ammonia excretion in the Kuroshio and adjacent seas. Fishery Bulletin, 76: 357-367.

Ikeda T. 1985. Metabolic rates of epipelagic marine zooplankton as a function of body mass and temperature. Marine Biology, 85.

Ingraham J L. 1962. Temperature relationship//Gunsalus I C, Stanier R Y. The Bacteria: A Treatise on Structure and Fuction, Vol. 4. New York: Academic Press: 265-296.

Iriarte J L, Uribe J C, Valladares C. 1993. Biomass of size-fractionated phytoplankton during the spring-summer season in Southern Chile. Botanica Marina, 36: 443-450.

Ishimaru. 1985. Estimation of phytoplankton photosynthesis using a fluorescence induction technique. Journal of Plankton Research, 7(5): 679-689.

Jackson G A. 1983. Zooplankton grazing effects on ^{14}C-based phytoplankton production measurements, a theoretical study. Journal of Plankton Research, 5(1): 83-94.

Jackson G A. 1990. A model of the formation of marine algal flocs by physical coagulation processes. Deep Sea Research Part A: Oceanographic Research Papers, 37(8): 1197-1211.

Jackson G A. 2001. Effect of coagulation on a model planktonic food web. Deep Sea Research Part I: Oceanographic Research Papers, 48(1): 95-123.

Jackson G A, Waite A M, Boyd P W. 2005. Role of algal aggregation in vertical carbon export during SOIREE and in other low biomass environments. Geophysical Research Letters, 32(13): L13607.

Jantzen C, Wild C, Rasheed M, et al. 2010. Enhanced pore-water nutrient fluxes by the upside-down jellyfish *Cassiopea* sp. in a Red Sea coral reef. Marine Ecology Progress Series, 411: 117-125.

Jiao N, Herndl G J, Hansell D A, et al. 2010a. Microbial production of recalcitrant dissolved organic matter: long-term carbon storage in the global ocean. Nature Reviews Microbiology, 8: 593-599.

Jiao N, Tang K, Cai H, et al. 2010b. Increasing the microbial carbon sink in the sea by reducing chemical fertilization on the land. Nature Reviews Microbiology, 9(1): 75.

Justic D, Rabalais N N, Turner R E, et al. 1995. Changes in nutrient structure of river-dominated coastal waters: stoichiometric nutrient balance and its consequences. Estuarine, Coastal and Shelf Science, 40: 339-356.

Kayanne H, Suzuki A, Saito H. 1995. Diurnal changes in the partial-pressure of carbon-dioxide in coral-reef water. Science, 269(5221): 214-216.

Ke Z X, Tan Y H, Huang L M, et al. 2012. Relationship between phytoplankton composition and environmental factors in the surface waters of southern South China Sea in early summer of 2009. Acta Oceanography Sina, 31(3): 109-119.

Ke Z X, Tan Y H, Huang L M, et al. 2018. Spatial distribution patterns of phytoplankton biomass and primary productivity in six coral atolls in the central South China Sea. Coral Reefs, 37(3): 919-927.

Kimmerer W J. 1987. The theory of secondary production calculations for continuously reproducing populations. Limnology and Oceanography, 32(1): 1-13.

Klut M, Stockner J. 1991. Picoplankton associations in an ultra-oligotrophic lake on Vancouver Island, British Columbia. Canadian Journal of Fisheries and Aquatic Sciences, 48(6): 1092-1099.

Koike I. 1982. Horizontal distribution of surface chlorophyll a and nitrogenous nutrients near Bering Strait and Unimark Poss. Deep-Sea Research Part A: Oceanographic Research Papers, 29(2): 149-155.

Kühn W, Radach G. 1997. A one-dimensional physical-biological model study of the pelagic nitrogen cycling during the spring bloom in the northern North Sea (FLEX' 76). Journal of Marine Research, 55(4): 687-734.

Larkum A W D, Kennedy I R, Muller W J. 1988. Nitrogen fixation on a coral reef. Marine Biology, 98(1): 143-155.

Leichter J J, Shellenbarger G, Genovese S J, et al. 1998. Breaking internal waves on a Florida (USA) coral reef: a plankton pump at work? Marine Ecology Progress Series, 166: 83-97.

Lesser M P, Morrow K M, Pankey S M, et al. 2018. Diazotroph diversity and nitrogen fixation in the coral *Stylophora pistillata* from the Great Barrier Reef. The ISME Journal, 12(3): 813-824.

Lesser M P, Weis V M, Patterson M R, et al. 1994. Effects of morphology and water motion on carbon delivery and productivity in the reef coral, *Pocillopora damicornis* (Linnaeus): Diffusion barriers, inorganic carbon limitation, and biochemical plasticity. Journal of Experimental Marine Biology and Ecology, 178(2): 153-179.

Lewis D H, Smith D C. 1971. The autotrophic nutrition of symbiotic marine coelenterates with special reference to hermatypic corals. I. Movement of photosynthetic products between the symbionts. Proceedings of the Royal Society of London, Series B, 178: 111-129.

Lévy M, Mémery L, André J M. 1998. Simulation of primary production and export fluxes in the Northwestern Mediterranean Sea. Journal of Marine Research, 56: 197-238.

Leys S P, Yahel G, Reidenbach M A, et al. 2011. The sponge pump: the role of current induced flow in the design of the sponge body plan. PLoS ONE, 6(12): 17.

Li G, Che Z, Gao K. 2013a. Photosynthetic carbon fixation by tropical coral reef phytoplankton assemblages—a UV perspective. Algae, 28(3): 281-288.

Li G, Gao K. 2012. Variation in UV irradiance related to stratospheric ozone levels affects photosynthetic carbon fixation of winter phytoplankton assemblages in the South China Sea. Marine Biology Research, 8(7): 670-676.

Li G, Gao K. 2013. Cell size-dependent effects of solar UV radiation on primary production in coastal waters of the South China Sea. Estuaries and Coasts, 36: 728-736.

Li G, Gao K, Gao G. 2011a. Differential impacts of solar UV radiation on photosynthetic carbon fixation from the coastal to offshore surface waters in the South China Sea. Photochemistry and Photobiology, 87(2): 329-334.

Li G, Huang L M, Liu H X, et al. 2012a. Latitudinal variability (6°S-20°N) of early-summer phytoplankton species composition and size-fractioned productivity from the Java Sea to the South China Sea. Marine Biology Research, 8(2): 163-171.

Li G, Ke Z X, Lin Q, et al. 2012b. Longitudinal patterns of spring-intermonsoon phytoplankton biomass, species compositions and size structure in the Bay of Bengal. Acta Oceanologica Sinica, 31(2): 121-128.

Li G, Lin Q, Ni G Y, et al. 2012c. Vertical patterns of early-summer chlorophyll a concentration in the Indian Ocean with special reference to the variation of deep chlorophyll maximum. Journal of Marine Biology: e801248.

Li G, Lin Q, Shen P P, et al. 2013b. Variations in silicate concentration affecting photosynthetic carbon fixation by spring phytoplankton assemblages in surface water of the Strait of Malacca. Acta Oceanologica Sinica, 32(4): 77-81.

Li K Z, Ke Z X, Tan Y H. 2018. Zooplankton in the Huangyan Atoll, South China Sea: A comparison of community structure between the lagoon and seaward reef slope. Journal of Oceanology and Limnology, 36(5): 1671-1680.

Li K Z, Yin J Q, Huang L M, et al. 2012d. Distribution patterns of appendicularians and copepods and their relationship on the northwest continental shelf of South China Sea during summer. Acta Oceanologica Sinica, 31(5): 135-145.

Li K Z, Yin J Q, Huang L M, et al. 2013c. Spatio-temporal variations in the siphonophore community of the northern South China Sea. Chinese Journal of Oceanology and Limnology, 31(2): 312-326.

Li K Z, Yin J Q, Huang L M, et al. 2014. Seasonal variations in diversity and abundance of surface ichthyoplankton in the northern South China Sea. Acta Oceanologica Sinica, 33(12): 145-154.

Li T, Liu S, Huang L M, et al. 2011b. Diatom to dinoflagellate shift in the summer phytoplankton community in a bay impacted by nuclear power plant thermal effluent. Marine Ecology Progress Series, 424: 75-85.

Li T, Pan D, Bai Y, et al. 2015. Satellite remote sensing of ultraviolet irradiance at the ocean surface. Acta Oceanologica Sinica, 34(6): 102-112.

Lin I, Liu W T, Wu C C, et al. 2003. New evidence for enhanced ocean primary production triggered by tropical cyclone. Geophysical Research Letters, 30(13): 1718.

Lin S J, Cheng S F, Song B, et al. 2015. The *Symbiodinium kawagutii* genome illuminates dinoflagellate gene expression and coral symbiosis. Science, 350(6261): 691-694.

Lindblom G P. 1963. The distribution of major nutrients in marine sediments//Charles C. Symposium on Marine Microbiology: 205-214.

Lisa V L, James E C, Jeffrey R K, et al. 1998. Does the Sverdrup critical depth model explain bloom dynamics in estuaries? Journal of Marine Research, 56: 375-415 .

Liu H X, Li G, Tan Y H, et al. 2013. Latitudinal changes (6°S-20°N) of summer ciliate abundance and species compositions in surface waters from the Java Sea to the South China Sea. Acta Oceanologica Sinica, 32(4): 66-70.

Liu H X, Song X Y, Huang L M, et al. 2012. Potential risk of *Mesodinium rubrum* bloom in the aquaculture area of Dapeng'ao cove, China: diurnal changes in the ciliate community structure in the surface water. Oceanologia, 54(1): 109-117.

Liu W W, Yi Z Z, Lin X F, et al. 2015. Morphology and molecular phylogeny of three new oligotrich ciliates (Protozoa, Ciliophora) from the South China Sea. Zoological Journal of the Linnean Society, 174(4): 653-665.

Lomas M, Steinberg D, Dickey T, et al. 2009. Increased ocean carbon export in the Sargasso Sea is countered by its enhanced mesopelagic attenuation. Biogeosciences Discussions, 6(5): 9547-9582.

Lomas M, Steinberg D, Dickey T, et al. 2010. Increased ocean carbon export in the Sargasso Sea linked to climate variability is countered by its enhanced mesopelagic attenuation. Biogeosciences, 7(1): 57-70.

Longhurst A R. 1976. Interactions between zooplankton and phytoplankton profiles in the eastern tropical Pacific Ocean. Deep Sea Research, 23: 729-754.

Lucas L V, Cloern J E, Koseff J R, et al. 1998. Does the Sverdrup critical depth model explain bloom dynamics in estuaries? Journal of Marine Research, 56: 375-415.

Malone T C. 1980. Size-gractionated primary productivity of marine phytoplankton. Primary Productivity in the Sea, 19: 301-309.

Marina L, Laurent M, Jean-Michel A. 1998. Simulation of primary production and export fluxes in the Northwestern Mediterranean Sea. Journal of Marine Research, 56: 197-238.

Marra J. 1997. Analysis of diel variability in chlorophyll fluorescence. Journal of Marine Research, 55: 767-784.

Matsumura S H. 1990. Vertical distribution of primary productivity function. Bulletin-National Research Institute of Far Seas Fisheries (Japan), 27: 31-56.

McClanahan T R, Jadot C. 2017. Managing coral reef fish community biomass is a priority for biodiversity conservation in Madagascar. Marine Ecology Progress Series, 580: 169-190.

Menzel D W, Goering J J. 1966. The distribution of organic detritus in the ocean. Limnology and Oceanography, 11(3): 333-337.

Meyer J L, Schultz E T, Helfman G S. 1983. Fish schools: an asset to corals. Science, 220(4601): 1047-1049.

Muallil R N, Deocadez M R, Martinez R J S, et al. 2019. Data on the biomass of commercially important coral reef fishes inside and outside marine protected areas in the Philippines. Data in Brief, 25: 104176.

Nelson D M, Brzezinski M A. 1990. Kinetics of silicic acid uptake by natural diatom assemblages in two Gulf Stream warm-core rings. Marine Ecology Progress Series, 62: 283-292.

Olli K, Heiskanen A S. 1999. Seasonal stages of phytoplankton community structure and sinking loss in the Gulf of Riga. Journal of Marine Systems, 23(1-3): 165-184.

Omori M, Ikeda T. 1984. Method in Marine Zooplankton Ecology. New York, Toronto: Wiley.

Ortner P B. 1983. Assessing the utility of partitioning primary productivity by density gradient centrifugation. Journal of Plankton Research, 5(6): 919-928.

Pace M L. 1986. An empirical analysis of zooplankton community size structure across lake trophic gradients. Limnology & Oceanography, 31(1): 45-55.

Pawlik J R, Loh T L, McMurray S E. 2018. A review of bottom-up vs. top-down control of sponges on Caribbean fore-reefs: what's old, what's new, and future directions. PeerJ, 6: 28.

Peirano A, Morri C, Bianchi N, et al. 2001. Biomass, carbonate standing stock and production of the Mediterranean coral *Cladocora caespitosa*. Facies, 44: 75-80.

Peterson B J, Valentine J F, Heck K L. 2013. The snapper-grunt pump: Habitat modification and facilitation of the associated benthic plant communities by reef-resident fish. Journal of Experimental Marine Biology and Ecology, 441: 50-54.

Peterson W T, Tiselius P, Kiørboe T. 1991. Copepod egg production, moulting and growth rates and secondary production, in the Skagerrak in August 1988. Journal of Plankton Research, 13(1): 131-154.

Pinnegar J K, Polunin N V C. 2006. Planktivorous damselfish support significant nitrogen and phosphorus fluxes to Mediterranean reefs. Marine Biology, 148(5): 1089-1099.

Platt T, Harrison W G. 1985. Biogenic fluxes of carbon and oxygen in the ocean. Nature, 318: 55-58.

Qiu D J, Huang L M, Huang H, et al. 2010. Two functionally distinct ciliates dwelling in *Acropora* corals in the South China Sea near Sanya, Hainan Province, China. Applied and Environmental Microbiology, 76(16): 5639-5643.

Qiu D J, Huang L M, Lin S J. 2016. Cryptophyte farming by symbiotic ciliate host detected in situ. PNAS, 113: 12208-12213.

Qiu D J, Huang L M, Liu S, et al. 2011. Nuclear, mitochondrial and plastid gene phylogenies of *Dinophysis miles* (Dinophyceae): evidence of variable types of chloroplasts. PLoS One, 6(12): e29398.

Redfield A C. 1958. The biological control of chemical factors in the environment. American Scientist, 46: 205-221.

Ribes M, Coma R, Atkinson M J, et al. 2005. Sponges and ascidians control removal of particulate organic nitrogen from coral reef water. Limnology and Oceanography, 50(5): 1480-1489.

Richard J G, Hugh L M, Todd M K. 1998. A dynamic regulatory model of phytoplanktonic acclimation to light, nutrients and temperature. Limnology & Oceanography, 43(4): 679-694.

Richardson T L, Jackson G A. 2007. Small phytoplankton and carbon export from the surface ocean. Science, 315(5813): 838-840.

Richter C, Wunsch M, Rasheed M, et al. 2001. Endoscopic exploration of Red Sea coral reefs reveals dense populations of cavity-dwelling sponges. Nature, 413(6857): 726-730.

Riebesell U, K rtzinger A, Oschlies A. 2009. Sensitivities of marine carbon fluxes to ocean change. Proceedings of the National Academy of Sciences, 106(49): 20602.

Rigler F H, Downing J A. 1984. The calculation of secondary productivity//Rigler A F H. A Manual on Methods for the Assessment of Secondary Productivity in Fresh Water. Oxford: Blackwell Scientific: 19-58.

Riley G A, Stonmmel H, Bumpus D F. 1949. Quantitative ecology of the plankton of the western north Atlantic. Bulletin of the Bingham Oceanographic Collection Yale University, 12: 1-169.

Rocha C L D L, Passow U. 2007. Factors influencing the sinking of POC and the efficiency of the biological carbon pump. Deep Sea Research Part Ⅱ: Topical Studies in Oceanography, 54(5-7): 639-658.

Ronald J. 1993. Vertical structure of productivity and its vertical integration as derived from remotely sensed observation. Limnology and Oceanography, 38(7): 1384-1393.

Roopin M, Henry R P, Chadwick N E. 2008. Nutrient transfer in a marine mutualism: patterns of ammonia excretion by anemonefish and uptake by giant sea anemones. Marine Biology, 154(3): 547-556.

Rose A H. 1967. Thermobiology. New York: Academic Press: 286.

Sebens K P, Vandersall K S, Savina L A, et al. 1996. Zooplankton capture by two scleractinian corals, *Madracis mirabilis* and *Montastrea cavernosa*, in a field enclosure. Marine Biology, 127(2): 303-317.

Shen P P, Tan Y H, Huang L M, et al. 2010. Occurrence of brackish water phytoplankton species at a closed coral reef in Nansha Islands, South China Sea. Marine Pollution Bulletin, 60(10): 1718-1725.

Song X Y, Tan M T, Xu G, et al. 2019. Is phosphorus a limiting factor to regulate the growth of phytoplankton in Daya Bay, northern South China Sea: A mesocosm experiment. Ecotoxicology, 28(5): 559-568.

Steel J H. 1974. The Structure of Marine Ecosystems. Cabridge, Mass: Harvard University. Press.

Steemann N E. 1952. The use of radiactive carbon (^{14}C) for measuring organic production in the sea. ICES Journal of Marine Science18(2): 117-140.

Stukel M R, Landry M R. 2010. Contribution of picophytoplankton to carbon export in the equatorial Pacific: A reassessment of food web flux inferences from inverse models. Limnology and Oceanography, 55(6): 2669-2685.

Takahashi M, Hori T. 1984. Abundance of picophytoplankton in the subsurface chlorophyll maximum layer in subtropical and tropical waters. Marine Biology, 79(2): 177-186.

Terlouw G J, Knor L, De Carlo E H, et al. 2019. Hawaii coastal seawater CO_2 network: a statistical evaluation of a decade of observations on tropical coral reefs. Frontiers in Marine Science, 6: 18.

Thomas W H. 1966. Surface nitrogenous nutrients and phytoplankton in the northeastern tropical Pacific Ocean. Limnology & Oceanography, 11: 393-400.

Thornhill D J, Rotjan R D, Todd B D, et al. 2011. A connection between colony biomass and death in Caribbean reef-building corals. PLoS ONE, 6(12): 13.

Trueman C N, Johnston G, Hea B, et al. 2014. Trophic interactions of fish communities at midwater depths enhance long-term carbon storage and benthic production on continental slopes. Proceedings of the Royal Society B: Biological Sciences, 281(1787): 4739-4753.

Uthicke S. 2001. Nutrient regeneration by abundant coral reef holothurians. Journal of Experimental Marine Biology and Ecology, 265(2): 153-170.

Waite A M, Safi K A, Hall J A, et al. 2000. Mass sedimentation of picoplankton embedded in organic aggregates. Limnology and Oceanography, 45(1): 87-97.

Wang J X, Tan Y H, Huang L M, et al. 2016. Response of picophytoplankton to a warm eddy in the northern South China Sea. Oceanological and Hydrobiological Studies, 45(2): 145-158.

Wang Y, Lou Z, Sun C, et al. 2008. Ecological environment changes in Daya Bay, China, from 1982 to 2004. Marine Pollution Bulletin, 56(11): 1871-1879.

Weeks A J. 1996. Phytoplankton pigment distribution and fronts structure in the subtropical convergence region south of Africa. Deep-sea Research Part I: Oceanographic Research Papers, 43(5): 739-768.

Wiebe W J, Johannes R E, Webb K L. 1975. Nitrogen fixation in a coral reef community. Science, 188(4185): 257-259.

Wilkinson C R, Fay P. 1979. Nitrogen-fixation in coral-reef sponges with symbiotic cyanobacteria. Nature, 279(5713): 527-529.

Worden A Z, Nolan J K, Palenik B. 2004. Assessing the dynamics and ecology of marine picoplankton: the importance of the eukaryotic compontent. Limnology and oceanography, 49: 168-179.

Xiao T, Yue H D, Zhang W C, et al. 2003. Distribution of *Synechococcus* and its role in the microbial food-loop in the East China Sea. Oceanologia et Limnologia Sinica, 34(1): 33-43.

Xiong L L, Yin J Q, Huang L M, et al. 2012. Seasonal and spatial variations of cladocerans on the northwest continental shelf of the South China Sea. Crustaceana, 85(45): 473-496.

Yahel G, Zalogin T, Yahel R, et al. 2006. Phytoplankton grazing by epi- and infauna inhabiting exposed rocks in coral reefs. Coral Reefs, 25(1): 153-163.

Yahel R, Yahel G, Berman T, et al. 2005. Diel pattern with abrupt crepuscular changes of zooplankton over a coral reef. Limnology and Oceanography, 50(3): 930-944.

Yang Y, Jiao N. 2004. Dynamics of picoplankton in the Nansha Islands area of the South China Sea. Acta Oceanologica Sinica, 23: 493-504.

Yentsh C S. 1981. Vertical mixing, a constraint to primary production: an extension of the concept of an optima mixing zone. Ecohydrodynamic, 32: 67-78.

Yin J Q, Chen Q C, Li K Z. 2014. *Bathyconchoecia liui* n. sp., a new species of ostracod (Myodocopa, Halocyprididae) from the South China Sea. Crustaceana, 87(8-9): 1027-1035.

Yin J Q, Li K Z, Tan Y H. 2017. *Bathyconchoecia incisa* sp. nov. (Myodocopa, Halocyprididae), a new species of Ostracod from the neritic zone of the South China Sea. Crustaceana, 90(1): 35-48.

Yvonne V, David M L. 1998. Dissolved inorganic carbon sources for epipelic algal production: Sensitivity of primary production estimates to spatial and temporal distribution of ^{14}C. Limnology & Oceanography, 43(6): 1222-1226.

Zhang X, Shi Z, Liu Q X, et al. 2013. Spatial and temporal variations of picoplankton in three contrasting periods in the Pearl River Estuary, SouthChina. Continental Shelf Research, 56: 1-12.

Zhou G W, Huang H. 2011. Low genetic diversity of symbiotic dinoflagellates (*Symbiodinium*) in scleractinian corals from tropical reefs in southern Hainan Island, China. Journal of Systematics and Evolution, 49(6): 598-605.

Zhou L B, Tan Y H, Huang L M, et al. 2011. Phytoplankton growth and microzooplankton grazing in the continental shelf area of northeastern South China Sea after Typhoon Fengshen. Continental Shelf Research, 31: 1663-1671.

Zhou L B, Tan Y H, Huang L M, et al. 2015a. Seasonal and size-dependent variations in the phytoplankton growth and microzooplankton grazing in the southern South China Sea under the influence of the East Asian monsoon. Biogeosciences, 12(22): 6809-6822.

Zhou L B, Tan Y H, Huang L M, et al. 2015b. Does microzooplankton grazing contribute to the pico-phytoplankton dominance in subtropical and tropical oligotrophic waters? Acta Ecologica Sinica, 35(1): 29-38.

Zobell C E. 1968a. Bacteril life in the deep sea. Bulletin Misali Marine Biology Institute, Kyoto University, Japan, 12: 77-96.

Zobell C E. 1968b. Microbiology of Oceans and Estuaries by E. J. F. Wood. American Scientist, 56(2): 184A-185A.